运筹与管理科学丛书　12

线性规划计算(上)

潘平奇　著

科学出版社

北　京

内容简介

本书论述与线性规划实际计算有紧密联系的理论、方法和实现技术，既包括这一领域的基础和传统内容，也着力反映最新成果和进展. 本书分为上、下两卷. 上卷以基础和传统内容为主：线性规划模型、可行域几何、单纯形法、对偶原理和对偶单纯形法、单纯形法实现技巧、原始和对偶主元规则、原始和对偶 I 阶段法、灵敏度分析、大规模问题分解法、Karmarkar 算法、原始和对偶仿射尺度算法及路径跟踪算法等. 所有算法都尽可能配以例题.

本书可作为数学及相关专业高年级本科生和研究生教材，也可供决策管理人员、科研和工程技术人员参考. 作为教材时，可视具体情况决定内容取舍.

图书在版编目(CIP)数据

线性规划计算(上) /潘平奇著. —北京：科学出版社，2012
(运筹与管理科学丛书；12)
ISBN 978-7-03-033616-3

I. ①线… Ⅱ. ①潘… Ⅲ. ①线性规划 – 计算方法　Ⅳ. ①O221.1

中国版本图书馆 CIP 数据核字(2012) 第 028834 号

责任编辑：李　欣　赵彦超 / 责任校对：包志虹
责任印制：徐晓晨 / 封面设计：王　浩

科学出版社出版
北京东黄城根北街 16 号
邮政编码：100717
http://www.sciencep.com

北京虎彩文化传播有限公司 印刷

科学出版社发行　　各地新华书店经销
*
2012 年 4 月第 一 版　　开本: B5(720×1000)
2017 年 8 月第四次印刷　印张: 18 3/4
字数: 359 000
定价: 68.00 元
(如有印装质量问题，我社负责调换)

《运筹与管理科学丛书》序

运筹学是运用数学方法来刻画、分析以及求解决策问题的科学. 运筹学的例子在我国古已有之, 春秋战国时期著名军事家孙膑为田忌赛马所设计的排序就是一个很好的代表. 运筹学的重要性同样在很早就被人们所认识, 汉高祖刘邦在称赞张良时就说道: "运筹帷幄之中, 决胜千里之外. "

运筹学作为一门学科兴起于第二次世界大战期间, 源于对军事行动的研究. 运筹学的英文名字 Operational Research 诞生于 1937 年. 运筹学发展迅速, 目前已有众多的分支, 如线性规划、非线性规划、整数规划、网络规划、图论、组合优化、非光滑优化、锥优化、多目标规划、动态规划、随机规划、决策分析、排队论、对策论、物流、风险管理等.

我国的运筹学研究始于 20 世纪 50 年代, 经过半个世纪的发展, 运筹学研究队伍已具相当大的规模. 运筹学的理论和方法在国防、经济、金融、工程、管理等许多重要领域有着广泛应用, 运筹学成果的应用也常常能带来巨大的经济和社会效益. 由于在我国经济快速增长的过程中涌现出了大量迫切需要解决的运筹学问题, 因而进一步提高我国运筹学的研究水平、促进运筹学成果的应用和转化、加快运筹学领域优秀青年人才的培养是我们当今面临的十分重要、光荣, 同时也是十分艰巨的任务. 我相信,《运筹与管理科学丛书》能在这些方面有所作为.

《运筹与管理科学丛书》可作为运筹学、管理科学、应用数学、系统科学、计算机科学等有关专业的高校师生、科研人员、工程技术人员的参考书, 同时也可作为相关专业的高年级本科生和研究生的教材或教学参考书. 希望该丛书能越办越好, 为我国运筹学和管理科学的发展做出贡献.

袁亚湘

2007 年 9 月

前　　言

作为最优化的一个分支, 线性规划是运筹学、决策科学和管理科学最重要的基础, 是最著名和应用最广泛的数学工具之一.

1947 年, 美国数学家 George B. Dantzig 提出线性规划模型及单纯形法, 标志着这个学科的诞生. 20 世纪 40 年代电子计算机的问世, 使线性规划和单纯形法如虎添翼, 迅速发展并付诸应用; 同时作为一个基础分支, 催生和推动了非线性规划、网络流理论和组合优化、随机规划、整数规划等乃至整个运筹学和决策管理科学的形成和发展.

线性规划的突出特点是其巨大的实用价值. 许多人应用线性规划在各自领域作出了杰出贡献, 经济学领域尤为突出. 众所周知, 前苏联科学院院士 L. V. Kantorovich 和美国经济学家 T. C. Koopmans 应用线性规划提出资源最优配置理论而分享 1975 年诺贝尔经济学奖. 此外, K. Arrow, P. Samuelson, H. Simon 和 L. Herwricz 等在刚开始他们的研究生涯时就关注线性规划, 也先后获此殊荣. 实际上, 线性规划在经济和商业活动、生产和科学技术、国防和军事等诸多领域取得的经济和社会效益非常巨大.

线性规划既是一个相对成熟的学科, 也是一个迅速发展的学科. 著名的单纯形法在实际应用中获得了巨大成功, 但它并非多项式时间算法. 1979 年, 前苏联数学家 L. G. Khachiyan 首次提出了一个求解线性规划问题的多项式时间算法, 即椭球算法, 可惜该算法在实际计算中表现不佳, 远不能与单纯形法媲美. 1984 年, 印度数学家 N. Karmarkar 提出多项式时间内点算法, 不仅理论上有更低的多项式阶, 实际计算上也有不错的表现, 该算法迅速在学术界掀起了持续多年的内点法热. 在此期间, J. J. H. Forest 和 D. Goldfarb 及 P. M. J. Harris 等在主元规则方面的工作, 也进一步提高了单纯形法的效率, 从而与内点法形成不相上下、争奇斗艳的态势. 但内点法不能达到精确的顶点解, 也不能 "热启动", 因而不能直接应用于整数或混合整数规划问题的求解, 因此单纯形法在实际中仍占有不可替代的地位.

全球化趋势的日益明显, 对大规模线性规划模型的求解提出了更高要求, 呼唤更强大有效的求解工具. 本书着力反映这些现实, 把最具实用价值的知识和成果介绍给读者. 着重讲述和线性规划计算有紧密联系的理论、方法和实现技术. 主要内容包括: 线性规划模型、可行域几何、原始和对偶单纯形法、对偶原理、灵敏度分析、实现技巧、一般线性规划问题的求解、大规模问题分解法、Karmarkar 算法、原始和对偶仿射尺度算法及路径跟踪算法等. 另外还对作者本人的研究成果作了归纳、梳理和总结，包括已发表的工作和尚未发表的最新成果：原始和对偶主元规则、原始和对偶 I 阶段法、原始和对偶简约单纯形法、改进简约和对偶改进简约单纯形法、二型简约和对偶二型简约单纯形法、原始和对偶亏基法、原始和对偶界面法及仿射界面法等.

　　本书可作为数学及其相关专业高年级本科生和研究生教材，也可供决策管理人员、科研和工程技术人员参考. 希望不同领域的人们都能从本书中找到有用的东西，从而对他们有所帮助. 线性规划是国内外大学许多专业，如运筹学、计算数学、管理科学、系统工程、应用数学、经济学、计算机科学等普遍开设的一门必修课. 以本书作为教材时，可视具体情况决定内容取舍；应以上卷第 1，3，4，9，10 章作为基础.

　　值此书面世之际，我特别缅怀我的父母潘超和阎绮云，缅怀我的南京大学导师何旭初教授. 我感激夫人蒋铭华和儿子潘云鹏一贯的支持和理解. 我对许多给予过我支持和帮助的人们怀有深深的感激之情，愿逝者安息生者幸福. 我非常感谢斯坦福大学 Michael Saunders 教授所给予的帮助，包括许多极有价值的见解和建议，无私地提供 MINOS 5.51 和有关材料. 我的研究工作长期受惠于国家自然科学基金的资助，特别是基金项目 10871043 和 70971136 为本书的写作提供了支持，谨在此致以诚挚的谢意.

潘平奇

2010 年 11 月 21 日于东南大学

目　　录

符　号　表

本书一般用大写英文字母表示矩阵, 小写英文字母表示向量, 小写希腊字母表示纯量. 集合用大写英文或希腊字母表示. 除特别说明, 所有向量均为列向量.

$\mathcal{R}^n$　　　n 维欧几里得空间.

$\mathcal{R}$　　　1 维欧几里得空间, 即实数空间.

0　　　n 维欧几里得空间的原点 (或 0 向量).

e_i　　　第 i 个分量为 1 的单位向量.

e　　　分量全为 1 的向量.

I　　　单位矩阵.

A　　　等式约束的系数矩阵; 也用于表示其各列下标的集合, 即 $A = \{1, \cdots, n\}$.

m　　　系数矩阵 A 的行数.

n　　　系数矩阵 A 的列数.

b　　　等式约束的右端向量.

c　　　目标函数的系数向量.

B　　　基矩阵, 由 A 的基本列构成. 也用于表示基本下标集.

N　　　非基矩阵, 由 A 的非基本列构成. 也用于表示非基本下标集.

a_j　　　矩阵 A 的第 j 列向量.

a_{ij}　　　矩阵 A 的第 i 行第 j 列元素.

v_j　　　向量 v 的第 j 个分量.

$\|v\|$　　　向量 v 的欧几里得模.

$\max(v)$　　　向量 v 的最大分量.

A_J　　　矩阵 A 的子矩阵, 由对应有序列标集 J 的列向量构成.

v_I　　　向量 v 的子向量, 由对应有序行标集 I 的分量构成.

A^{T}　　　矩阵 A 的转置.

X　　　以向量 x 的分量为对角元的对角矩阵.

$\nabla f(x)$　　　函数 $f(x)$ 的梯度.

$\Pi \subset \Gamma$　　　集合 Π 为 Γ 的子集.

$\Pi \cup \Gamma$　　　集合 Π 和 Γ 的并, 即 $\{\tau \mid \tau \in \Pi,\ \text{或}\ \tau \in \Gamma\}$.

$\Pi \cap \Gamma$　　　集合 Π 和 Γ 的交, 即 $\{\tau \mid \tau \in \Pi,\ \tau \in \Gamma\}$.

$\Pi \backslash \Gamma$　　　余集 $\{\tau \mid \tau \in \Pi, \tau \notin \Gamma\}$.

$\varnothing$　　　空集.

$|$　　　使得. 如 $\{x \mid Ax = b\}$ 表示所有使得 $Ax = b$ 成立的点之集合.

$\ll (\gg)$　　　远小于 (大于).

$O(\alpha)$	表示一个数不超过 $k\alpha$, 其中 k 为不太大且与 α 无关的正整数.
$|\tau|$	当 τ 为实数时表示其绝对值; 为集合时表示其基数, 即所含元素个数.
range H	矩阵 H 的列空间.
null H	矩阵 H 的 0 空间.
dim Γ	点集 Γ 的维数.
C_n^m	从 n 个元素中取 m 个的组合.
int P	点集 P 的内部, 即其内点的集合.

第1章 导　　论

人类的智慧之一在于其进行活动有预定目标. 早期人们单凭经验判断和行事以达目标, 而现代人则借助先进的软硬件科学手段进行决策, 所获效益与之前自是不可同日而语.

所谓"最优化", 简言之即以尽可能小的代价达成尽可能好的结果. 如怎样分配有限的资源 (人力、金钱、物资等) 使获益最大化, 或以最小的代价达成一定目标等. 人们根据所占有的信息和数据, 将实际问题用数学语言, 如数字、方程或函数等恰当表述, 即建立数学模型; 然后用最优化数学方法求解模型, 从而为决策提供科学可靠的定量依据. 这种将问题数学化并用数学手段加以解决的方法因电子计算机的使用而具有无可估量的革命性意义.

线性规划模型具有非常简单的数学结构, 其中所涉及的函数或方程均为线性. 不过其规模却可以很大, 涉及成千上万个变量或方程已习以为常, 而其求解也并非易事. 借助计算机, 目前线性规划计算技术已有能力求解很大规模的问题. 包含数十个甚至数百个约束条件和变量的只算是小问题, 有成千上万约束条件和变量的可算中等规模问题, 而有数十万或数百万以上也许才算是大规模问题. 20 世纪 90 年代初, 美国运筹学家成功地求解了一个有一千多万个变量的线性规划问题, 为一家航空公司乘务人员的工作安排提供了最佳方案 (Bixby, 1992). 然而随着全球化趋势日益明显, 为追求大系统整体效益而建立的线性规划模型越来越大, 对算法和软件的效率及稳定性等提出了更高的极具挑战性的要求.

本书旨在从实用的角度介绍线性规划的理论、方法和实现技术, 既包括这一领域的基础和传统内容, 也着力反映最新研究成果和进展.

1.1　线性规划源起

对线性规划的源起和发展作一个简要回顾是有益、富有情趣和给人启迪的.

线性规划的萌芽可以追溯到 19 世纪 20 年代. 法国数学家 J. B. J. Fourier(因其冠名的级数而著名) 于 1823 年、比利时数学家 V. Poussin 于 1911 年分别写过一篇涉及线性规划的论文, 然而这些孤立的工作没有产生任何影响.

1939 年, 前苏联数学家 L. Kantorovich 在其《生产组织与计划的数学方法》一书中提出"解乘数法", 已经涉及线性规划模型及其求解, 可惜未引起当局注意, 在国际学术界也鲜为人知. F. L. Hitchcock 于 1941 年发表了一篇很好的有关运输问题的论文, 但一直未受关注, 直到 40 年代末 50 年代初被重新发现, 已是单纯形法问世之后.

人类的实践活动是一切科学理论和方法的原动力. 第二次世界大战给人类带来了巨大的损失、伤亡和灾难, 然而战事的需求也极大地推动了科学技术的发展, 催生了许多新兴学科. 而怎样运用现有条件 (如人员和装备等) 取得最大战场利益的现实需求催生了最优化和运筹学.

George B. Dantzig 1946 年获得博士学位后, 成为第二次世界大战期间美国空军审计部门的一位数学顾问. 他研究如何借助当时的计算工具更快地完成计划工作. 在第 11 届国际数学规划大会 (Bonn, 1982) 上 Dantzig 回忆当时的情形时, 他给出一个有趣例子:

如何将 70 件不同的工作分派给 70 个人去做?

尽管只有有限多个指派方案 ($70! > 10^{100}$), 但要逐一比较从中找出最优方案却不现实, 因为那是个天文数字. 设想用每秒运算 100 万次的计算机从 150 亿年前宇宙大爆炸开始计算, 能在 1990 年给出答案吗? 答案是不能. 即使用每秒可比较 10 亿种方案的计算机, 答案也是不能. 甚至将地球装满这种计算机且进行并行计算, 答案仍然是否定的. 假如将太阳和 10^{40} 个地球都装满这种计算机, 从宇宙大爆炸开始进行并行计算, 那么也许要到太阳变冷才能得到结果. 这个例子说明了 1947 年以前人们在选择最优方案时面临的困境. 当时只能以上司、权威人士的经验或判断订立若干基本原则, 设法得到一个可以接受的方案. 如果用单纯形法处理上述指派问题, 在 IBM370-168 上只需一秒钟即得最优方案, 更不用说使用当前更先进的计算机.

Dantzig 于 1947 年夏天提出了线性规划模型和单纯形法, 一般被认为标志着一个新学科的诞生. 当年 10 月 3 日, 他拜访了科学家 J. von Neumann, 向他介绍了这些结果. Neumann 很快就抓住了方法的基本思想, 并指出与自己正在研究的对策论存在可能的内在联系, 让 Dantzig 获益匪浅. 1948 年, Dantzig 参加了一个在 Wisconsin 召开的计量经济学会议, 参加者包括当时一些非常著名的统计学家和数学家, 如 von Neumann 和 H. Holelling 及著名的经济学家, 如 T. C. Koopmans. 年轻的 Dantzig 报告了线性规划和单纯形法后, 会议主席请大家提问. 会上先是 "死一般的沉寂", 接着 Hotelling 站起来说:"但是, 我们都知道世界是非线性的." 在一群大人物面前, 当时还名不见经传的 Dantzig 一时不知所措. 幸好 von Neumann 在征得同意后为他解了围:"报告人命题为 '线性规划' 并详细论述了他的原理. 如果实际问题满足这些原理就好好应用, 否则不去用它就是." 当然 Hotelling 说的没错, 世界的确是高度非线性的; 然而幸运的是, 现实中的非线性关系常常可用线性关系近似.

20 世纪 40 年代电子计算机的问世给世界带来了巨大的变化, 称之为划时代和革命性的一点也不为过. 计算机以其无与伦比的穿透力, 深刻地改变了 (并还正在改变着) 几乎所有学科的面貌, 也使线性规划如虎添翼、迅速发展. 单纯形法的计算机实现发端于美国标准局 (National Bureau of Standards). 1952 年前后, 美国标准局的 A. Hoffman 团队将单纯形法在一些试验问题上进行了试算, 与当时流行的 T. Motzkin 的方法进行比较大获全胜. 1953 到 1954 年间, W. Orchard-Hays 开始了他开创性的工作, 基于单纯形法编制了第一个商业性软件, 在早期的计算机上求解线性规划问题. 他的实现技术随后被 M. A. Saunders 和 R. E. Bixby 等许多学者应用和发展, 使单纯形法从理论变为强有力的工具, 激发了整个领域的快速发展. 不少诺贝尔经济学奖的获奖工作与线性规划的应用密切相关, 如上面提到的 L. V. Kantorovich 和 T. C. Koopmans 因对资源最优配置理论的贡献分享 1975 年诺贝尔经济学奖. 单纯形法的应用也带来了巨大的经济和社会效益, 美国物理研究所和 IEEE 计算机学会会刊 "科学和工程计算" (Computing in Science and Engineering)2000 年第 1 期选出对 20 世纪科学和工程的实践与发展影响最大的十个算法 (Cipra, 2000), 单纯形法名列其中. 历史一再表明, 正是实践的沃土使理论和方法之树根深叶茂、硕果累累.

然而, 人们不久发现单纯形法具有指数时间复杂性 (Klee and Minty, 1972), 而一般认为具有多项式时间复杂性才是 "好" 算法 (见 3.8 节). 实际上, 单纯形法甚至不具有限性, 不能保证有限步终止 (Beale, 1955; Hoffman, 1953). 1979 年, 前苏联数学家 L. G. Khachiyan (1979) 提出了求解线性规划问题的第一个多项式时间算法 (椭球方法), 实现了一次重大的理论突破. 可惜发现其实际效果不佳, 远不如单纯形法. 实际上, 所谓 "多项式时间" 只是最坏情形复杂性; 而较为适当的是平均时间复杂性. K. H. Borgward (1982a, b) 证明, 使用某个主元规则的单纯形法求解原始数据服从一定分布的线性规划问题, 所需迭代次数的数学期望不超过 $O(n^4 m)$. S. Smale (1983a, b) 也给出类似结果. 这些结果表明单纯形法具有平均多项式时间复杂性, 与其杰出的实际表现相吻合.

1984 年, 印度数学家 N. Karmarkar 提出一个具多项式时间复杂性的内点法, 比椭球法具更低的多项式阶, 且在随后的数值试验中表现不凡, 引起学术界广泛关注, 迅速激发内点法热, 涌现了一批出色的研究成果. 以致不少学者一度认为内点法在求解大规模稀疏线性规划问题上超越了单纯形法.

另一方面, 单纯形法也未止步不前. P. M. J. Harris(1973) 首次成功地试验了近似最陡边主元规则. J. J. H. Forrest 和 D. Goldfarb (1992) 给出了最陡边规则的若干变形和相应的递推公式, 报告了极好的数值试验结果, 促成了单纯形法与内点法伯仲难分的态势.

基本上, 算法的评估是个实践问题. 一个算法的价值, 其效率、精度、可靠性或稳定性最终取决于实际表现. 太拘泥于理论并非明智之举. 实际上, 有限性或复杂性甚至有误导之虞; 毕竟, 有限或多项式时间算法的表现一般远不及非有限或非多项式时间算法, 而迄今应用中的主角也是后者而非前者. 鉴于此, 作者以实践作为本书的着眼点和内容取舍的依据, 着力于同实际计算密切相关或行之有效的算法、理论和实现技术. 而在描述算法的同时, 尽可能配以例题演示.

1.2　从实际问题到数学模型

由实际问题入手建立数学模型是应用线性规划的第一步. 而好的模型的建立, 需要充分了解实际情况并占有详实数据, 再加上知识、智慧、经验和技巧. 详细讨论这方面的论题已超出本书的范围. 为让读者对此有个基本了解, 不妨先看下面的简单例子.

例 1.2.1　某公司有 1100 吨原木, 按合约规定要为一企业加工某种规格的板材 470 吨. 在加工过程中的损耗为 6%. 现在公司的决策者面临的情况是, 板材的售价在签约后没变化但生产成本却上升了, 实际上原木作为原材料出售更赚钱. 那么如何在遵守合约的前提下获利最大呢?

这样的问题可用简单的代数方法解决. 设作为原材料出售的原木为 x 吨, 用于加工板材的原木为 y 吨. 用于加工板材的 y 吨原木中有 6% 要在生产过程中损耗掉, 故板材的实际产量为 $y - 0.06y$, 而产量必须等于合约规定的 470 吨, 即

$$y - 0.06y = 470.$$

另一方面, 加工后还余下 $1100 - y$ 吨原木, 将其全部出售显然获利最大, 于是又有

$$1100 - y = x.$$

由上面两个等式联立得二元一次方程组

$$\begin{cases} y - 0.06y = 470, \\ 1100 - y = x, \end{cases} \tag{1.1}$$

仅有唯一解

$$x = 600, \qquad y = 500.$$

换言之, 该公司只有唯一的决策方案, 即将 500 吨原木用于生产板材, 而将其余 600 吨出售.

然而更大量的问题并非如此, 通常存在多个 (甚至无限多) 方案供决策者选择, 如下面这个例子.

例 1.2.2　某公司生产两种玩具, 小狗和小熊. 每只玩具狗的利润为 2 元, 每只玩具熊的利润为 5 元. 若公司的设备能力都投入使用的话, 每天可生产玩具狗 60000 只或者玩具熊 40000 只. 由于某种颜料有限, 每天最多可供 30000 只玩具熊

的生产. 另外该公司仅有每天 50000 只玩具的包装能力. 经营者每天应安排生产多少玩具狗和玩具熊才能获得最大利润?

设每天应生产 x 万只玩具狗和 y 万只玩具熊, 总共可获得 $f(x,y) = 2x + 5y$ 万元利润. 变量 x 和 y 的一组取值代表一个决策, 而函数 f 的对应值即为采用该决策所获利润. 这里需要确定变量 x 和 y 的值使函数 $f(x,y)$ 取最大值, 或着说使其"极大化".

显然, 如果对两种玩具的生产没有限制的话, 可获得任意大的利润. 当然情况并非如此. 客观条件的限制如下: 从公司的设备能力来看, 生产玩具狗和玩具熊的平均速率分别为 6 万/天和 4 万/天, 可推出变量 x 和 y 所应满足的不等式为

$$\frac{x}{6} + \frac{y}{4} \leqslant 1,$$

即

$$2x + 3y \leqslant 12.$$

从包装能力看又有

$$x + y \leqslant 5,$$

而从颜料供应的情况有

$$y \leqslant 3.$$

另外, 按实际背景还应有 $x, y \geqslant 0$ 的限制 (为简单计, 这里忽略了玩具个数为整数的限制).

上述分析结果可归纳为如下问题:

$$
\begin{aligned}
\max \quad & f(x,y) = 2x + 5y, \\
\text{s.t.} \quad & -2x - 3y \geqslant -12, \\
& -x - y \geqslant -5, \\
& -y \geqslant -3, \\
& x, \ y \geqslant 0.
\end{aligned}
\tag{1.2}
$$

这就是例 1.2.2 的数学模型. 其中 x 和 y 为决策变量; $f(x,y)$ 为目标函数; 其余各行不等式为加于决策变量的限制, 称为约束条件; 满足约束条件的每对变量值称为可行解, 而可行解的全体称为可行集或可行域. 使目标函数达到最大值的可行解称为最优解. 所谓求解一个模型就是寻找它的最优解, 从而找到决策者所应采取的最优策略. (1.2) 仅涉及线性函数, 称之为线性规划问题 (模型). 这类问题是本书的讨论对象.

例 1.2.1 只有一个可行解, 也为其最优解, 完全由方程组 (1.1) 确定, 因而无需任何优化方法就能解决. 而例 1.2.2 不同. 其可行域可表示为

$$P = \{(x,y) \mid 2x + 3y \leqslant 12,\ x + y \leqslant 5,\ y \leqslant 3,\ x \geqslant 0, y \geqslant 0\}.$$

该集合包含无限多个可行解. 几何上, 由于实数对与平面直角坐标系中的点一一对应, 可行域 P 可用与之对应的一个区域来表示. 如图 1.2.1 所示, x 坐标轴表示玩具狗的数量, y 坐标轴表示玩具熊的数量, 以万为单位. 每个约束不等式都对应一个闭半平面, 图上标明了其边界直线的方程. 所有这些闭半平面的交集, 即它们的公共部分即对应 P, 其中每一点都对应一个可行解.

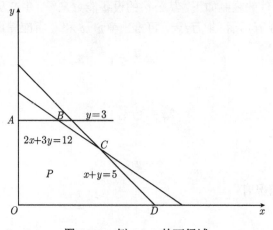

图 1.2.1 例 1.2.2 的可行域

现在问题归结为如何从区域 P 中找到对应函数 $f(x,y) = 2x + 5y$ 最大值的点, 即所谓 "最大点". 因为该区域包含无限多个点, 用穷举的方法, 即取出所有的可行点一一比较显然行不通. 而大规模问题的求解则更为困难和具挑战性. 线性规划方法是处理这些问题的有力工具.

现实中通常存在大量方案供决策者选择, 不同方案可能导致大相径庭的结果, 这在激烈的竞争中可能生死攸关, 也为决策者们提供了尽显其聪明才智的舞台. 但毫无疑问, 单凭经验决策不能与借助线性规划方法同日而语.

1.3 线性规划模型实例

线性规划的应用十分广泛, 几乎涉及所有需要进行决策或管理的领域. 这些领域中产生的线性规划模型形形色色, 本节给出一些典型例子. 严格地说, 其中部分例子涉及的变量取值必须为非负整数, 但这里将忽略这个限制.

例 1.3.1(生产计划问题) 某公司生产 A, B, C 三种产品. 其生产过程都需经过零件加工、电镀和装配三道工序. 各工序每天的生产能力折合成有效工时. 各产品每件在每道工序上所需有效工时及可获利润见表 1.3.1. 应如何安排生产才能获得最大利润?

表 1.3.1

工序	每件所需工时			每天可利用工时
	产品 A	产品 B	产品 C	
零件加工	0.025	0.05	0.3	400
电镀	0.20	0.05	0.1	900
装配	0.04	0.02	0.20	600
利润 (元/件)	1.25	1.5	2.25	

解　设每天应生产产品 A, B, C 的数量分别为 x_1, x_2 和 x_3. 目标是确定这些决策变量值使获利最大. 由此建立如下数学模型:

$$\begin{aligned}
\max \quad & f = 1.25x_1 + 1.5x_2 + 2.25x_3, \\
\text{s.t.} \quad & 0.025x_1 + 0.05x_2 + 0.3x_3 \leqslant 400, \\
& 0.20x_1 + 0.05x_2 + 0.1x_3 \leqslant 900, \\
& 0.04x_1 + 0.02x_2 + 0.20x_3 \leqslant 600, \\
& x_1,\ x_2,\ x_3 \geqslant 0.
\end{aligned}$$

可用单纯形法求得最优解

$$x_1 = 2860, \quad x_2 = 6570, \quad x_3 = 0$$

和相应的目标函数值 $f = 13430$. 即每天生产 2860 件产品 A 和 6570 件产品 B, 不生产产品 C, 可获得最大利润 13430 元.

例 1.3.2(配料问题)　动物园饲养某种动物每天至少需要 30 克矿物质, 700 克蛋白质和 100 毫克维生素. 现有 5 种饲料供选购, 每千克的营养成分和价格如表 1.3.2. 求满足动物营养需要而花费最少的采购方案.

表 1.3.2

饲料	矿物质/克	蛋白质/克	维生素/毫克	价格/(元/千克)
A	0.5	18.0	0.8	0.8
B	2.0	6.0	2.0	0.3
C	0.2	1.0	0.2	0.4
D	0.5	2.0	1.0	0.7
E	1.0	3.0	0.5	0.2

解　设 5 种饲料的采购量分别为 x_i 千克, $i = 1, \cdots, 5$. 与例 1.3.1 不同, 这里作为目标函数的费用应被极小化. 由此建立如下模型:

$$\min \quad f = 0.8x_1 + 0.3x_2 + 0.4x_3 + 0.7x_4 + 0.2x_5,$$
$$\text{s.t.} \quad 0.5x_1 + 2.0x_2 + 0.2x_3 + 0.5x_4 + x_5 \geqslant 30,$$
$$18.0x_1 + 6.0x_2 + x_3 + 2.0x_4 + 0.3x_5 \geqslant 700,$$
$$0.8x_1 + 2.0x_2 + 0.2x_3 + x_4 + 0.5x_5 \geqslant 100,$$
$$x_j \geqslant 0, \ j = 1, \cdots, 5.$$

可用单纯形法求得最优解

$$x_1 = 25.6, \quad x_2 = 39.7, \quad x_3 = x_4 = x_5 = 0$$

和相应目标函数值 $f = 32.28$. 即应购买 A 种饲料 25.6 千克和 B 种饲料 39.7 千克. 花最少费用 32.28 元.

例 1.3.3(人力安排问题)　某超市昼夜营业. 该超市把每天分为 6 个时段, 每个时段 4 小时; 每个营业员每天在时段开始时上班, 连续工作 8 小时. 各时段所需营业员人数如表 1.3.3. 超市经理应如何安排才能在满足需要的前提下使每天上班的营业员人数最少?

表 1.3.3

时段	1	2	3	4	5	6
	2~6 时	6~10 时	10~14 时	14~18 时	18~22 时	22~2 时
人数	7	15	25	20	30	7

解　设在第 j 时段开始上班的营业员人数为 x_j, $j = 1, \cdots, 6$; f 为每天的总人数. 则可建立如下模型:

$$\min \quad f = x_1 + x_2 + x_3 + x_4 + x_5 + x_6,$$
$$\text{s.t.} \quad x_1 + x_6 \geqslant 7,$$
$$x_1 + x_2 \geqslant 15,$$
$$x_2 + x_3 \geqslant 25,$$
$$x_3 + x_4 \geqslant 20,$$
$$x_4 + x_5 \geqslant 30,$$
$$x_5 + x_6 \geqslant 7,$$
$$x_j \geqslant 0, \ j = 1, \cdots, 6.$$

可用单纯形法求得最优解

$$x_2 = 25, \quad x_4 = 30, \quad x_6 = 7, \quad x_1 = x_3 = x_5 = 0$$

和相应目标函数值 $f = 62$. 即应安排 25 人在 6 时开始上班, 30 人在 14 时上班, 7 人在 22 时上班. 每天只需 62 个营业员.

例 1.3.4(下料问题)　某工厂要制作 450 副钢架. 每副用长 1.5 米, 2.1 米和 2.9 米的角钢各一根. 原材料每根长 7.4 米, 应如何下料才省.

解　最直接的做法是, 在每根原材料上截取这三种长度的角钢各一根 (用于制作一副钢架). 这样, 每根原材料将有 0.9 米长的料头, 共需 450 根原材料. 然而为了省料, 每根原材料应进行套裁. 表 1.3.4 给出料头长度不超过 0.9 米的套裁方案.

表 1.3.4

长度/米	方案					
	A	B	C	D	E	F
2.9	1	2	0	1	0	1
2.1	0	0	2	2	1	1
1.5	3	1	2	0	3	1
合计	7.4	7.3	7.2	7.1	6.6	6.5
料头	0.0	0.1	0.2	0.3	0.8	0.9

这些套裁方案应混合搭配以使所余料头总长度最少. 设按方案 A, B, C, D, E, F 下料的原材料根数分别为 $x_i, i = 1, \cdots, 6$, 则可建立如下模型:

$$\begin{aligned}
\min \quad & f = 0.1x_2 + 0.2x_3 + 0.3x_4 + 0.8x_5 + 0.9x_6, \\
\text{s.t.} \quad & x_1 + 2x_2 + x_4 + x_6 = 450, \\
& 2x_3 + 2x_4 + x_5 + x_6 = 450, \\
& 3x_1 + x_2 + 2x_3 + 3x_5 + x_6 = 450, \\
& x_j \geqslant 0, \ j = 1, \cdots, 6.
\end{aligned}$$

用单纯形法得到最优解

$$x_1 = 135, \quad x_2 = 45, \quad x_4 = 225, \quad x_3 = x_5 = x_6 = 0$$

和相应目标函数值 $f = 72$. 即按方案 A 下料 135, 方案 B 下料 45, 方案 D 下料 225 根最省, 料头总长为 72 米, 需 405 根原材料.

例 1.3.5(运输问题)　某矿业公司有 3 个矿井和 5 个矿石集散地. 矿井甲, 乙, 丙每月分别采矿 8800, 7200, 5700 吨. 矿石集散地 A, B, C, D, E 每月的吞吐量分别为 3200, 5300, 4100, 6200, 2900 吨. 把矿石从矿井运到集散地的单位运价 (元/吨) 如表 1.3.5. 该公司如何安排运输才能使总运费最少?

表 1.3.5

矿井	A	B	C	D	E
甲	5.5	15.0	7.8	3.8	9.0
乙	2.5	6.0	2.5	4.3	3.5
丙	10.2	8.0	5.2	7.4	6.0

解　由于全部矿井的总产量和集散地的总需求量相等, 即

$$8800 + 7200 + 5700 = 3200 + 5300 + 4100 + 6200 + 2900 = 21700.$$

这是一个平衡运输问题: 每月任何一个矿井运到 5 个集散地的矿石总和等于该矿井的产量, 而任何一个集散地收到三个矿井运来的矿石总和等于该集散地的吞吐量.

设每月从矿井甲, 乙, 丙到集散地 A, B, C, D, E 的运量分别为 x_{ij}(吨), $i = 1, 2, 3$; $j = 1, \cdots, 5$. 如 x_{23} 表示由矿井乙到集散地 C 的运量; 这里总运费 f 应被极小化. 由此建立如下模型:

$$
\begin{aligned}
\min \quad f = {} & 5.5x_{11} + 15.0x_{12} + 7.8x_{13} + 3.8x_{14} + 9.0x_{15} \\
& + 2.5x_{21} + 6.0x_{22} + 2.5x_{23} + 4.3x_{24} + 3.5x_{25} \\
& + 10.2x_{31} + 8.0x_{32} + 5.2x_{33} + 7.4x_{34} + 6.0x_{35},
\end{aligned}
$$

$$
\begin{aligned}
\text{s.t.} \quad & x_{11} + x_{12} + x_{13} + x_{14} + x_{15} = 8800, \\
& x_{21} + x_{22} + x_{23} + x_{214} + x_{25} = 7200, \\
& x_{31} + x_{32} + x_{33} + x_{34} + x_{35} = 5700, \\
& x_{11} + x_{21} + x_{31} = 3200, \\
& x_{12} + x_{22} + x_{32} = 5300, \\
& x_{13} + x_{23} + x_{33} = 4100, \\
& x_{14} + x_{24} + x_{34} = 6200, \\
& x_{15} + x_{25} + x_{35} = 2900, \\
& x_{ij} \geqslant 0, \ i = 1, 2, 3; \ j = 1, \cdots, 5.
\end{aligned}
$$

用单纯形法得到最优解:

$$
\begin{aligned}
& x_{11} = 2600, \quad x_{14} = 6200, \quad x_{21} = 600, \quad x_{23} = 4100, \\
& x_{25} = 2500, \quad x_{32} = 5300, \quad x_{35} = 400,
\end{aligned}
$$

其余决策变量均为 0, 若按此决策该公司将支出最低总运费 10.3160 万元.

上面的线性规划模型都很小[①], 仅使读者有个初步了解而已. 今后也将通过小规模例题传达思想和演示步骤. 来自实际的原始材料一般包含大量约束条件和数据, 建立好的模型需要智慧和技巧. 这方面更深入的讨论属于最优化或运筹学模型的范畴.

1.4　标准线性规划模型

前面接触到的线性规划模型, 有些寻求目标函数极大化, 有些则寻求极小化; 约束条件既可包含等式, 也可包含 "$\geqslant$" 或 "$\leqslant$" 型不等式. 为了研究的方便, 现引

[①] 本书一般以 $m + n$ 论及问题规模大小.

入所谓标准线性规划问题:

$$
\begin{aligned}
\min \quad & f = c_1 x_1 + c_2 x_2 + \cdots + c_n x_n, \\
\text{s.t.} \quad & a_{11} x_1 + a_{12} x_2 + \cdots + a_{1n} x_n = b_1, \\
& a_{21} x_1 + a_{22} x_2 + \cdots + a_{2n} x_n = b_2, \\
& \qquad\qquad\qquad \vdots \\
& a_{m1} x_1 + a_{m2} x_1 + \cdots + a_{mn} x_n = b_m, \\
& x_j \geqslant 0, \ j = 1, \cdots, n.
\end{aligned}
\tag{1.3}
$$

如果引入矩阵 $A = (a_{ij})$ 和向量

$$
x = (x_1, \cdots, x_n)^{\mathrm{T}}, \quad c = (c_1, \cdots, c_n)^{\mathrm{T}}, \quad b = (b_1, \cdots, b_m)^{\mathrm{T}},
$$

则该模型具更简洁的形式:

$$
\begin{aligned}
\min \quad & f = c^{\mathrm{T}} x, \\
\text{s.t.} \quad & Ax = b, \quad x \geqslant 0.
\end{aligned}
\tag{1.4}
$$

其中 $A \in \mathcal{R}^{m \times n}$, $c \in \mathcal{R}^n$, $b \in \mathcal{R}^m$, $m < n$. 不言而喻, A 的各行和各列均不全为 0.

$f = c^{\mathrm{T}} x$ 称为目标函数, 第 1 行表示对其求极 (最) 小. c 称为价格向量, 其分量 c_j, $j = 1, \cdots, n$ 为价格 (costs)(系数). 其余各行为约束 (条件): $Ax = b$ 为约束系统, 最后一行为非负约束 (条件). 约束条件左端的函数称为约束函数. 满足约束条件的解称为可行解, 而可行解的集合

$$
P = \{x \mid Ax = b, \ x \geqslant 0\}
\tag{1.5}
$$

为可行域. 几何上, 可行域是 x 空间中的多面体或多胞形 (将在第 2 章详细讨论). 使目标函数达到最小值的可行解称为最优解. 所有最优解的集合称为最优解集. 对应于可行解和最优解的目标函数值分别称为可行值和最优值. 求得最优解 是线性规划方法的任务.

任何一个线性规划问题都可等价地化为标准形式:

1. 由于一个量极大化等同于其相反量极小化, 极大化问题总可以化为极小化问题.

如目标函数 f' 的极大化

$$
\max f' = c_1 x_1 + c_2 x_2 + \cdots + c_n x_n
$$

可用 $f = -f'$ 的极小化代之, 即

$$
\min f = -c_1 x_1 - c_2 x_2 - \cdots - c_n x_n.
$$

显然, 此举不改变最优解而只改变最优值的符号.

2. 通过引入非负变量可把任何不等式化为等式. 如引入"松弛变量" $x_{k+1} \geqslant 0$, 可将"$\leqslant$"型不等式

$$\alpha_1 x_1 + \alpha_2 x_2 + \cdots + \alpha_k x_k \leqslant \beta$$

化为等式

$$\alpha_1 x_1 + \alpha_2 x_2 + \cdots + \alpha_k x_k + x_{k+1} = \beta.$$

同样地, 引入松弛变量 $x_{k+1} \geqslant 0$, 也可将"$\geqslant$"型不等式

$$\alpha_1 x_1 + \alpha_2 x_2 + \cdots + \alpha_k x_k \geqslant \beta$$

化为等式

$$\alpha_1 x_1 + \alpha_2 x_2 + \cdots + \alpha_k x_k - x_{k+1} = \beta.$$

3. 标准线性规划模型包含所有变量均须满足的非负条件. 这通常与实际情况相符. 在有例外的情形, 可通过引入非负辅助变量处理.

例如, 非正约束条件 $x_k' \leqslant 0$ 可通过变量替换 $x_k' = -x_k$ 化为非负条件 $x_k \geqslant 0$. "自由变量"(即没有任何符号限制) 可表示为两个非负变量之差. 如自由变量 x_k', 可通过如下变量替换消去:

$$x_k' = x_k - x_{k+1}, \quad x_k, x_{k+1} \geqslant 0.$$

例 1.4.1 试将线性规划问题化为标准形式:

$$\begin{aligned}
\max \quad & f' = -2x_1 + x_2 - 5x_3', \\
\text{s.t.} \quad & -3x_1 + x_2 + x_3' \leqslant 2, \\
& x_1 - 7x_2 + 4x_3' \geqslant -3, \\
& x_1 - 3x_2 - 2x_3' \leqslant 1, \\
& x_1, x_2 \geqslant 0.
\end{aligned}$$

解 将极大化 f' 转化为极小化 $f = -f'$. x_3' 为自由变量, 用 $x_3' = x_3 - x_4$, x_3, $x_4 \geqslant 0$ 表之. 并在前 3 个不等式约束中分别引入松弛变量 x_5, x_6, x_7, 得如下标准问题:

$$\begin{aligned}
\min \quad & f = 2x_1 - x_2 + 5x_3 - 5x_4, \\
\text{s.t.} \quad & -3x_1 + x_2 + x_3 - x_4 + x_5 = 2, \\
& x_1 - 7x_2 + 4x_3 - 4x_4 - x_6 = -3, \\
& x_1 - 3x_2 - 2x_3 + 2x_4 + x_7 = 1, \\
& x_j \geqslant 0, \ j = 1, \cdots, 7.
\end{aligned}$$

各种线性规划问题都可化为标准问题, 因而后者的理论和方法是处理更一般问题的基础.

1.5 高斯–若尔当消去

本节暂略去非负约束, 仅处理约束系统 $Ax = b$. 由于其中方程个数小于变量个数, 本节将表明该系统如果有解则有无穷多解, 故通常称为**亚定系统**.

一个系统解的全体称为它的**解集**. 如果几个系统有相同的解集, 则视其等价. 下列命题的正确性是显然的.

命题 1.5.1   用任一非 0 常数乘以任一方程所得到的系统与原系统等价.

命题 1.5.2   用任一常数乘以任一方程加到另一方程上去所得到的系统与原系统等价.

上面的运算称为系统的初等 (行) 变换, 是系统最基本的等价变换. 高斯–若尔当消去法通过一系列初等变换消去系统的某些项, 将其化为易于求解的形式.

不妨从一个具体的 3×5 标准线性规划问题入手:

$$\begin{aligned}
\min \quad & f = x_1 + 2x_2 - x_4 + x_5, \\
\text{s.t.} \quad & 2x_1 + x_2 + 3x_3 + 2x_4 = 5, \\
& x_1 - x_2 + 2x_3 - x_4 + 3x_5 = 1, \\
& x_1 - 2x_3 - 2x_5 = -1, \\
& x_j \geqslant 0, \ j = 1, \cdots, 5.
\end{aligned} \tag{1.6}$$

为简化起见, 现分离变量和系数, 将其约束系统用表格表示.

x_1	x_2	x_3	x_4	x_5	RHS
2	1	3	2		5
1	-1	2	-1	3	1
1		-2		-2	-1

表中的空格表示位于该处的数值为 0. 对照上表与约束系统看出, 系统的系数组成该表的后 3 行前 5 列, 形成一个 3×5 阶的"系数矩阵"; 方程的右端项排在第 6 列, 与系数矩阵一起构成 3×6 阶的"增广矩阵". 矩阵包含的数值称为它的元素. 表头的作用仅在于给出元素在系统中所处位置; 如 x_1 标明该列是变量 x_1 的系数, 而 RHS 则标明系统的右端项.

对约束系统进行初等变换相当于对表格进行相应的运算, 因而今后将对系统及其表格视做等同不加区别.

在系数矩阵中选定一个的非零元素, 称之为**主元 (素)**. 不妨就以第 1 行第 1 列元素 2 为主元. 用 1/2 乘以增广矩阵的第 1 行 (主元行) 将其化为 1, 得下表:

x_1	x_2	x_3	x_4	x_5	RHS
1	1/2	3/2	1		5/2
1	−1	2	−1	3	1
1		−2		−2	−1

再把第 1 行的 −1 倍分别加到第 2 和第 3 行 (非主元行) 上去, 使第 1 列除了第 1 行的元素外其余均为 0, 得下表:

x_1	x_2	x_3	x_4	x_5	RHS
1	1/2	3/2	1		5/2
	−3/2	1/2	−2	3	−3/2
	−1/2	−7/2	−1	−2	−7/2

于是, 第 1 列就变为单位向量, 主元位置分量为 1. 现选定第 2 行第 2 列元素为第 2 个主元. 用 −2/3 乘以第 2 行使其变为 1, 得表:

x_1	x_2	x_3	x_4	x_5	RHS
1	1/2	3/2	1		5/2
	1	−1/3	4/3	−2	1
	−1/2	−7/2	−1	−2	−7/2

现在把第 2 行的 1/2 倍和 −1/2 倍分别加到第 3 行和第 1 行上去, 使第 2 列除了第 2 行的元素为 1 其余均为 0, 得表:

x_1	x_2	x_3	x_4	x_5	RHS
1		5/3	1/3	1	2
	1	−1/3	4/3	−2	1
		−11/3	−1/3	−3	−3

从而第 2 列也化为单位向量, 其主元位置分量为 1. 现再确定第 3 行第 3 列元素为第 3 个主元. 用 −3/11 乘以第 3 行将其变为 1, 得表:

x_1	x_2	x_3	x_4	x_5	RHS
1		5/3	1/3	1	2
	1	−1/3	4/3	−2	1
		1	1/11	9/11	9/11

最后, 用 −5/3 和 1/3 乘以第 3 行分别加到第 1 和第 2 行上去, 使第 3 列变成主元位置分量为 1 的单位向量, 得下表:

x_1	x_2	x_3	x_4	x_5	RHS
1			2/11	−4/11	7/11
	1		15/11	−19/11	14/11
		1	1/11	9/11	9/11

表中包含一个 3×3 单位矩阵，这样高斯–若尔当消去过程就已完成. 其所对应的系统略加变形具如下形式:

$$\begin{cases} x_1 = 7/11 - (2/11)x_4 + (4/11)x_5, \\ x_2 = 14/11 - (15/11)x_4 + (19/11)x_5, \\ x_3 = 9/11 - (1/11)x_4 - (9/11)x_5. \end{cases} \tag{1.7}$$

该系统与原约束系统等价 (命题 1.5.1 和 1.5.2)，但却如此简单，以至于其本身就可被看做是一般解的显式表示. 实际上，x_4 和 x_5 可看做参变量任意取值；当它们的值确定后，x_1, x_2 和 x_3 的相应值即由 (1.7) 算出，从而得到约束系统的一个特解. 特别地，变量 x_4 和 x_5 均取 0 值时得到的解

$$x_1 = 7/11, \quad x_2 = 14/11, \quad x_3 = 9/11, \quad x_4 = x_5 = 0$$

称为基本解，可由 (1.7) 的右端列直接读出.

注意，按上述主对角顺序确定主元并非总能畅行无阻. 作为分母参加运算的主元必须非 0，否则消去过程无法进行. 例如当第 1 行第 1 列元素为 0 时甚至无法开始. 实际上，即使主元非 0，如果其绝对值太小，也会引入过大的计算误差而导致结果失真 (见 1.6 节). 因而实用的高斯–若尔当消去法需要 "选主元" 运算.

现推向全主元高斯–若尔当消去法的一般描述. 把 (1.3) 约束系统的增广矩阵列表如下:

x_1	x_2	$\cdots$	x_n	RHS
a_{11}	a_{12}	$\cdots$	a_{1n}	b_1
a_{21}	a_{22}	$\cdots$	a_{2n}	b_2
$\vdots$	$\vdots$		$\vdots$	$\vdots$
a_{m1}	a_{m2}	$\cdots$	a_{mn}	b_m

该方法每步由两部分构成: 在系数矩阵部分确定非 0 主元和对整个增广矩阵进行相应的消去运算. 主元所在的行和列分别称为主元行和主元列，其余为非主元行和非主元列(不包括右端列). 每步确定主元后用初等变换将主元列化为主元位置为 1 的单位向量. 具体作法是先将主元行乘以主元的倒数，再将主元行乘以适当的值加到非主元行把主元列其余元素化为 0.

不妨设经 $r < m$ 步后, 矩阵的前 r 个主元列已化为单位向量, 如下表.

x_1	x_2	$\cdots$	x_r	x_{r+1}	$\cdots$	x_n	RHS
1				$\bar{a}_{1\,r+1}$	$\cdots$	$\bar{a}_{1\,n}$	$\bar{b}_1$
	1			$\bar{a}_{2\,r+1}$	$\cdots$	$\bar{a}_{2\,n}$	$\bar{b}_2$
		$\ddots$		$\vdots$		$\vdots$	$\vdots$
			1	$\bar{a}_{r\,r+1}$	$\cdots$	$\bar{a}_{r\,n}$	$\bar{b}_r$
				$\bar{a}_{r+1\,r+1}$	$\cdots$	$\bar{a}_{r+1\,n}$	$\bar{b}_{r+1}$
				$\vdots$		$\vdots$	$\vdots$
				$\bar{a}_{m\,r+1}$	$\cdots$	$\bar{a}_{m\,n}$	$\bar{b}_m$

在第 $r+1$ 步, 确定主元 $\bar{a}_{pq}$ 使得

$$|\bar{a}_{pq}| = \max\{|\bar{a}_{ij}| \mid i = r+1, \cdots, m, j = r+1, \cdots, n\}. \tag{1.8}$$

若 $\bar{a}_{pq} \neq 0$, 则进行如下初等变换: 将第 p 行乘以 $1/a_{pq}$, 再将变化后的第 p 行乘以 $-a_{jq}$ 加到第 j 行, $j = 1, \cdots, m; j \neq p$. 于是第 q 列化为第 p 个分量为 1 的单位向量, 而前 r 个主元列保持不变. 随后经行列交换把第 p 行移至第 $r+1$ 行位置, 把第 q 列移至第 $r+1$ 列位置就完成了第 $r+1$ 步. 行列交换[①] 相当于改变方程和变量的顺序, 不会改变系统的解集.

如果 $r = m$, 或者 $r < m$ 但 $\bar{a}_{pq} = 0$ (非主元行列元素均为 0), 则消去过程终止.

由全主元高斯–若尔当消去法得到的最终表称为典式. 显然约束系统总存在典式. 假设在确定第 r 个主元后终止. 若将其行列重排使 r 个主元位于第 k 行第 k 列, $k = 1, \cdots, r$, 则表格的左上角即为一个 $r \times r$ 阶单位矩阵. 视这样的典式为规范的, 形如表 1.5.1.

表 1.5.1　典式

x_{j_1}	x_{j_2}	$\cdots$	x_{j_r}	x_{k_1}	$\cdots$	$x_{k_{n-r}}$	RHS
1				$\bar{a}_{1\,k_1}$	$\cdots$	$\bar{a}_{1\,k_{n-r}}$	$\bar{b}_1$
	1			$\bar{a}_{2\,k_1}$	$\cdots$	$\bar{a}_{2\,k_{n-r}}$	$\bar{b}_2$
		$\ddots$		$\vdots$		$\vdots$	$\vdots$
			1	$\bar{a}_{r\,k_1}$	$\cdots$	$\bar{a}_{r\,k_{n-r}}$	$\bar{b}_r$
							$\bar{b}_{r+1}$
							$\vdots$
							$\bar{b}_m$

---

① 具体实现时无需真作行列交换, 只要用两个整型向量分别纪录主元行列的标号, 而主元 $\bar{a}_{pq}$ 则在非主元行列元素中确定.

这里 $B = \{j_1, \cdots, j_r\}$ 和 $N = \{k_1, \cdots, k_{n-r}\}$ 分别为消去过程所取主元列的 (有序) 下标集和非主元列的下标集, 相应的变量分别称为基本变量和非基本变量. 注意, 该表的后 $m - r$ 行是非主元行, 其中除了右端列的后 $m - r$ 个分量 $\bar{b}_i, i = r + 1, \cdots, m$ 可能有非 0 元素外, 其余均为 0 元素; 各列元素不全为 0.

由典式 1.5.1 容易判定该系统解的情况.

定理 1.5.1 系统有解的充分必要条件是 $r = m$ 或 $r < m$ 而右端列的非主元行分量全为 0. 若有解, 则有无穷多解.

当 $r < m$ 而右端列的非主元行元素全为 0 时, 可以剔除非主元行所代表的恒等式. 在约束系统无解的情形, 显然原线性规划问题也无可行解, 自然也无最优解. 不言而喻, 我们只对有无穷多解的情形感兴趣. 根据线性代数的知识, 这个很关键的量 r 等于系数矩阵 A 的秩. 初等变换不改变矩阵的秩. 通常采用如下假设.

假设 约束系统系数矩阵的秩等于其行数, 即 rank $A = m$.

除非特别指明, 本书总在该假设下进行讨论. 在此情形, 约束系统 $Ax = b$ 的典式包含一个 $m \times m$ 阶排列矩阵, 经行列重排可化为单位矩阵, 而相应的典式可用矩阵和向量表示, 形如:

$$x_B + \bar{N}x_N = \bar{b}.$$

典式实际上给出了一般解的显式表示:

$$\begin{cases} x_B = \bar{b} - \bar{N}x_N, \\ x_N = x_N, \end{cases}$$

其中出现于右端的 x_N 视为参量.

定义 1.5.1 在典式中令非基本变量为 0 得到的解称为基本解. 若其基本分量均非负, 称为基本可行解.

定理 1.5.2 可行解 $\bar{x}$ 为基本可行解当且仅当其正分量对应的各列线性无关.

证明 充分性. 设可行解 $\bar{x}$ 仅有 s 个正分量, 且对应的列线性无关. 由于 rank $A = m$, 故可找到 A 的另外 $m - s$ 列与这些列构成线性无关向量组, 而可行解 $\bar{x}$ 显然就是以该向量组为基本列的典式对应的基本解, 即基本可行解.

必要性. 基本可行解的正分量显然在相应典式中对应基本变量, 故对应的各列线性无关. □

应该指出, 确定主元的 (1.8) 式可以放宽到使 $|\bar{a}_{pq}|$ 足够大, 从而扩大选择范围. 主元的不同选择导出不同的典式和基本解, 尽管这些典式的解集相同. 另一方面, 实际计算中主元的选择还需考虑稀疏性方面的要求 (见 9.3 节).

1.6 浮点运算误差

20 世纪 40 年代问世的电子计算机给世界带来的变化是划时代和革命性的. 计算机以其无与伦比的穿透力, 深刻地改变了并正在改变着几乎所有学科的面貌, 使其以前所未有的速度发展. 作为现代数值计算的基本工具, 没有计算机是不可想象的, 对线性规划也不例外.

由于数据在计算机中只能以有限位数存储和运算, 不能处理全部实数, 产生计算误差不可避免. 原始数据可能超出其表示范围而在输入时经过近似, 而随后算术运算的结果一般也需经过近似, 由此产生的误差称为舍入误差.

计算机表示的数即所谓浮点数系统可由 4 个正整数表征: 底数 β, 尾数位数 t, 指数下限 L 和指数上限 U(Forsythe et al., 1977, pp10-29). 更确切些, 任意实数 x 用 (规格化) 浮点数近似表示, 形如:

$$fl(x) = \pm .\alpha_1 \cdots \alpha_t \beta^e, \quad 0 \leqslant \alpha_i < \beta, \ i = 1, \cdots, t, \quad \alpha_1 \neq 0; \quad L \leqslant e \leqslant U, \quad (1.9)$$

所有这样的非 0 数和 0 构成计算机所表示数的全体 F; 这里 $\alpha_1 \cdots \alpha_t$ 为尾数部分, β^e 为指数部分. 计算机通常用 2 进制浮点数, 即 $\beta = 2$.

显然, 若记

$$m = \beta^{L-1}, \quad M = \beta^U (1 - \beta^{-t}),$$

则对任何浮点数 $fl(x) \in F$, 有 $m \leqslant |x| \leqslant M$; F 是非均匀分布的有理数的集合. 定义集合

$$S = \{x \in \mathcal{R} \mid m \leqslant |x| \leqslant M\}.$$

对任一元素 $0 \neq x \in S$, 计算机产生 F 中的近似数 $fl(x)$ 时只保留 t 位尾数, 有如下两种不同方式:

舍入法: 视 x 尾数第 $t+1$ 位的数字大小; 当其小于底数的一半时, 舍去该位 (包括该位) 之后的数字; 否则在前一位加上一个单位后再舍去这些数字. 因而 $fl(x)$ 为 F 中离 x 最近的浮点数, 有如下绝对误差界:

$$|fl(x) - x| \leqslant \frac{1}{2} \beta^{e-t}. \quad (1.10)$$

截断法: 舍去 x 尾数部分第 $t+1$ 位 (包括该位) 之后的数字. 于是 $fl(x)$ 是 F 中绝对值不超过 $|x|$ 的离 x 最近的浮点数, 有绝对误差界:

$$|fl(x) - x| \leqslant \beta^{e-t}. \quad (1.11)$$

对数值计算而言, t 是个很关键的量. 定义

$$\epsilon = \begin{cases} \dfrac{1}{2} \beta^{1-t}, & \text{舍入法}, \\ \beta^{1-t}, & \text{截断法}, \end{cases} \quad (1.12)$$

则由 (1.10) 和 (1.11) 知

$$|fl(x) - x| \leqslant \epsilon \beta^{e-1}.$$

又因

$$|x| \geqslant .\alpha_1 \beta^e > 0,$$

从而有

$$\left| \frac{fl(x) - x}{x} \right| \leqslant \frac{\epsilon \beta^{e-1}}{\alpha_1 \beta^e} = \epsilon / \alpha_1 \leqslant \epsilon,$$

或

$$fl(x) = x(1 + \delta), \quad |\delta| \leqslant \epsilon.$$

可见, ϵ 是近似数 $fl(x)$ 的相对误差界, 常称之为**机器精度** (machine epsilon). ϵ 是计算机上使 $fl(1 + \epsilon) \neq 1$ 成立的最小正值, 可由此测定所使用计算机的机器精度.

设 $a, b \in F$ 并用 "□" 表示四则运算符 $+, -, *, /$ 之一. 若 $a \square b \notin S$, 则计算机不能处理而输出上溢($|a \square b| > M$), 或下溢($0 < |a \square b| < m$) 的信息终止计算 (某些计算机和编译程序在下溢时将其置于 0). 在正常情形下, 对 $a \square b$ 的计算值 $fl(a \square b)$ 显然有

$$fl(a \square b) = (a \square b)(1 + \delta), \quad |\delta| < \epsilon.$$

可见对单个算数运算而言相对误差界为 ϵ, 通常很小. 但执行某个算法, 进行一系列运算时情况就大相径庭了.

算法在计算机上的表现受到舍入误差的极大影响. 误差的积累可能使最后得到的结果与理论值相去甚远, 以致完全失真, 毫无意义. 因而必须在数值计算中密切关注和限制误差的影响. 为此, 需遵循如下一般原则:

1. 避免接近 0 的数作分母或除数.
2. 避免两个相近的数相减.
3. 避免数量级相差过大的数一起运算以至于 "大数吃小数".
4. 避免 $|a \square b|$ 接近 m 或 M, 即使计算不发生溢出.
5. 减少运算次数, 特别是乘除次数.

值得注意的是, 由于引入的误差不同, 理论上等价的方法通常计算上并不等价. 例如当 $\delta \ll 1$ 时, 下列等式按右端计算可避免相近数相减而得到较精确的解:

$$\sqrt{x + \delta} - \sqrt{x} = \delta / (\sqrt{x + \delta} + \sqrt{x}),$$
$$\cos(x + \delta) - \cos x = -2 \sin(x + \delta/2) \sin(\delta/2).$$

若一个算法能使舍入误差传播或积累受到控制, 对最后结果影响小, 称之为(数值) 稳定性好; 反之, 则(数值) 稳定性差. 对计算结果的误差界给出精确估计一般是很困难的, 实际中通常使用向后误差分析的方法. 感兴趣的读者可参看 Wilkinson (1971).

第2章 可行域几何

用 $\mathcal{R}^n$ 表示 n 维欧几里得空间. 点或 (列) 向量是该空间最基本的几何元素. 用

$$x = (x_1, \cdots, x_n)^\mathrm{T} \in \mathcal{R}^n$$

表示分量 (坐标) 为 $x_1, \cdots, x_n$ 的点, 或从原点出发到该点的向量. 今后对点和向量将不加区别. 用 e_j, $j = 1, \cdots, n$ 表示坐标向量, 即第 i 个分量为 1 的单位向量; e 表示所有分量均为 1 的向量. 关于欧几里得空间的一般概念和运算, 如线性相关和无关, 点集及其有界和无界, 向量 $x, y \in \mathcal{R}^n$ 的内积 $x^\mathrm{T}y$, 夹角的余弦 $\cos < x, y > = x^\mathrm{T}y/(\|x\|\|y\|)$, 相互垂直 $x \perp y$ 或 $< x, y > = \pi/2$ 即 $x^\mathrm{T}y = 0$, 向量 x 的欧氏模 $\|x\| = \sqrt{x^\mathrm{T}x}$ 等等, 可参阅有关文献.

标准线性规划问题

$$\begin{aligned} \min \quad & f = c^\mathrm{T}x, \\ \text{s.t.} \quad & Ax = b, \quad x \geqslant 0. \end{aligned}$$

所涉及的 c 和 x 都可视为 $\mathcal{R}^n$ 中的向量, A 的各列 a_j, $j = 1, \cdots, n$ 为 $\mathcal{R}^n$ 中向量, b 为 $\mathcal{R}^m$ 中向量, 而可行域,

$$P = \{x \mid Ax = b, x \geqslant 0\}$$

为 $\mathcal{R}^n$ 中一个闭区域. 但 P 并非总是非空, 也可能为空集, 即 $P = \varnothing$.

由 Minkowski 和 Farkas(1902) 提出而被冠于后者之名, 下列引理给出了可行域 P 非空的一个充分必要条件 (证明留待 4.2 节).

引理 2.0.1(Farkas) *设 A 为 $m \times n$ 阶矩阵而 b 为 m 维向量. 存在 n 维向量 $x \geqslant 0$ 使 $Ax = b$ 成立当且仅当*

$$b^\mathrm{T}y \geqslant 0, \quad \forall\, y \in \{y \mid A^\mathrm{T}y \geqslant 0\}.$$

图 2.0.1 为其几何解释. a_1, a_2, a_3 为 2×3 矩阵 A 的列向量. 设 Y 为与每个列向量夹角均不超过 $\pi/2$ 的所有向量的集合 (对应向量 v 和 w 的夹角区域). b_1 与每个 $y \in Y$ 的夹角均不超过 $\pi/2$, 而 b_2 则不然. 故当 $b = b_1$ 时 $P \neq \varnothing$, 而 $b = b_2$ 时 $P = \varnothing$.

本章将考察可行域 P 的几何结构. 除非特别说明, 讨论均基于如下假设:

A1. rank $A = m$.

A2. P 为非空无穷点集.

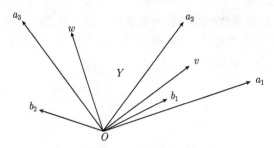

图 2.0.1　Farkas 引理的几何解释

2.1　多面凸集和可行域

对任给两点 $x, y \in \mathcal{R}^n$，点集

$$S = \{\alpha x + (1 - \alpha)y \mid \alpha \in \mathcal{R}\}$$

称为过它们的直线；若限定 $0 < \alpha < 1$，则称为以 x, y 为端点的开线段，记为 (x, y)；若限定 $0 \leqslant \alpha \leqslant 1$，则为以它们为端点的闭线段，记为 $[x, y]$. 若非特别指明，所谓"线段"均指闭线段.

定义 2.1.1　*如果点集 Π 包含两点，就包含过它们的直线，称 Π 为仿射集*(affine set). *包含点集的最小仿射集称为它的仿射包*(affine hull).

3 维空间中的直线和平面是仿射集的例子. 全空间是仿射集. 空集、单点集被视为仿射集. 显然仿射集的交为仿射集.

对任给 $\alpha_i, \ i = 1, \cdots, k$ 满足 $\sum\limits_{i=1}^{k} \alpha_i = 1$，点

$$x = \sum_{i=1}^{k} \alpha_i x^i$$

称为 $x^1, \cdots, x^k$ 的**仿射组合**. 易证所有如此仿射组合的集合，即

$$\left\{ \sum_{i=1}^{k} \alpha_k x^i \,\middle|\, \sum_{i=1}^{k} \alpha_i = 1, \ \alpha_i \in \mathcal{R}, \ i = 1, \cdots, k \right\}$$

为这些点的**仿射包**. 定义 2.1.1 中的两点可推广到多个点. 实际上，易证 Π 为仿射集当且仅当其中任意有限个点的仿射包均属于 Π.

若 $\mathcal{R}^n$ 的子集 L 对线性运算封闭，即对任何 $x, y \in L$ 和 $\alpha, \beta \in \mathcal{R}$，都有 $\alpha x + \beta y \in L$，则 L 为 $\mathcal{R}^n$ 的**子空间**(subspace). 如果仿射集是 $\mathcal{R}^n$ 子空间，则称之为**仿射子空间**.

定理 2.1.1　*仿射集为仿射子空间当且仅当它包含原点.*

证明　其必要性是明显的, 仅证充分性. 设 Π 为仿射集且包含原点, 即 $0 \in \Pi$. 于是对任意 $x \in \Pi$ 及 $\alpha \in \mathcal{R}$ 有

$$\alpha x = \alpha x + (1 - \alpha)0 \in \Pi.$$

另一方面, 对任意 $x, y \in \Pi$ 又有

$$\frac{x+y}{2} = \frac{1}{2}x + (1 - \frac{1}{2})y \in \Pi,$$

故 Π 对线性运算封闭, 为仿射子空间. □

定理 2.1.2　*对任意非空仿射集 Π, 存在向量 p 使得*

$$L = \{x + p \mid x \in \Pi\}$$

为仿射子空间, 且这样的子空间唯一.

证明　按定理 2.1.1, 若 $0 \in \Pi$, Π 为仿射子空间. $L = \Pi$ 对应取 $p = 0$. 设 $0 \notin \Pi$. 由于 $\Pi \neq \varnothing$, 故存在 $0 \neq y \in \Pi$. 令 $p = -y$, 显然

$$L = \{x + p \mid x \in \Pi\}$$

为包含 0 的仿射集, 从而为仿射子空间.

现证唯一性. 假设有仿射子空间 L_1, L_2 使得

$$L_1 = \{y + p_1 \mid y \in \Pi\}, \quad L_2 = \{y + p_2 \mid y \in \Pi\}.$$

显然

$$\Pi = \{x - p_1 \mid x \in L_1\}.$$

故取 $p = -p_1 + p_2$ 时有

$$L_2 = \{x + p \mid x \in L_1\}.$$

由上式知对任意 $x \in L_1$, 有 $x + p \in L_2$; 又 $0 \in L_1$, 故 $p \in L_2$. 由于 L_2 为子空间, 从而 $x = (x+p) - p \in L_2$. 于是有 $L_1 \subset L_2$. 类似地可推出 $L_2 \subset L_1$. 故 $L_1 = L_2$. □

几何上, L 可视为 Π 沿向量 p 的平移. L 称为仿射集 Π 的平行子空间. 该子空间的维数定义为 Π 的维数, 等于其元素独立分量的个数. 显然 1 维和 1 维以上的仿射集是无界的.

设 a 为非 0 向量而 η 为实数, 点集

$$H = \{x \mid a^{\mathrm{T}}x = \eta\},$$

称为超平面, a 称为 H 的法向量. 实际上, $a \perp H$, 即对任何两点 $x, y \in H$, 都有

$$a^{\mathrm{T}}(x - y) = a^{\mathrm{T}}x - a^{\mathrm{T}}y = \eta - \eta = 0.$$

易证超平面是仿射集.

3 维空间中的平面, 2 维空间中的直线都是超平面的例子.

不难判断任何一点 $\hat{x}$ 与超平面 H 的相对位置. 定义残量

$$r = a^{\mathrm{T}}\hat{x} - \eta.$$

规范化值 $|r|/\|a\|$ 等于点 $\hat{x}$ 到 H 的距离. 当 $r = 0$ 时 $\hat{x}$ 在 H 上.

与目标函数相关的超平面特别有意义. 如果把目标值 η 视为参数, 非空点集

$$H(\eta) = \{x \mid c^{\mathrm{T}}x = f\}$$

为目标等值面族. 目标函数的梯度 $\nabla f = c$ 为所有目标等值面共同的法向量, 指向目标值 f 增加的方向.

下面的定理给出仿射集的数学表示.

定理 2.1.3 点集 Π 为仿射集当且仅当存在 $W \in \mathcal{R}^{k \times n}$ 和 $h \in \mathcal{R}^k$ 使得

$$\Pi = \{x \mid Wx = h\}. \tag{2.1}$$

证明 对 Π 为空集和全空间的平凡情形是明显的, 只证其他情形.

充分性. 设 Π 由 (2.1) 表出. 对任意 $x, y \in \Pi$ 及 $\alpha \in R^1$ 有

$$W(\alpha x + (1 - \alpha)y) = \alpha Wx + (1 - \alpha)Wy = \alpha h + (1 - \alpha)h = h,$$

即 $\alpha x + (1 - \alpha)y \in \Pi$. 故 Π 为仿射集.

必要性. 设 Π 为仿射集. 记 L 为平行仿射子空间而 $w^1, \cdots, w^k$ 为其正交补空间的一个基. 则

$$L = \{y \mid (w^i)^{\mathrm{T}}y = 0, \ i = 1, \cdots, k\} \overset{\triangle}{=} \{y \mid Wy = 0\},$$

其中 $W \in \mathcal{R}^{k \times n}$ 的行向量为 $(w^1)^{\mathrm{T}}, \cdots, (w^k)^{\mathrm{T}}$. 记 $h = Wp$. 由于 L 为 Π 的平行子空间, 故存在向量 p 使 $L = \{x - p \mid x \in \Pi\}$. 于是, 对任何 $x \in \Pi$, 有 $x - p \in L$, 从而 $W(x - p) = 0$, 意味着 $x \in \{x \mid Wx = h\}$. 反之, 若 $x \in \{x \mid Wx = h\}$, 则 $Wx - Wp = W(x - p) = 0$, 而由 $x - p \in L$ 即知 $x \in \Pi$. 故 Π 有表示式 (2.1). $\square$

上述结果表明, 点集为仿射集当且仅当它为有限个超平面的交. 易证非空仿射集 Π 的维数等于 $n - \mathrm{rank}(W)$. 特别地, 标准问题约束系统的解集

$$\Delta = \{x \mid Ax = b\}$$

为仿射集. 由于 $\mathrm{rank}\, A = m$, 故 $\Delta \neq \varnothing$ 且 $\dim \Delta = n - m$.

定义 2.1.2 如果点集 C 包含两点就包含以其为端点的线段, 称 C 为凸集 (convex set). 包含点集 S 的最小凸集称为它的凸包 (convex hull).

3 维空间中的球体、2 维空间中的圆盘和第 1 象限都是凸集的例子. 显然线段和全空间是凸集.

空集和单点集被视为凸集; 凸集的交为凸集; 仿射集是凸集. 但凸集不一定是仿射集, 例如 3 维球体和 2 维圆盘为凸集而非仿射集. 显然, 任何凸集都有仿射包. 其仿射包的维数定义为凸集的维数. 若凸集为闭集则称为闭凸集. 除非特别指明, 今后所谓"凸集"均指闭凸集.

对任意 $\alpha_i \geqslant 0,\ i = 1, \cdots, k$ 满足 $\sum\limits_{i=1}^{k} \alpha_i = 1$, 点

$$x = \sum_{i=1}^{k} \alpha_k x^i$$

称为 $x^1, \cdots, x^k$ 的凸组合. 易证所有如此凸组合的集合即

$$\left\{ \sum_{i=1}^{k} \alpha_k x^i \ \bigg| \ \sum_{i=1}^{k} \alpha_i = 1; \alpha_i \geqslant 0,\ i = 1, \cdots, k \right\}$$

为这些点的凸包. 定义 2.1.2 中的两点可推广到多个点. 实际上, 易证 C 为凸集当且仅当其中任意有限个点的凸包均属于 C.

超平面 H 把 n 维空间分为两个闭半空间

$$H_L = \{x \mid a^{\mathrm{T}} x \leqslant \eta\}$$

和

$$H_R = \{x \mid a^{\mathrm{T}} x \geqslant \eta\}.$$

超平面 H 为这两个半空间的交, 即其共同边界. 如果去掉 H, 则形成两个开半空间, 即

$$\{x \mid a^{\mathrm{T}} x < \eta\}$$

和

$$\{x \mid a^{\mathrm{T}} x > \eta\}.$$

有限个闭半空间的交定义为多胞形(polyhedron). 有界的多胞形称为多面体(polytope). 它们可能退化为线段或点甚至空集.

易证半空间为凸集. 故多胞形或多面体均为凸集, 亦称为多面凸集(polyhedral convex set).

若凸集 C 对任何 $x \in C$ 和 $\alpha \geqslant 0$ 都有 $\alpha x \in C$, 则称为凸锥(convex cone). 若凸锥是多面凸集, 则称为多面凸锥. 易证点集为多面凸锥当且仅当它为有限个过原点的闭半空间的交, 因而有形如 $\{x \mid Ax \geqslant 0\}$ 的数学表示.

标准问题的非负性约束 $x \geqslant 0$ 是以坐标面为边界的 n 个闭半空间的交, 即 n 维空间的第一卦限 (正卦限). 于是可行域 P 为仿射集 Δ 和正卦限的交. 另一方面, 由于 $a^{\mathrm{T}} x = b$ 等价于

$$a^{\mathrm{T}} x \geqslant b, \quad a^{\mathrm{T}} x \leqslant b$$

联立, 故超平面为两个闭半空间的交, 而可行域 P 亦可视为有限个闭半空间的交, 即多胞形或多面体. 于是有如下结论:

命题 2.1.1　可行域 $P = \{x \mid Ax = b, x \geqslant 0\}$ 为多面凸集.

引入记号

$$J' = \{j \mid x_j = \mu_j, j = 1, \cdots, n; x \in P\}, \tag{2.2}$$

其中 μ_j 为任意非负常数.

命题 2.1.2　设 $I_{J'}$ 为系统 $x_j = \mu_j$, $j \in J'$ 的系数矩阵. 若矩阵

$$\begin{pmatrix} A \\ I_{J'} \end{pmatrix}$$

的秩为 r, 则

$$n - \min\{m + |J'|, n\} \leqslant \dim P = n - r \leqslant n - \max\{m, |J'|\}. \tag{2.3}$$

证明　注意, 按本章基本假设, $\mathrm{rank}\, A = m$ 而 P 为非空无穷点集.

显然 $|J'| \leqslant r$, 且

$$P = \{x \mid Ax = b, x \geqslant 0; x_j = \mu_j, j \in J'\}.$$

若 $|J'| = r$, 则 $x_j = \mu_j$, $j \in J'$ 为系统

$$Ax = b; \quad x_j = \mu_j, \quad j \in J'$$

的典式. 若 $|J'| < r$, 除了 $x_j\, j \in J'$ 可另外确定 $r - |J'|$ 个基本变量得到该系统的典式. 简言之, 该系统存在典式, 其 $n - r$ 个非基本变量均不属于 J', 故 $\dim P = n - r$. 又由于 $\min\{m + |J'|, n\} \geqslant r \geqslant \max\{m, |J'|\}$, 故 (2.3) 成立.　　　□

显然, 当 $J' = \varnothing$ 时有 $\dim P = n - m$.

$\mu_j = 0$ 的情形对标准线性规划问题有重要意义. 引入集合

$$J = \{j \mid x_j = 0, j = 1, \cdots, n; x \in P\}, \quad \bar{J} = A \backslash J. \tag{2.4}$$

则 J 称为0 分量下标集, 其中元素称为0 分量下标.

按上述定义, 显然 $P \subset P'$; 此外

$$x_j = 0, \quad \forall j \in J, x \in P. \tag{2.5}$$

若 $x \in P$ 而 $x_j > 0$, 则 $j \in \bar{J}$.

定义 2.1.3　设 $\bar{x} \in P$. 若存在 $\delta > 0$, 使得 $\bar{x}$ 的邻域

$$\Omega(\delta) = \{x \in \Delta \mid x_j = 0,\ j \in J;\ \|x - \bar{x}\| < \delta\} \subset P, \tag{2.6}$$

则称 $\bar{x}$ 为 P 的内点(interior point); 否则为边界点(bound point).

P 的内点的集合称为它的内部, 记为 $\mathrm{int}\,P$. P 与其内部有相同的维数.

实际问题可行域的 0 分量下标集 J 常常非空. 为有所区别, 常把 $J \neq \varnothing$ 情形的内点特别称为相对内点(relative interior point), 相对内点的集合称为相对内部; 而(严格) 内点或(严格) 内部专指 $J = \varnothing$ 的情形.

定理 2.1.4　设 $\bar{x} \in P$. 则 $\bar{x} \in \mathrm{int}\,P$ 当且仅当

$$\bar{x}_j > 0,\quad j \in \bar{J}. \tag{2.7}$$

证明　充分性. 设点 $\bar{x} \in P$ 满足 (2.7). 令

$$\delta = \min_{j \in \bar{J}} \bar{x}_j > 0, \tag{2.8}$$

并记

$$\Omega(\delta) = \{x \in \Delta \mid x_j = 0,\ j \in J;\ \|x - \bar{x}\| < \delta\}.$$

则对任意 $x \in \Omega(\delta)$, 显然有 $x \in \Delta$ 及 $x_j = 0$, $j \in J$. 不仅如此, 由于

$$\|x - \bar{x}\| = \sqrt{\sum_{j=1}^{n} (x_j - \bar{x}_j)^2} < \delta,$$

还有

$$|\bar{x}_j - x_j| \leqslant \|x - \bar{x}\| < \delta,\quad j \in \bar{J}.$$

该式结合 (2.8) 推出

$$x_j > \bar{x}_j - \delta \geqslant 0,\quad j \in \bar{J}.$$

从而 $x \in P$. 故 $\Omega(\delta) \subset P$, $\bar{x}$ 为 P 的内点.

必要性. 设 $\bar{x} \in \mathrm{int}\,P$, 有 $\delta > 0$ 使 $\Omega(\delta) \subset P$; 但存在 $p \in \bar{J}$ 使 $\bar{x}_p = 0$. 按 $\bar{J}$ 的定义, 存在 $x' \in P$ 而 $x'_p > 0$. 显然对任意 $\alpha > 0$ 总有

$$x = -\alpha x' + (1 + \alpha)\bar{x} = \bar{x} + \alpha(\bar{x} - x') \in \Delta. \tag{2.9}$$

于是当 α 足够小时有

$$\|x - \bar{x}\| = \alpha\|\bar{x} - x'\| < \delta.$$

另外, 显然 $x'_j, \bar{x}_j = 0$, $j \in J$, 从而 $x_j = 0$, $j \in J$. 于是 $x \in \Omega(\delta)$. 另一方面, 由 (2.9), $\bar{x}_p = 0$ 和 $\alpha > 0$, $x'_p > 0$ 推出

$$x_p = -\alpha x'_p + (1 + \alpha)\bar{x}_p = -\alpha x'_p < 0,$$

与 $\Omega(\delta) \subset P$ 矛盾. 故若 $\bar{x} \in \mathrm{int}\,P$, 则 (2.7) 成立.　　　□

命题 2.1.3 若 $\dim P \geqslant 1$, 则 P 有相对内点.

证明 命题假设隐含 $\bar{J} \neq \varnothing$, 因为否则有 $J = A$ 从而 $\dim P = 0$, 引出矛盾. 另一方面, 对任意 $j \in \bar{J}$ 都存在 $x \in P$ 使 $x_j > 0$; 从而由 P 为凸集推出存在 $x \in P$ 满足 $x_j > 0$, $j \in \bar{J}$. 按定理 2.1.4 知 $x \in \operatorname{int} P \neq \varnothing$. □

例 2.1.1 考察下列问题的可行域内部:

$$\begin{aligned} \min \quad & x_1 + x_2 + x_3 + x_4 + x_5, \\ \text{s.t.} \quad & x_1 - x_3 + x_4 + x_5 = 6, \\ & x_2 - x_3 - x_4 - x_5 = 0, \\ & -x_2 + 3x_3 + x_4 + x_5 = 0, \\ & x_j \geqslant 0, \ j = 1, \cdots, 5. \end{aligned}$$

解 将第 2 个约束等式加到第 3 个上得

$$2x_3 = 0,$$

易知可行域非空, 且所有的可行点的 x_3 分量均为 0. 若将 x_3 消去问题就化为

$$\begin{aligned} \min \quad & x_1 + x_2 + x_4 + x_5, \\ \text{s.t.} \quad & x_1 + x_4 + x_5 = 6, \\ & x_2 - x_4 - x_5 = 0, \\ & x_j \geqslant 0, \ j = 1, 2, 4, 5. \end{aligned}$$

则易知其可行域内部非空, 对应原问题可行域的相对内部.

2.2 可行域的几何结构

本节讨论标准线性规划问题可行域的几何结构, 其中绝大部分内容也适用于一般多面凸集.

定义 2.2.1 设 P' 为可行域 P 的非空凸子集. 若对任意 $y, z \in P$, 当 $x \in (y, z)$ 而 $x \in P'$ 时总有 $x, y \in P'$, 则称 P' 为 P 的界面.

该定义意味着界面包含 P 中任意线段的一个内点就包含整个线段.

下面的定理给出可行域 P 的界面的数学表示.

定理 2.2.1 可行域 P 的非空凸子集 $P(Q)$ 为其界面当且仅当存在下标集 $Q \subset A$, 使得

$$P(Q) = \{x \mid Ax = b, \ x \geqslant 0; \ x_j = 0, \ j \in Q\}. \tag{2.10}$$

证明 充分性. 设 $\varnothing \neq P(Q) \subset P$ 由 (2.10) 给定. 若 $v \in P(Q)$ 是线段 (y, z) 的内点而 $y, z \in P$, 则存在 $0 < \alpha < 1$ 使得

$$v = \alpha y + (1 - \alpha)z.$$

从而由 $\alpha > 0$, $1 - \alpha > 0$, $y, z \geqslant 0$ 及

$$v_j = \alpha y_j + (1 - \alpha)z_j = 0, \quad j \in Q,$$

推出

$$y_j, z_j = 0, \quad j \in Q,$$

于是 $y, z \in P(Q)$. 故 $P(Q)$ 为界面.

必要性. 设 $P(Q) \neq \varnothing$ 为 P 的界面. 记

$$Q = \{j \mid x_j = 0, \ j = 1, \cdots, n, \ x \in P(Q)\}. \tag{2.11}$$

现证明 $P(Q)$ 等同于

$$P(Q)' = \{x \mid Ax = b, \ x \geqslant 0; \ x_j = 0, \ j \in Q\}. \tag{2.12}$$

显然, $P(Q) \subset P(Q)' \subset P$.

若 $P(Q)$ 仅包含原点 0, 则推出 $b = 0$ 及 $Q = A$, 显然 $P(Q)'$ 也仅包含 0, 从而 $P(Q) = P(Q)'$. 以下设 $P(Q)$ 不仅包含原点, 欲证 $P(Q)' \subset P(Q)$.

设 $x \in P(Q)'$. 若 $x = 0(b = 0)$, 则对任一 $0 \neq v \in P(Q)$ 及

$$y = 2v,$$

有

$$v = \frac{y}{2} + \frac{0}{2},$$

意味着 $v \in (y, 0)$. 而 $P(Q)$ 为界面且 $y, 0 \in P$, 故 $x = 0 \in P(Q)$. 另一方面, 若 $x \neq 0$, 即下标集

$$S = \{j \mid x_j > 0, j = 1, \cdots, n\}$$

非空, 则由 $x \in P(Q)'$ 和 (2.12) 知, 对任何 $j \in S$ 有 $j \notin Q$. 于是存在 $u \in P(Q)$ 使 $u_j > 0$. 若 S 含两个以上下标, 则对任意 $i, j \in S$ 有 $u, w \in P(Q)$ 满足 $u_i, w_j > 0$, 从而推出 $z = u/2 + w/2 \in P(Q)$ 满足 $z_i, z_j > 0$. 这就意味着, 存在 $v \in P(Q)$ 对于所有 $j \in S$ 都有 $v_j > 0$. 至于 x 和 v 的关系, 只有如下两种情形:

(i) $\{j \mid x_j > v_j, j \in S\} = \varnothing$. 显然

$$z = 2v - x = v + (v - x) \in P.$$

由于 $P(Q)$ 是 P 的界面, 而 $v = z/2 + x/2 \in (x, z)$, 故 $x \in P(Q)$.

(ii) $\{j \mid x_j > z_j, j \in S\} \neq \varnothing$. 令

$$z = x + \beta(v - x), \quad \beta = \min\{x_j/(x_j - v_j) \mid x_j - v_j > 0, j \in S\} > 1.$$

则易验证 $z \in P$, 且

$$v = \alpha z + (1 - \alpha)x \in (x, z), \quad 0 < \alpha = 1/\beta < 1.$$

而 $P(Q)$ 为 P 的界面, 从而 $x \in P(Q)$. 故 $P(Q)' \subset P(Q)$. □

上面关于 P 的结果容易推广到一般的多面凸集. 如多面凸集具有限个界面, 多面凸集的界面仍为多面凸集等.

显然 P 本身为界面 ($Q = \varnothing$). 若界面 $P(Q) \neq P$, 则称为真界面. 易证界面 $P(Q)$ 为 P 的真界面当且仅当 $\dim P(Q) < \dim P$. 由命题 2.1.2 的证明可知 $\dim P(Q) \leqslant n - \max\{m, |Q|\}$. 而界面的界面仍为界面.

当 $\dim P(Q) = \dim P - 1$ 时, 界面 $P(Q)$ 称为 P 的侧面 (facet). 1 维界面亦称为边(edge); 0 维界面亦称为顶点 (vertex) 或极点 (extreme point).

显然可行域 P 仅含有限多个界面. 实际上, 易知 P 最多有 C_n^k 个 $n - m - k$ 维界面 ($k = 1, \cdots, n - m$); 特别地, 最多有一个 $n - m$ 维界面 (其本身), C_n^{m+1} 个边和 $C_n^{n-m} = C_n^m$ 个顶点.

顶点也可等价地另行定义如下:

定义 2.2.2 若对任意 $y, z \in P$, 当 $x \in [y, z]$ 时总有 $x = y$ 或 $x = z$, 则称 x 为 P 的顶点.

该定义意味着顶点不是 P 中任何线段的内点.

显然, 若原点 $0 \in P$, 则其为顶点; P 的界面的顶点仍为顶点, 顶点有其独特的代数属性.

引理 2.2.1 点 $x \in P$ 为顶点当且仅当其正分量对应 A 的各列线性无关.

证明 不妨设 x 的前 s 个分量大于 0 而其余均为 0. 设 $\bar{x}$ 为 x 的前 s 个分量构成的子向量而 $\bar{A}$ 为 A 的前 s 列构成的子矩阵. 于是有 $\bar{A}\bar{x} = b$.

必要性. 假设 x 为 P 的顶点. 若 $\bar{A}$ 的各列线性相关, 则存在非 0 向量 $\bar{v}$ 使得 $\bar{A}\bar{v} = 0$. 引入

$$\bar{y} = \bar{x} + \alpha\bar{v}, \quad \bar{z} = \bar{x} - \alpha\bar{v}.$$

显然对任何实数 α 均有

$$\bar{A}\bar{y} = \bar{A}\bar{z} = b.$$

取 $\alpha > 0$ 充分小, 使得 $\bar{y}, \bar{z} \geqslant 0$. 构造向量 y 和 z, 使它们的前 s 个分量分别构成 $\bar{y}$ 和 $\bar{z}$, 其余分量为 0. 则显然 $y, z \in P$, 且 $x = y/2 + z/2$, 表明 x 不是 P 的顶点, 引出矛盾. 故若 x 为 P 的顶点则其正分量对应各列线性无关.

充分性. 假设 $\bar{A}$ 的各列线性无关. 若 $x \in P$ 不是顶点, 则存在两点 $y, z \in P$ 和 $\alpha \in (0, 1)$ 使得 $x = \alpha y + (1 - \alpha)z$. 由此知 y 和 z 的后 $n - s$ 个分量均为 0. 于是 $v = x - y \neq 0$ 且满足

$$\bar{A}\bar{v} = Av = Ax - Ay = b - b = 0,$$

意味着 $\bar{A}$ 的各列线性相关, 引出矛盾. 故若 $\bar{A}$ 的各列线性无关则 x 必为顶点. □

由于 $\mathrm{rank}(A) = m$, 上述定理表明 P 的顶点正分量个数不大于 m.

由 1.5 节知道, 约束系统 $Ax = b$ 的每个典式对应一个基本解, 若其满足非负性条件则为基本可行解.

引理 2.2.2　点为可行域的顶点当且仅当它为基本可行解.

证明　由定理 1.5.2 和引理 2.2.1 即得.　　　　　　　　　　　　　　□

依据定义直接判断一个点是否为顶点通常是困难的. 但上述定理表明顶点等同于基本可行解, 而后者可通过代数方法确定. 可行域顶点和基本可行解只不过是同一数学对象的几何和代数术语而已.

引理 2.2.3　非空可行域 P 有顶点.

证明　当 P 为单点集时是显然的. 设 P 为无穷点集而 $\bar{x} \in P$. 若 $\bar{x}$ 不是顶点, 则存在相异两点 $y, z \in P$ 和纯量 $\bar{\alpha} \in (0,1)$, 使

$$\bar{x} = \bar{\alpha}y + (1 - \bar{\alpha})z = z + \bar{\alpha}(y - z).$$

于是, $\bar{x}$ 的分量为 0 当且仅当 y, z 的对应分量均为 0. 令

$$T = \{j \mid \bar{x}_j > 0, \ j = 1, \cdots, n\}.$$

则 $T \neq \varnothing$, 因为 $T = \varnothing$ 意味着 $\bar{x} = 0$ 为顶点. 不妨设对某个 $i \in \{1, \cdots, n\}$ 有 $z_i > y_i$, 从而 $i \in T$. 这意味着

$$\{j \mid z_j - y_j > 0, \ j \in T\} \neq \varnothing.$$

易验证重新定义的

$$\bar{x} = \alpha_1 y + (1 - \alpha_1)z, \quad \alpha_1 = z_q/(z_q - y_q) = \min\{z_j/(z_j - y_j) \mid z_j - y_j > 0, \ j \in T\}.$$

满足 $\bar{x} \in P$ 且 $\bar{x}_q = 0$. 因而相应于新 $\bar{x}$ 的 $|T|$ 比旧的至少减少 1. 故上述过程重复不超过 n 次必终止于顶点.　　　　　　　　　　　　　　　　　　　　□

该证明过程产生一系列可行点, 所对应的每个界面是前一个界面的真界面, 直到达到 0 维界面. 后面还将用到这个向低维界面转移的方法.

对任给一点 x 和向量 $d \neq 0$, 集合 $\{x + \alpha d \mid \alpha \geqslant 0\}$ 称为由 x 出发沿 d 方向的射线(或半直线). 射线显然是无界集.

定义 2.2.3　设 P 非空而 d 为非 0 向量. 若 P 包含从任意 $x \in P$ 出发沿 d 方向的射线, 则称 d 为 P 的无界方向. 同向的无界方向被视为等同.

定理 2.2.2　向量 d 为非空可行域 P 的无界方向当且仅当

$$Ad = 0, \quad d \neq 0, \quad d \geqslant 0. \tag{2.13}$$

证明 充分性. 在上述条件下, 易验证对任意 $x \in P$ 及 $\alpha \geqslant 0$ 均有 $x + \alpha d \in P$, 故 $d \neq 0$ 为无界方向.

必要性. 设 $d \neq 0$ 为无界方向. 于是存在 $x \in P$, 对任意 $\alpha \geqslant 0$ 有 $x + \alpha d \in P$. 从而由 $Ax = b$ 和 $A(x + \alpha d) = b$ 推出 $Ad = 0$. 另外 $d \geqslant 0$ 也成立. 因为不然的话意味着 d 有负分量, 而当 $\alpha > 0$ 充分大时 $x + \alpha d$ 的对应分量亦为负, 与 $x + \alpha d \in P$ 矛盾. $\qquad\square$

推论 2.2.1 设 P 非空而 d 为非 0 向量. 则 d 为无界方向当且仅当 P 包含从某个 $x \in P$ 出发沿 d 方向的射线.

显然有限个无界方向的非负线性组合仍为无界方向, 如果组合系数不全为 0. 注意, 空集无所谓 "无界方向".

定理 2.2.3 可行域 P 无界当且仅当它有无界方向.

证明 充分性是明显的, 只证必要性. 若 $v \in P$, 则显然 P 的平移

$$C = \{x - v \mid x \in P\}$$

包含原点 0, 且 P 无界当且仅当 C 无界. 不妨就设 $0 \in P$.

设 $S' = \{x^k\} \in P$ 为无界点列. 不妨设

$$\|x^k\| \to \infty, \quad \text{当} \quad k \to \infty.$$

则单位球面上的点列

$$S'' = \{x^k / \|x^k\|\}$$

有界, 必有聚点. 设 x 为其聚点, 则 S'' 中有一个收敛于 x 的子序列. 不妨设

$$x^k / \|x^k\| \to x.$$

现证 x 为 P 的无界方向. 设 M 为任给正数. 由于 $\|x^k\| \to \infty$, 故存在正整数 K, 当 $k \geqslant K$ 时有 $\|x^k\| > M$ 或 $M / \|x^k\| < 1$. 令

$$y^k = (M / \|x^k\|) x^k, \quad k = K, K+1, \cdots.$$

由于 P 为凸集, $0, x^k \in P$ 又 $y^k \in (0, x^k)$, 从而当 $k \geqslant K$ 时有 $y^k \in P$ 且 $y^k \to Mx$. 而 P 为闭集, 故 $Mx \in P$. $\qquad\square$

定义 2.2.4 若 P 的无界方向不能表示为两个相异无界方向的正线性组合, 则称之为极 (无界) 方向.

按上述定义, 无界方向 d 为极方向意味着, 若存在无界方向 d', d'' 和正数 $\sigma_1, \sigma_2 > 0$ 满足 $d = \sigma_1 d' + \sigma_2 d''$, 则必有 $d' = \sigma d'$, 其中 $\sigma > 0$. 当然, 同向的极方向也被视为等同.

图 2.2.1 中 d^1, d^2, d^3 都是 P 的无界方向; d^1 和 d^2 是极方向, 而 d^3 不是.

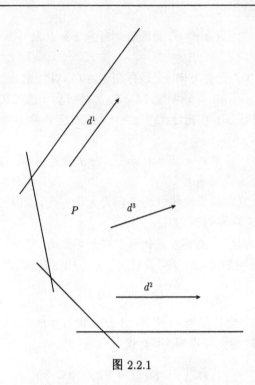

图 2.2.1

定理 2.2.4 无界方向为极方向当且仅当正分量对应列向量组的秩比向量个数少 1.

证明 不妨设无界方向 d 的 k 个正分量对应列向量组 $a_1, \cdots, a_k$. 由 $Ad = 0$ 知该向量组线性相关. 记该向量组的秩为 r, 显然 $r < k$. 不妨设前 r 个向量线性无关. 引入矩阵 $B = (a_1, \cdots, a_r)$. 显然

$$\operatorname{rank} B = r \leqslant \operatorname{rank} A = m.$$

注意, $k \geqslant 2$. 因为若 $k = 1$, 则由 $Ad = 0$ 推出 $a_1 = 0$, 导出矛盾.

必要性. 设 d 为极方向, 但 $r \neq k - 1$, 即 $a_1, \cdots, a_{k-1}$ 线性相关. 于是存在

$$y = (y_1, \cdots, y_{k-1}, 0, \cdots, 0)^{\mathrm{T}} \neq 0$$

使得

$$Ay = \sum_{j=1}^{k-1} y_j a_j = 0.$$

显然, 对充分小的 $\delta > 0$ 有

$$0 \neq d' = d + \delta y \geqslant 0, \qquad 0 \neq d'' = d - \delta y \geqslant 0,$$

及 $Ad' = Ad'' = 0$. 故 d', d'' 为 P 的无界方向, 且显然不同向. 而 $d = (d' + d'')/2$, 与 d 为极方向矛盾, 故必有 $r = k - 1$.

充分性. 假设 $r = k - 1$. 若存在无界方向 d', d'' 及 $\sigma_1, \sigma_2 > 0$ 使得

$$d = \sigma_1 d' + \sigma_2 d'',$$

则显然 d 的 0 分量对应 d', d'' 的 0 分量, 故 d' 和 d'' 的后 $n - k$ 个分量亦为 0. 又由于 d', d'' 为无界方向, 按定理 2.2.1 有 $Ad' = Ad'' = 0$, 故有

$$Bd'_B + d'_k a_k = 0, \quad Bd''_B + d''_k a_k = 0.$$

注意, $d'_k, d''_k > 0$; 因为假如 $d'_k = 0$, 则 $d'_B = 0$, 从而推出 $d' = 0$ 而导致矛盾. 用 B^{T} 左乘上两式的两边得

$$B^{\mathrm{T}} B d'_B + d'_k B^{\mathrm{T}} a_k = 0, \quad B^{\mathrm{T}} B d''_B + d''_k B^{\mathrm{T}} a_k = 0.$$

由此得

$$d'_B = -d'_k (B^{\mathrm{T}} B)^{-1} B^{\mathrm{T}} a_k, \quad d''_B = -d''_k (B^{\mathrm{T}} B)^{-1} B^{\mathrm{T}} a_k.$$

从而推出

$$d'' = (d''_k / d'_k) d',$$

表明无界方向 d' 和 d'' 同向, 故 d 为极方向. $\qquad\square$

极方向与 1 维界面或边有紧密的关系.

定理 2.2.5 向量为 P 的极方向当且仅当为边的无界方向.

证明 必要性. 设 d 为极方向. 按定理 2.2.4, 可设其正分量对应的列向量组为

$$a_1, \cdots, a_r, a_{m+1},$$

其中前 $r \leqslant m$ 列线性无关. 于是

$$d_1, \cdots, d_r, d_{m+1} > 0, \quad d_{r+1}, \cdots, d_m, d_{m+2}, \cdots, d_n = 0. \tag{2.14}$$

由于 A 的秩为 m, 当 $r < m$ 时必存在 $m - r$ 个列向量与 $a_1, \cdots, a_r$ 构成基. 不妨设 A 的前 m 列构成基, 即

$$B = (a_1, \cdots, a_r, a_{r+1}, \cdots, a_m), \quad N = \{a_{m+1}, \cdots, a_n\}. \tag{2.15}$$

由 (2.14) 和 $Ad = 0$ 知

$$\sum_{i=1}^{r} d_i a_i + d_{m+1} a_{m+1} = 0,$$

从而有

$$a_{m+1} = -\sum_{i=1}^{r} (d_i / d_{m+1}) a_i.$$

设基 B 对应的典式为

$$x_B = \bar{b} - \bar{N}x_N. \tag{2.16}$$

由于其增广矩阵 $(I\ \bar{N} \mid \bar{b})$ 由 $(A \mid b) = (B\ N \mid b)$ 经初等变换而来, 而 a_{m+1} 可由 $a_1, \cdots, a_r$ 线性表出, 故典式中列向量 $\bar{a}_{m+1}$ 的后 $m-r$ 个分量为 0.

设 $\bar{x} \in P$. 若 $\bar{x}_N = 0$, 则 $\bar{x}$ 为基 B 对应的基本可行解.

设 $\bar{x}_N \neq 0$. 下面证明, 只要将 a_{m+1} 和 $a_1, \cdots, a_r$ 中向量 $a_{r+1}, \cdots, a_m$ 和 $a_{m+2}, \cdots, a_n$ 中向量适当互换, 相应的新 B 必对应基本可行解.

设 $\bar{x}_j > 0$ 对某个 $j \in N$, $j \neq m+1$ 成立. 让 $\bar{x}_j$ 下降而其他非基本分量不变, 确定 $\bar{x}_B$ 的相应值使 $\bar{x}$ 满足 (2.16), 则得到新解 $\bar{x}$. 典式 (2.16) 中对应 $\bar{x}_j$ 的列无非有如下两种情形:

(i) $\bar{a}_j \geqslant 0$.

显然 $\bar{x}_j$ 可降至 0 而相应的 $\bar{x}_B$ 保持非负, 故置 $\bar{x}_j = 0$.

(ii) $\bar{a}_j \ngeqslant 0$.

若 $\bar{a}_j$ 的前 r 个分量非负, $\bar{x}_j$ 下降时 $\bar{x}_B$ 的后 $m-r$ 个分量必有一个最先降至 0(所谓"阻断"), 设其为第 $r+1 \leqslant i \leqslant m$ 个. 置 $\bar{x}_j$ 于相应值, 并互换 a_j 和 a_i 以更新 B 和 N. 若同时互换它们的下标, 则新解 $\bar{x}$ 的非基本分量 $\bar{x}_j$ 等于 0.

若 $\bar{a}_j$ 的前 r 个分量有负值, 则总能确定某个 $\sigma > 0$ 使

$$\bar{x} := \bar{x} + \sigma d$$

的前 r 个基本分量足够大而非基本分量除 $\bar{x}_{m+1}$ 外不变, 使得当 $\bar{x}_j$ 下降时 $\bar{x}_B$ 的前 r 个分量无阻断. 当后 $m-r$ 个分量也无阻断时, 置 $\bar{x}_j = 0$; 当第 $r+1 \leqslant i \leqslant m$ 个分量阻断时, 置 $\bar{x}_j$ 于相应值, 并互换 a_j 和 a_i 以更新 B 和 N. 若也互换它们的下标, 则新解 $\bar{x}$ 的非基本分量 $\bar{x}_j = 0$.

照此进行, 可把 $\bar{x}_j$, $j \in N$, $j \neq m+1$ 均化为 0, 而不涉及 B 的前 r 个下标. 之后若 $\bar{x}_{m+1} = 0$, 则达到目的.

若 $\bar{x}_{m+1} > 0$, 让其下降而其他非基本分量不变. 由于 $\bar{a}_{m+1}$ 的后 $m-r$ 个分量为 0, $\bar{x}_B$ 的对应分量保持不变, 有如下两种情形:

(i) $\bar{a}_{m+1}$ 的前 r 个分量均非负. 显然 $\bar{x}_{m+1}$ 可降至 0 而相应的 $\bar{x}_B$ 保持非负, 故取 $\bar{x}_{m+1} = 0$.

(ii) $\bar{a}_{m+1}$ 的前 r 个分量有负值. 若 $\bar{x}_{m+1}$ 下降至 0 时相应的 $\bar{x}_B$ 保持非负, 则取 $\bar{x}_{m+1} = 0$. 否则若 $\bar{x}_B$ 的第 $1 \leqslant i \leqslant r$ 个分量阻断, 置 $\bar{x}_{m+1}$ 于相应值, 并互换 a_{m+1} 和 a_i 以更新 B 和 N. 若也互换它们的下标, 则在新基下新 $\bar{x}$ 的非基本分量 $\bar{x}_{m+1} = 0$.

于是不妨断言 (2.15) 定义的基 B 对应基本可行解 $\bar{x}$.

考虑界面

$$P' = \{x \mid Ax = b,\ x \geqslant 0,\ x_j = 0,\ j = m+2,\cdots,n\}$$
$$= \{x \mid Bx_B + x_{m+1}a_{m+1} = b,\ x_B, x_{m+1} \geqslant 0;\ x_j = 0,\ j = m+2,\cdots,n\}$$
$$= \{x \mid x_B + x_{m+1}\bar{a}_{m+1} = \bar{b},\ x_B, x_{m+1} \geqslant 0;\ x_j = 0,\ j = m+2,\cdots,n\}. \quad (2.17)$$

显然 $\bar{x} \in P'$. 从而由 (2.14) 及

$$Bd_B + d_{m+1}a_{m+1} = 0 \quad (2.18)$$

知

$$\bar{x} + \alpha d \in P',\quad \forall\, \alpha \geqslant 0.$$

故 d 为 P' 的无界方向. 现只需证明 $\dim P' = 1$.

对任意 $x' \in P'$ 且 $x' \neq \bar{x}$, 记 $d' = x' - \bar{x}$, 易知

$$d_1',\cdots,d_r',d_{m+1}' > 0,\quad d_{r+1}',\cdots,d_m',d_{m+2}',\cdots,d_n' = 0 \quad (2.19)$$

及

$$Bd_B' + d_{m+1}'a_{m+1} = 0. \quad (2.20)$$

由 (2.18) 和 (2.20) 分别得

$$d_B = -d_{m+1}B^{-1}a_{m+1},\quad d_B' = -d_{m+1}'B^{-1}a_{m+1},$$

从而推出 $d' = (d_{m+1}'/d_{m+1})d$, 其中 $d_{m+1}'/d_{m+1} > 0$. 这表明 $\dim P' = 1$. 故 P' 为一维界面或边, 而 d 为其无界方向.

充分性. 设 d 为边 P'(2.17) 的无界方向, 从而满足 (2.18). 若 d 为 P 的无界方向 d', d'' 的正组合, 则 d 的 0 分量对应 d', d'' 的 0 分量, 从而 d', d'' 亦为 P' 的无界方向. 而由于 $\dim P' = 1$, 进而 d' 和 d'' 同向. 故 d 为极方向. □

引理 2.2.4 若无界方向非极方向, 则可表为两个不平行无界方向的正线性组合.

证明 不妨设无界方向 d 的正分量对应列向量 $a_1,\cdots,a_k$, 且前 r 个向量线性无关. 由于 d 不是极方向, 按定理 2.2.4 有 $r < k-1$, 从而

$$k - r \geqslant 2. \quad (2.21)$$

引入矩阵 $B_1 = (a_1,\cdots,a_r)$. 在集合 $a_{k+1},\cdots,a_n$ 中确定 $m-r$ 个列向量, 不妨记对应矩阵为 $B_2 = (a_{k+1},\cdots,a_{k+m-r})$, 构成基矩阵 $B = (B_1, B_2)$(显然 $m-r \leqslant n-k$). 则非基矩阵为 $N = (N_1, N_2)$, 其中 $N_1 = (a_{r+1},\cdots,a_k)$, $N_2 = (a_{k+m-r+1},\cdots,a_n)$.

设 B 对应的典式形如 $x_B = \bar{b} - \bar{N}x_N$. 则 d 满足

$$B_1 d_{B_1} = -\bar{N}_1 d_{N_1},\quad d_{N_2} = 0$$

或

$$d_{B_1} = -(B_1^{\mathrm{T}}B_1)^{-1}B_1^{\mathrm{T}}\bar{N}_1 d_{N_1},\quad d_{N_2} = 0.$$

记 $e \in \mathcal{R}^{k-r}$ 及

$$d'_{B_1} = -(B_1^{\mathrm{T}} B_1)^{-1} B_1^{\mathrm{T}} \bar{N}_1 (d_{N_1} + \epsilon e), \quad d''_{B_1} = -(B_1^{\mathrm{T}} B_1)^{-1} B_1^{\mathrm{T}} \bar{N}_1 (d_{N_1} - \epsilon e).$$

设 $\epsilon = (\epsilon_1, \cdots, \epsilon_{k-r})^{\mathrm{T}} > 0$, 则

$$d' = \begin{pmatrix} d'_{B_1} \\ 0 \\ d_{N_1} + \epsilon \\ 0 \end{pmatrix}, \quad d'' = \begin{pmatrix} d''_{B_1} \\ 0 \\ d_{N_1} - \epsilon \\ 0 \end{pmatrix}$$

满足 $d = d'/2 + d''/2$. 显然 $d', d'' \neq 0$ 且 $Ad' = 0, Ad'' = 0$; 由于 (2.21) 成立, 易知存在充分小的 ϵ 使 $d', d'' \geqslant 0$ 且不平行, 故为不平行无界方向. □

定理 2.2.6　若 P 有无界方向, 则有极方向.

证明　设 d 为无界方向. 设其有 k 个正分量而所对应列向量组秩为 $r \leqslant k-1$. 若 $r = k-1$, 则 d 为极方向 (定理 2.2.4). 否则按引理 2.2.4, d 可表为

$$d = \sigma_1 d' + \sigma_2 d'',$$

其中 d', d'' 为不平行的无界方向而 $\sigma_1, \sigma_2 > 0$. 不妨设 d'' 至少有一个分量大于 d' 的相应分量. 于是如下向量

$$\tilde{d} = d'' - \alpha(d'' - d'), \quad \alpha = \min\{d''_j/(d''_j - d'_j) \mid d''_j - d'_j > 0, \ j = 1, \cdots, n\} > 0$$

有意义. 考察

$$A\tilde{d} = 0, \quad \tilde{d} \geqslant 0, \quad \tilde{d} \neq 0.$$

前两式明显成立; 若第 3 式不成立, 有 $d'' - \alpha(d'' - d') = 0$, 则推出

$$d' = \frac{\alpha - 1}{\alpha} d'',$$

意味着 d', d'' 平行, 导致矛盾. 故第 3 式也成立, $\tilde{d}$ 为无界方向. 另外, 易知 $\tilde{d}$ 至少比 d 多一个 0 分量. 置 $d := \tilde{d}$ 并重复上述步骤, 显然只能重复有限次而终止于某个极方向.　　　　　　　　　　　　　　　　　　　　　　　　　　　　　　　□

按定理 2.2.5, 极方向和无界边一一对应 (同向的极方向被视为等同). 而可行域总共有限个边, 故极方向也仅有限个.

如下结果表明, 一点为可行点的充要条件是它可表为可行域所有顶点凸组合与极方向非负组合之和. 这个结果揭示了可行域的结构, 也是求得大规模问题的 Dantzig-Wolfe 分解方法的理论基础 (第 11 章).

定理 2.2.7(可行域表示定理)　设可行域 P 非空, 顶点和极方向集合分别为 $\{u^1, \cdots, u^s\}$ 和 $\{v^1, \cdots, v^t\}$. 则 $x \in P$ 当且仅当

$$x = \sum_{i=1}^{s} \alpha_i u^i + \sum_{j=1}^{t} \beta_j v^j,$$

$$\sum_{i=1}^{s} \alpha_i = 1, \quad \alpha_i \geqslant 0, \quad i = 1, \cdots, s, \qquad (2.22)$$

$$\beta_j \geqslant 0, \quad j = 1, \cdots, t,$$

证明 当 (2.22) 成立时，显然 $x \in P$. 只需证必要性.

对维数用归纳法.

当 $\dim P = 1$ 时，P 显然为线段或射线，结论成立. 设维数 $\dim P < k$ 时结论成立. 欲证当 $\dim P = k \geqslant 1$ 时亦成立.

按命题 2.1.3, $\operatorname{int} P \neq \varnothing$. 设 $x \in \operatorname{int} P$，并考虑

$$x' = x - \lambda(u^1 - x). \qquad (2.23)$$

注意, $u^1 \neq x$. 有如下两种情形:

(i) $u^1 - x \not\leqslant 0$. 确定 λ 使得

$$\lambda = x_q/(u_q^1 - x_q) = \min\{x_j/(u_j^1 - x_j) \mid u_j^1 - x_j > 0,\ j = 1, \cdots, n\} > 0.$$

则易验证由 (2.23) 确定的 x' 满足 $x' \in P$ 及 $x_q' = 0$. 故 x' 属于维数小于 k 的某个真界面. 由归纳法假设, x' 可表为该真界面所有顶点凸组合与所有极方向非负组合之和，也就是说 x' 可表为 P 的顶点凸组合与极方向非负组合之和 (由于 P 的界面的顶点和极方向仍为其顶点和极方向)，即

$$x' = \sum_{i=1}^{s_1} \alpha_i' u^i + \sum_{j=1}^{t_1} \beta_j' v^j,$$

$$\sum_{i=1}^{s_1} \alpha_i' = 1, \quad \alpha_i' \geqslant 0, \quad i = 1, \cdots, s_1,$$

$$\beta_j' \geqslant 0, \quad j = 1, \cdots, t_1,$$

其中 u^i 和 v^j 分别为 P 的顶点和极方向. 将上式代入 (2.23) 的如下变形:

$$x = \frac{1}{1+\lambda} x' + \left(1 - \frac{1}{1+\lambda}\right) u^1$$

得形如 (2.22) 表示式

$$x = \sum_{i=1}^{s_1} \frac{1}{1+\lambda} \alpha_i' u^i + \left(1 - \frac{1}{1+\lambda}\right) u^1 + \sum_{j=1}^{t_1} \frac{1}{1+\lambda} \beta_j' v^j.$$

(ii) $u^1 - x \leqslant 0$. 则对任何 $\lambda \geqslant 0$，由 (2.23) 确定的 x' 均为可行点, 故 $-(u^1 - x)$ 为 (无界) 方向. 按引理 2.2.6 存在极方向, 设为 v^1. 现取足够大的 μ, 使得

$$\tilde{x} = u^1 + \mu v^1$$

至少有一个分量大于 x 的相应分量. 于是如下定义的点

$$x' = x - \lambda(\tilde{x} - x), \quad \lambda = x_q/(\tilde{x}_q - x_q) = \min\{x_j/(\tilde{x}_j - x_j) \mid \tilde{x}_j - x_j > 0, \ j = 1, \cdots, n\} > 0$$

为可行点且满足 $x'_q = 0$. 故该点属于维数小于 k 的某个真界面, 可表为 P 的顶点凸组合与极方向非负组合之和. 从而类似于情形 (i) 得到形如 (2.22) 表示式.   □

由上述定理的证明易得如下结果.

推论 2.2.2   可行域 P 有界当且仅当可行点可表为顶点的凸组合.

2.3   最优界面和最优顶点

下面叙述关于凸集的一个基本结果而不加证明 (Rockafellar, 1997):

定理 2.3.1(分割定理)   设 $\hat{x}$ 为凸集 S 的边界点. 则存在包含 $\hat{x}$ 的超平面把全空间分为两个闭半空间, 其中一个包含 S.

上述定理中的超平面称为 S 的支撑超平面 (supporting hyperplane). 该定理表明, 过凸集的每个边界点都存在支撑超平面. 凸集的支撑超平面与界面有紧密关系.

引理 2.3.1   凸集 C 与支撑超平面 H 的交为界面.

证明   设 $H = \{x \mid a^{\mathrm{T}}x = \eta\}$ 为 C 的支撑超平面, 而 $C' = C \cap H$. 不妨设对所有 $x \in C$ 有 $a^{\mathrm{T}}x \leqslant \eta$.

设点 $v \in C'$ 是线段 (y, z) 的内点而 $y, z \in C$:

$$v = \alpha y + (1 - \alpha)z, \tag{2.24}$$

其中 $0 < \alpha < 1$. 注意, C' 为非空凸集.

只需证 $y, z \in H$. 因为此时可推出 $y, z \in C'$, 从而 C' 为 C 的界面.

假设 $y, z \notin H$. 则必有

$$a^{\mathrm{T}}y < \eta, \quad a^{\mathrm{T}}z < \eta.$$

上两式分别乘以 $\alpha > 0$ 和 $1 - \alpha > 0$ 再相加得

$$a^{\mathrm{T}}(\alpha y + (1 - \alpha)z) < \eta\alpha + \eta(1 - \alpha) = \eta.$$

由上式和 (2.24) 可推出 $v \notin H$, 进而 $v \notin C'$, 与 $v \in C'$ 的假设矛盾. 故 y 和 z 至少有一个属于 H.

不妨设 $z \in H$. 则由 (2.24) 得

$$y = (1/\alpha)v + (1 - 1/\alpha)z,$$

意味着 y 在过 v 和 z 的直线上. 又 $z, v \in H$ 而 H 为超平面, 故 $y \in H$.   □

引理 2.3.2 设 $\bar{f}$ 为标准线性规划问题的最优值. 点集 F 为最优解集当且仅当它是可行域 P 与目标等值面

$$\bar{H} = \{x \mid c^{\mathrm{T}}x = \bar{f}\} \tag{2.25}$$

的交.

证明 设 $F = P \cap \bar{H}$. 显然, 任意最优解 $\bar{x} \in P$ 均满足 $c^{\mathrm{T}}\bar{x} = \bar{f}$, 意味着 $\bar{x} \in \bar{H}$, 从而 $\bar{x} \in F$. 故 F 为最优解集. 反之, 若 F 为最优解集, 则对任意 $\bar{x} \in F \subset P$ 有 $c^{\mathrm{T}}\bar{x} = \bar{f}$, 故 $\bar{x} \in \bar{H}$, 从而 $\bar{x} \subset P \cap \bar{H}$. □

由于对所有可行点 x 都有 $c^{\mathrm{T}}x \geqslant \bar{f}$, 故 $\bar{H}$ 为可行域的支撑超平面, 称为目标支撑超平面.

若 P 的界面的所有元素均为最优解, 称为最优界面. 若顶点为最优解, 则为最优顶点 (基本最优解).

引理 2.3.3 若标准线性规划问题有最优解, 必有最优界面.

证明 由引理 2.3.2 知, 非空最优解集为可行域 P 与目标等值面 $\bar{H}$ 的交. 按引理 2.3.1 和最优界面的定义, 它为最优界面. □

定理 2.3.2 若标准线性规划问题有可行解, 必有基本可行解; 若有最优解, 必有基本最优解.

证明 由引理 2.2.2 和 2.2.4 知, 非空可行域有基本可行解. 若有最优解, 由引理 2.3.3 知有最优界面. 而最优界面为非空多面凸集, 故必有最优顶点, 从而有基本最优解. □

显然最优解集是维数最高的最优界面, 称为最大最优界面. 它可能包含维数较低的最优界面, 且至少包含一个 0 维最优界面, 即最优顶点.

2.3.1 图解法

二维线性规划问题可借助图解法求解.

回到例 1.2.2. 图 1.2.1 中多边形 $OABCD$ 所围区域为其可行域. 欲确定其中使

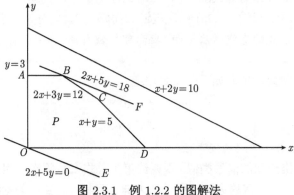

图 2.3.1 例 1.2.2 的图解法

目标函数达最大值的点 (暂忽略直线 $x + 2y = 10$，稍后将说明).

等值线方程 $2x + 5y = 0$ 对应图 2.3.1 上过原点的直线 OE，其上每一点所对应的目标值都等于 0；其斜率，即它与 x 轴夹角的正切为 $-2/5 = -0.4$. 当目标值由 0 开始增加时，相应的等值线就向右上方平移，它与 $OABCD$ 所围区域的非空交集中的点均为可行点. 在交集非空的前提下，这种平移自然愈远愈好，以获得更大的目标值. 由图上看出，移动得最远的等值线是过顶点 B 的直线 BF，即 "目标支撑超平面". 它与可行域的交即最优解集仅含顶点 B，对应基本最优解. 从图上量出 B 点的坐标并算出 f 值后，就完成了线性规划问题 (1.2) 的求解.

然而，如果图形不够精确或者度量单位不适当的话，读取坐标可能产生较大误差. 因此图解法最好使用坐标纸，并与简单的代数方法相结合. 譬如该例，当用图解法确定了最优顶点 B 后，即可将交成 B 点的两直线的方程联立，即

$$\begin{cases} 2x + 3y = 12, \\ y = 3. \end{cases} \tag{2.26}$$

由此解得问题 (1.2) 的最优解为 $x = 1.5$, $y = 3$，代入目标函数算得最优值 $f = 18$. 该公司应采取的最优方案为每天生产 1.5 万只玩具狗和 3 万只玩具熊，获利 18 万元.

图解法虽然简单直观，但是对 $n \geqslant 3$ 的情形并不适用，实际上甚至对二维问题也鲜有应用. 其真正意义还在于蕴含的启示，下节将进一步讨论.

2.4　最优解的启发式特征

2.3.1 节的图解法印证了线性规划问题的最优解在可行域一个顶点达到. 容易想象，如果可行域在该点有一条与目标等值线平行的边，那么该边即为最优界面，其中每一点都是最优解，对应同样的最优值.

显然求解的关键在于确定相交成最优顶点的那些直线. 换言之，需要知道哪些约束不等式被最优解作为等式满足. 一旦对此作出了正确判断，剩下就只需求解一个线性系统. 如该例，有了 (2.26) 问题就迎刃而解. 对此，有如下观察:

相交成最优顶点的直线的法方向 (指向可行域内部) 与目标等值线的平移方向形成最大夹角.

现把这个直观启示推向如下多变量问题

$$\begin{aligned} \max \quad & f = c^{\mathrm{T}}x, \\ \text{s.t.} \quad & Ax \geqslant b, \end{aligned} \tag{2.27}$$

其中 $A \in \mathcal{R}^{m \times n}$, $c \in \mathcal{R}^n$, $b \in \mathcal{R}^m$, $m > 1$.

不妨想象多维空间的情形类似. 现在约束不等式表示闭半空间，顶点由相应的超平面相交而成. 应考察约束超平面的法方向与目标 (函数) 等值面平移方向夹角

的大小. 与之前不同的是这里求极小, 目标等值面平移方向为目标函数的负梯度方向. 现表述如下 (Pan, 1990).

命题 2.4.1(最优解启发式特征) *被最优解作为等式满足的约束 (函数) 梯度与目标负梯度趋于有最大夹角.*

本书也称该命题为最钝角原理. 这里约束条件均为 "$\geqslant$" 型不等式. 对极大化问题, 命题中的 "目标负梯度" 应改为 "目标梯度".

现在需要对这些夹角的大小加以量化. 如果用 $\bar{a}_i^{\mathrm{T}}$ 表示 A 的第 i 个行向量, 则第 i 个约束梯度与目标负梯度的夹角余弦为

$$\cos < \bar{a}_i, -c >= -\bar{a}_i^{\mathrm{T}} c/(\|\bar{a}_i\| \|c\|).$$

为简化计算, 略去常数因子 $1/\|c\|$ 而引入以下定义.

定义 2.4.1 *第 i 个约束的主元标* (pivoting index) 为

$$\alpha_i = \begin{cases} -\bar{a}_i^{\mathrm{T}} c/\|\bar{a}_i\|, & \text{求极小}, \\ \bar{a}_i^{\mathrm{T}} c/\|\bar{a}_i\|, & \text{求极大}, \end{cases} \quad i = 1, \cdots, m. \tag{2.28}$$

于是可基于主元标比较夹角大小, 而最钝角原理可表述为: 被最优解作为等式满足的约束具有较小的主元标.

例 2.4.1 *通过主元标考察线性规划问题* (1.2), 即

$$\begin{aligned} \max \quad & f = 2x + 5y, \\ \mathrm{s.t.} \quad & -2x - 3y \geqslant -12, \\ & -x - y \geqslant -5, \\ & -y \geqslant -3, \\ & x, y \geqslant 0. \end{aligned} \tag{2.29}$$

解 计算各约束的主元标并由小到大列入下表.

约束条件	α_i
$-2x - 3y \geqslant -12$	-5.26
$-y \geqslant -3$	-5.00
$-x - y \geqslant -5$	-4.95
$x \geqslant 0$	2.00
$y \geqslant 0$	5.00

由上表显见, 主元标最小的两个约束为 $-2x - 3y \geqslant -12$ 和 $-y \geqslant -3$, 对应于两个最大的夹角. 这两个约束应被最优解作为等式满足, 即有方程组 (2.26), 与上节图解法结果一致.

在某些情形由主元标的符号还可直接判定线性规划问题无界.

定理 2.4.1　设可行域非空. 若所有约束的主元标非负, 则线性规划问题 (2.27) 无 (上) 界.

证明　用反证法. 设假设条件满足但该问题有上界. 此时必有

$$c^{\mathrm{T}}v \leqslant 0, \quad \forall\, v \in \{v \mid Av \geqslant 0\}. \tag{2.30}$$

实际上, 若存在 v 使得

$$Av \geqslant 0,$$

而

$$c^{\mathrm{T}}v > 0, \tag{2.31}$$

则对任何 $\alpha \geqslant 0$ 和可行解 $\bar{x}$, 向量 $x = \bar{x} + \alpha v$ 均满足 $Ax \geqslant b$, 即 v 为无界方向. 进而由 (2.31) 知

$$c^{\mathrm{T}}x = c^{\mathrm{T}}\bar{x} + \alpha c^{\mathrm{T}}v \to \infty \quad (\text{当 } \alpha \to \infty),$$

与 (2.27) 有上界相矛盾. 故 (2.30) 成立.

于是, 按 Farkas 引理 2.0.1, 存在 $y \geqslant 0$ 使得

$$-c = A^{\mathrm{T}}y.$$

用 $-c^{\mathrm{T}}$ 左乘上式的两端得

$$0 < c^{\mathrm{T}}c = -y^{\mathrm{T}}Ac,$$

再由主元标均非负知 $Ac \geqslant 0$, 推出上式右端小于或等于 0, 引出矛盾. 故该问题无界.   □

这里把上述结果的另一更直接证明留给读者: 在该命题的假设下推出 c 为可行域的无界方向.

推论 2.4.1　若线性规划问题有最优解, 则至少有一个约束的主元标小于 0.

该推论结合主元标的几何意义可知, 至少有一个约束梯度与目标梯度夹成钝角是存在最有解的必要条件.

例 2.4.2　考察线性规划问题

max	$f = x + y$	α_i
s.t.	$2x - y \geqslant -3$	0.71
	$-3x + 4y \geqslant 4$	0.20
	$2x + 2.5y \geqslant 5$	1.41
	$-2x + 4y \geqslant -8$	0.45
	$y \geqslant 1.2$	1.00
	$x \geqslant 0$	1.00
	$y \geqslant 0$	1.00

解 计算各约束的主元标列入问题的右边. 由于所有主元标均大于 0, 故由定理 2.4.1 知该问题无解. 图 2.4.1 绘出了该问题的可行域.

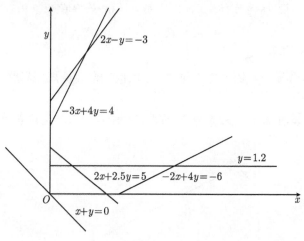

图 2.4.1

看来, 如果最钝角原理具有普遍意义, 则线性规划问题的求解就可以归结为一个线性系统的求解. 当然情况一般并非如此, 最钝角原理应被视为 "启发式" 命题. 很容易给出反例: 如果在线性规划问题 (1.2) 中增加一个约束 $x + 2y \leqslant 10$(见图 2.3.1), 则其约束梯度与目标函数梯度就夹成最大角 (主元标为 −5.37), 但这个约束显然不被最优解作为等式满足; 它存在与否不改变问题的可行域, 是一个冗余约束. 没有冗余约束的情形也能构造出反例, 有兴趣的读者可自行尝试.

尽管如此, 最钝角原理还是提供了关于最优解的有用线索, 对线性规划算法的研究有某些有益启示.

2.5 可行方向和积极约束

数学问题的求解方法可分为两大类: 直接法和迭代法. 后者通过有限步迭代产生一个序列, 给出问题的精确解或近似解. 本书涉及的线性规划方法均属迭代法.

线搜索是最优化中最常用的迭代法: 每次迭代从当前点 $\bar{x}$ 出发, 沿某方向 d 前进一步到达新点 $\hat{x}$. 为了更具体些, 考虑从 $\bar{x}$ 出发沿方向 d 的射线

$$\hat{x} = \bar{x} + \alpha d, \tag{2.32}$$

其中 d 称为*搜索方向*, $\alpha > 0$ 为*步长*. 它们一旦确定, 就可算出 $\hat{x}$ 而完成一次迭代. 重复这个过程将产生一系列迭代点, 直到最终获得符合要求的点. (2.32) 式常被称为*线搜索*或*迭代格式*.

搜索方向 d 的确定至关重要. 在有约束条件的情形, d 应为非 0 且使射线 (2.32) 与可行域的交非空. 引入下列概念.

定义 2.5.1   设 P 为可行域, $\bar{x} \in P$ 而 $d \neq 0$. 若存在 $\bar{\alpha} > 0$, 使得

$$\bar{x} + \alpha d \in P, \quad \forall \alpha \in [0, \bar{\alpha}],$$

则称 d 为点 $\bar{x}$ 处的可行方向.

上述定义适合于一般约束优化问题, 当然也适合线性规划问题. 现就线性约束情形给出如下例子.

例 2.5.1   如图 2.5.1, 点 $\bar{x}$ 为 P 的内点, 任意方向都是该点的可行方向.

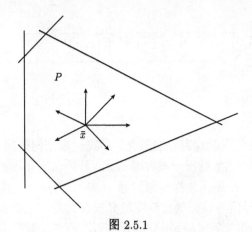

图 2.5.1

例 2.5.2   如图 2.5.2, 点 $\bar{x}$ 为 P 的边界点. d^1, d^2 不是 $\bar{x}$ 的可行方向, 而 d^3, d^4 是其可行方向.

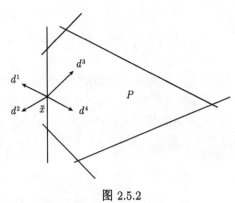

图 2.5.2

例 2.5.3   如图 2.5.3, 点 $\bar{x}$ 为 P 的顶点. d^1, d^2, d^3 不是 $\bar{x}$ 的可行方向. d^6 和 d^7 分别沿 P 的两条边方向, 位于它们夹角部分的方向均为可行方向, 如 d^4 和 d^5.

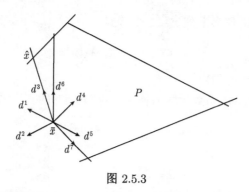

图 2.5.3

设搜索方向 d 为可行方向. 这使新点 $\hat{x}$ 保持可行成为可能. 不过要使其更"接近"最优解, 还需考虑目标函数. 为此, 不妨考虑如下问题

$$
\begin{aligned}
\min \quad & f = c^{\mathrm{T}} x, \\
\text{s.t.} \quad & a_i^{\mathrm{T}} x \geqslant b_i, \quad i = 1, \cdots, m,
\end{aligned}
\tag{2.33}
$$

这里 $m > n$. 其可行域为

$$
P = \{x \mid a_i^{\mathrm{T}} x \geqslant b_i, \ i = 1, \cdots, m\}.
$$

定义 2.5.2 满足条件 $c^{\mathrm{T}} d < 0$ 的向量 d 称为下降方向. 若 d 又是 $\bar{x} \in P$ 的可行方向, 则称之为该点处的可行下降方向.

显然, d 为 $\bar{x}$ 处的可行下降方向当且仅当它为可行方向且与目标梯度 c 的夹角为钝角. 一旦有了可行下降方向 d, 就能确定步长 $\alpha > 0$, 从而按 (2.32) 算出对应较小目标值的新点 $\hat{x} \in P$, 完成一次迭代而取得进展.

并非所有约束条件都影响当前点处可行下降方向的确定. 对此, 引入下列概念.

定义 2.5.3 被当前点作为等式满足的约束称为其积极约束 (active constraint).

以 (2.33) 为例, 若 $a_i^{\mathrm{T}} \bar{x} = b$, 则 $a_i^{\mathrm{T}} x \geqslant b$ 为 $\bar{x}$ 的积极约束; 若 $a_i^{\mathrm{T}} \bar{x} > b$, 则 $a_i^{\mathrm{T}} x \geqslant b$ 为非积极约束. 直观上, 当前点为每个积极约束的边界点而为非积极约束的内点. 观察图 2.5.1~图 2.5.3 给出的简单例子, 不难发现确定当前点处的可行下降方向只需考虑积极约束.

可用积极集策略求解线性规划问题. 此类方法通过生成顶点序列到达最优顶点. 现将其基本架构简述如下.

设当前顶点 $\bar{x}$ 为下列线性系统的唯一解

$$
a_i^{\mathrm{T}} x = b_i, \quad i \in \mathcal{A},
$$

其中 $\mathcal{A}$ 称为积极 (约束) 下标集, 由 n 个 (全部或部分) 积极约束条件的下标构成, 相应的约束梯度向量 a_i 线性无关. 若用某个准则判定 $\bar{x}$ 为最优顶点则停止. 否则

确定某个下标 $p \in \mathcal{A}$, 使得下列 $n-1$ 个等式

$$a_i^{\mathrm{T}} x = b_i, \quad i \in \mathcal{A} \backslash \{p\} \tag{2.34}$$

确定一个下降边 (1 维界面).

　　实际上, 由于 (2.34) 系数矩阵的秩为 $n-1$, 相应的齐次系统

$$a_i^{\mathrm{T}} d = 0, \quad i \in \mathcal{A} \backslash \{p\},$$

存在解 d 满足

$$d \neq 0, \quad c^{\mathrm{T}} d < 0.$$

不难验证对于 $\alpha \geqslant 0$, 射线

$$\widehat{x} = \bar{x} + \alpha d$$

上全部点均满足 (2.34). 在目标值于可行域上有下界的前提下, 下式有意义:

$$\alpha = (b_q - a_q^{\mathrm{T}} \bar{x})/a_q^{\mathrm{T}} d = \min\{(b_i - a_i^{\mathrm{T}} \bar{x})/a_i^{\mathrm{T}} d \mid a_i^{\mathrm{T}} d < 0, \ i \notin \mathcal{A}\} \geqslant 0.$$

不难验证如此确定的 α 是保持 $\widehat{x}$ 可行所能取的最大值. 易知 $a_q^{\mathrm{T}} \widehat{x} = b_q$; 换言之, $a_q^{\mathrm{T}} x \geqslant b_q$ 为 $\widehat{x}$ 处的积极约束.

　　于是, 置 $\bar{x} := \widehat{x}$ 并重新定义 $\mathcal{A} := \mathcal{A} \backslash \{p\} \cup \{q\}$ 便完成一次迭代. 如果 $\alpha > 0$, 就沿下降边到达了一个相邻的具更低目标值的新顶点. 值得注意的是, 倘若当前顶点 $\bar{x}$ 处有多于 n 个积极约束, 则 (2.34) 所定义的 α 可能取 0 值, 下降边退化为一点. 结果该次迭代的 "新" 点其实是旧点, 尽管集合 $\mathcal{A}$ 发生了变化. 这样的顶点称为退化顶点. 以图 2.5.3 所示 2 维可行域 P 为例, 有 3 条边 (对应方向 d^3, d^6, d^7) 交于当前点 $\bar{x}$, 该点为退化顶点.

　　就实践而言, 关于积极约束的定义 2.5.3 尚不尽如人意. 实际上, 如果当前点离边界很近, 也可能导致极小的步长, 使取得的进展微不足道. 有鉴于此, Powell(1989) 提出了所谓 ϵ 积极约束的概念, 这里 ϵ 为很小的正数. 以 (2.33) 为例, 若

$$b_i + \epsilon \geqslant a_i^{\mathrm{T}} \bar{x} \geqslant b_i,$$

则

$$a_i^{\mathrm{T}} x \geqslant b$$

为 $\bar{x}$ 的 ϵ 积极约束; 而当

$$a_i^{\mathrm{T}} \bar{x} > \epsilon + b$$

时为 ϵ 非积极约束. 另外, 为了扩大适应性, 也有必要拓广当前点的范围使之包含不可行点, 而相应地把被其违反的约束也归于积极约束.

　　下章介绍的单纯形法可视为积极集法的一个具体方案. 其每次迭代的顶点由 $Ax = b$ 和 $x_j = 0$, $j \in N$ 确定, 对应 $n-m$ 个积极约束 $x_j \geqslant 0$, $j \in N$. 退化顶点

有 0 基本分量 (见 1.5 节)，积极约束则多于 $n-m$ 个. 换言之，退化顶点是多于 n 个超平面的交点. 乍看起来，发生的几率似乎不大；然而出人意外的是，情况正好相反：实际问题几乎总是伴随大量退化出现.

　　积极集法提出较晚，通常用于求解非线性规划问题. 然而也有学者偏好用其求解线性规划问题 (Fletcher, 1981；Hager, 2002). 历史上单纯形法循另外的思路提出，更好地利用了线性数学结构的特点.

第 3 章　单纯形法

　　按定理 2.3.2, 线性规划问题如果有最优解, 必有一个顶点最优解. 于是在可行域的顶点中寻找最优解就很自然了. 可行域一般有无限多个点, 但却只有有限多个顶点 (不超过 C_n^m 个). 在顶点中寻找最优解, 就把寻找的范围从可行域缩小到一个有限子集. 单纯形法的基本想法即是从一个顶点沿一条边转移到一个相邻顶点, 如此重复, 直到抵达最优顶点. 本章将把该想法具体化, 导出求解线性规划问题的表格单纯形算法, 再将其改写为修正单纯形法. 此外还将讨论初始解的求法, 单纯形法的有限性和计算复杂性等问题.

3.1　单纯形表

　　这里将以一个具体例子引入单纯形表. 仍考虑问题 (1.6). 1.5 节已经得到了其约束系统的典式 (1.7), 其中不包含目标函数的信息. 为了导出算法, 现把该问题的目标函数写为

$$x_1 + 2x_2 - x_4 + x_5 - f = 0,$$

其中 f 称为目标变量, 作为一个附加等式, 放在最后, 称为目标行. 相应的表格为

x_1	x_2	x_3	x_4	x_5	f	RHS
1			2/11	$-4/11$		7/11
	1		15/11	$-19/11$		14/11
		1	1/11	9/11		9/11
1	2		-1	1	-1	

　　为消去底行 (目标行) 中位于主元列的非 0 元素 (对应于 x_1, x_2, x_3), 把第 1 行的 -1 倍加到最后一行得

x_1	x_2	x_3	x_4	x_5	f	RHS
1			2/11	$-4/11$		7/11
	1		15/11	$-19/11$		14/11
		1	1/11	9/11		9/11
	2		$-13/11$	15/11	-1	$-7/11$

　　再把第 2 行的 -2 倍加到底行得

x_1	x_2	x_3	x_4	x_5	f	RHS
1			2/11	−4/11		7/11
	1		15/11	−19/11		14/11
		1	1/11	9/11		9/11
			−43/11	53/11	−1	−35/11

该表称做问题 (1.6) 的单纯形表, 其中不仅提供了约束系统一般解的显式表示及相应的基本解, 还给出了目标函数的一个简化形式. 具体地说, 其右端列给出基本解:

$$x_1 = 7/11, \quad x_2 = 14/11, \quad x_3 = 9/11, \quad x_4 = x_5 = 0. \tag{3.1}$$

由于它还满足非负性条件, 故为基本可行解. 表格右下角数值的相反数 35/11 为其对应目标值.

以上例子表明, 将目标函数行与约束系统的典式合并, 再用初等变换消去该行相应于基本变量的元素即可得单纯形表. 当然, 也可开始时将约束系统和目标函数行的系数同时分离出来建立表格, 再通过一系列初等变换得到.

任何单纯形表都可经各列重排使单位向量依次位于表的前列, 其一般形式如表 3.1.1[①]:

表 3.1.1　单纯形表

x_{j_1}	$\cdots$	x_{j_p}	$\cdots$	x_{j_m}	x_{k_1}	$\cdots$	x_{k_q}	$\cdots$	$x_{k_{n-m}}$	f	RHS
1					$\bar{a}_{1\,k_1}$	$\cdots$	$\bar{a}_{1\,k_q}$		$\bar{a}_{1\,k_{n-m}}$		$\bar{b}_1$
	$\ddots$				$\vdots$		$\vdots$		$\vdots$		$\vdots$
		1			$\bar{a}_{p\,k_1}$	$\cdots$	$\bar{a}_{p\,k_q}$		$\bar{a}_{p\,k_{n-m}}$		$\bar{b}_p$
			$\ddots$		$\vdots$		$\vdots$		$\vdots$		$\vdots$
				1	$\bar{a}_{m\,k_1}$	$\cdots$	$\bar{a}_{m\,k_q}$	$\cdots$	$\bar{a}_{m\,k_{n-m}}$		$\bar{b}_m$
					$\bar{z}_{k_1}$	$\cdots$	$\bar{z}_{k_q}$	$\cdots$	$\bar{z}_{k_{n-m}}$	−1	$-\bar{f}$

对应于表中单位向量的变量 (分量) 为基本变量 (分量), 而其余为非基本变量 (分量). 基本变量和非基本变量的 (有序) 下标集分别记作

$$B = \{j_1, \cdots, j_m\}, \quad N = \{k_1, \cdots, k_{n-m}\}.$$

定义 3.1.1　下标集 B 和 N 分别称为基和非基.

也常把基本变量和非基本变量的集合分别称为基和非基. 显然, 单纯形表完全由基确定.

$\bar{z}_N^{\mathrm{T}}$ 称为简约价格 (reduced costs)(系数). $\bar{x}_B = \bar{b}$; $\bar{x}_N = 0$ 称为基本解, 且当其各分量均为非负时为基本可行解, 而相应的单纯形表为可行 (单纯形) 表. 如果目标

[①] 今后将对经过和未经过列重排的表不加区分.

函数在该解处达到可行域上的最小值, 则称之为**基本最优解**, 相应的表为**最优 (单纯形) 表**. 我们已经知道, 基本可行解和基本最优解分别为可行域的顶点和最优顶点. 假若目标值在可行域上无下界, 则称线性规划问题**无 (下) 界**; 此时也无最优解. 这些定义与系统 $Ax = b$ 的典式的同名定义相一致.

本书约定, 单纯形表的底行 (亦称为目标行) 总对应目标函数. 其 f 列只为显示目标行同目标函数的对应关系; 将会看到, 该列在传统单纯形迭代过程中不发生任何变化, 因而可略去. 不过下卷介绍的简约单纯形法不同, 那里 f 列将发生变化, 不能省略.

3.2　表格单纯形法

3.1 节已得到线性规划问题 (1.6) 的单纯形表及其对应的基本可行解 (3.1). 然而并不能判定其为最优解. 由于目标行中变量 x_4 的系数为负, 当它由 0 开始增加时 (x_5 的值固定在 0), 目标函数值可能会随之减小, 达到更小的目标值.

显然, x_4 的新值应尽可能大以使相应的目标值尽可能小, 同时还须保持变量 x_1, x_2, x_3 的相应值非负, 即满足下列条件:

$$\begin{cases} x_1 = 7/11 - (2/11)x_4 \geqslant 0, \\ x_2 = 14/11 - (15/11)x_4 \geqslant 0, \\ x_3 = 9/11 - (1/11)x_4 \geqslant 0. \end{cases} \tag{3.2}$$

上面的不等式组等价于

$$\begin{cases} x_4 \leqslant 7/2, \\ x_4 \leqslant 14/15, \\ x_4 \leqslant 9, \end{cases}$$

其解集为

$$x_4 \leqslant \min\{7/2, 14/15, 9\} = 14/15.$$

故 $\bar{x}_4 = 14/15$ 是 x_4 可取的最大值. 将其代入 (3.2) 可得新可行解:

$$\bar{x} = (7/15, 0, 11/15, 14/15, 0)^{\mathrm{T}}, \tag{3.3}$$

对应较小目标值 $\bar{f} = -7/15$.

可以看到, 当 x_4 由 0 上升到 14/15 时, x_2 由 14/11 下降为 0. 该解也是一个基本可行解. 实际上, 可由该单纯形表推出与其对应的新单纯形表. 注意到 x_4 为第 4 列的非基本变量, 而 x_2 为第 2 行的基本变量, 应把第 2 行第 4 列元素 15/11 作为主元施以初等变换. 为此, 先用 11/15 乘以第 2 行把主元化为 1, 得下表.

x_1	x_2	x_3	x_4	x_5	f	RHS
1			2/11	$-4/11$		7/11
	11/15		1	$-19/15$		14/15
		1	1/11	9/11		9/11
			$-43/11$	53/11	-1	$-35/11$

再把第 2 行的 $-2/11$，$-1/11$ 和 43/11 倍分别加到第 1，第 3 和第 4 行上去，得下表.

x_1	x_2	x_3	x_4	x_5	f	RHS
1	$-2/15$			$-2/15$		7/15
	11/15		1	$-19/15$		14/15
	$-1/15$	1		14/15		11/15
	43/15			$-2/15$	-1	7/15

上表前 3 行的第 1，3，4 列构成一个排列矩阵，而目标行在这些列的元素均为 0，因而为单纯形表. 由该表右端列看出，其对应的基本可行解正是 (3.3).

然而，由于目标行中 x_5 的系数为负值，仍不能判定这个解是最优解. 与前面的做法类似，为了确定 x_5 可以增加到何值，考虑如下不等式组：

$$\begin{cases} x_1 = 7/15 + (2/15)x_5 \geqslant 0, \\ x_4 = 14/15 + (19/15)x_5 \geqslant 0, \\ x_3 = 11/15 - (14/15)x_5 \geqslant 0. \end{cases}$$

前两个不等式中 x_5 的系数是正值，当 x_2 固定在 0 而让 x_5 从 0 增加时，x_1 和 x_4 总能满足非负性条件. 故只需考虑 x_5 的系数为负值的第 3 个不等式. 令 $x_3 = 0$ 可得 $x_5 = 11/14$，从而获得可行解：

$$\bar{x} = (4/7, 0, 0, 27/14, 11/14)^{\mathrm{T}},$$

对应目标值 $\bar{f} = -4/7$.

要得到该解对应的单纯形表，只需让 x_3 变为非基本变量而让 x_5 变为基本变量. 为此，把第 3 行第 5 列的元素 14/15 作为主元施以初等变换. 先用 15/14 乘以第 3 行得下表.

x_1	x_2	x_3	x_4	x_5	f	RHS
1	$-2/15$			$-2/15$		7/15
	11/15		1	$-19/15$		14/15
	$-1/14$	15/14		1		11/14
	43/15			$-2/15$	-1	7/15

再把第 3 行的 2/15，19/15，2/15 倍分别加到第 1，2，4 行上去得

x_1	x_2	x_3	x_4	x_5	f	RHS
1	$-1/7$	$1/7$				$4/7$
	$9/14$	$19/14$	1			$27/14$
	$-1/14$	$15/14$		1		$11/14$
	$20/7$	$1/7$			-1	$4/7$

至此, 该单纯形表目标行所有非基本变量的系数均非负, 给出最优解

$$\bar{x} = (4/7, 0, 0, 27/14, 11/14)^{\mathrm{T}},$$

对应最优值 $\bar{f} = -4/7$. 这样就完成了线性规划问题 (1.6) 的求解.

上面以实例演示了表格单纯形算法的求解过程. 它从一个可行 (单纯形) 表开始, 每次迭代用初等变换更新当前可行表, 直到求得基本最优解.

现将其推广到一般标准线性规划问题 (1.3) 的求解.

不妨设当前迭代步有可行表 3.1.1. 该表对应的约束系统为

$$x_{j_i} = \bar{b}_i - \sum_{j \in N} \bar{a}_{ij} x_j, \quad i = 1, \cdots, m. \tag{3.4}$$

表的右端给出基本可行解:

$$\bar{x}_B = \bar{b} \geqslant 0, \quad \bar{x}_N = 0. \tag{3.5}$$

注意, 单纯形表右下角的数值与相应目标 (函数) 值仅相差一个符号.

引理 3.2.1 若可行单纯形表的简约价格非负, 则给出基本最优解.

证明 该单纯形表由初等变换而来, 因而与原问题等价. 其最后一行代表等式

$$f = \bar{f} + \bar{z}_N^{\mathrm{T}} x_N. \tag{3.6}$$

设 $\tilde{x}$ 为任意可行解, 对应目标值 $\tilde{f}$. 将其代入 (3.6) 得

$$\tilde{f} = \bar{f} + \bar{z}_N \tilde{x}_N \geqslant \bar{f},$$

其中不等式由 $\bar{z}_N \geqslant 0$ 及 $\tilde{x} \geqslant 0$ 而来. 故 $\bar{x}$ 为基本最优解. □

给出基本最优解的单纯形表称为**最优 (单纯形) 表**. 因其符号可作为判优依据, 简约价格系数也常被称为**检验数**. 现假设可行单纯形表存在负检验数.

引理 3.2.2 设对某个 $q \in N$ 有 $\bar{z}_q < 0$ 成立, 且

$$\bar{a}_{i,q} \leqslant 0, \quad i = 1, \cdots, m, \tag{3.7}$$

则线性规划问题无界.

证明 在 (3.4) 中令 $x_j = 0$, $j \in N$, $j \neq q$ 并与非负性约束条件结合可得

$$x_{j_i} = \bar{b}_i - \bar{a}_{iq} x_q \geqslant 0, \quad i = 1, \cdots, m. \tag{3.8}$$

由 (3.7) 可知，不等式组 (3.8) 对 x_q 的任何取值 $\hat{x}_q = \alpha \geqslant 0$ 均成立，对应的可行值为

$$\hat{f} = \bar{f} + \alpha \bar{z}_q, \tag{3.9}$$

而 $\bar{z}_q < 0$，故当 α 任意大时相应的可行值任意小，线性规划问题无界. □

若 (3.7) 不成立，则非基本变量 x_q 的取值就受到 (3.8) 不等式组的制约. 不难验证如下规则给出 α 所可能取的最大值.

规则 3.2.1(行主元规则) 选取主元行标 p 使得

$$\alpha = \bar{b}_p / \bar{a}_{pq} = \min\{\bar{b}_i / \bar{a}_{iq} \mid \bar{a}_{iq} > 0, \ i = 1, \cdots, m\} \geqslant 0. \tag{3.10}$$

α 称做步长. 上式常称做最小比检验.

当取 $x_q = \alpha$ 时，由 (3.8) 的等式部分可得新可行解：

$$\hat{x}_{j_i} = \bar{b}_i - \alpha \bar{a}_{iq}, \quad i = 1, \cdots, m; \quad \hat{x}_j = 0, \quad j \in N, \ j \neq q; \quad \hat{x}_q = \alpha.$$

由 (3.9) 显见，步长 α 越大，新基本可行解对应的目标值减少越多.

现假设已确定 α. 非基本变量 x_q 的值由原来的 0 上升为 α，而第 p 个基本变量 x_{j_p} 则由 $\bar{b}_p$ 降为 0. 得到的新可行解也是基本可行解. 实际上，至此已经确定下标为 q 的列为主元列而第 p 行为主元行；以 $\bar{a}_{pq} > 0$ 为主元对单纯形表进行初等变换，即用 $1/\bar{a}_{pq}$ 乘以第 p 行 (主元行) 将主元化为 1；然后对 $i = 1, \cdots, m$, $i \neq p$，把主元行的 $-\bar{a}_{iq}$ 倍加到第 i 行；再把主元行的 $-\bar{z}_q$ 倍加到目标行即得相应的新单纯形表. 然后交换 j_p 和 q 以更新基本变量和非基本变量下标集 (B, N)，就完成一次迭代.

重复进行上述过程生成一系列单纯形表，直到给出基本最优解或者发现原问题无界为止.

以上分析基于 $\bar{z}_q$ 小于 0 的假设. 一般 q 有多个选择. Dantzig(1951) 最初提出如下规则.

规则 3.2.2(列主元规则) 选取列标 q 使得

$$q \in \arg\min_{j \in N} \bar{z}_j. \tag{3.11}$$

该规则以检验数最小的列为主元列，故也称为最小检验数规则. 对相应非基本变量的单位增长，这样的选择使目标值降低最多.

显然，在有多个最负检验数的情形，按上述规则主元列的确定不唯一. 另一方面，如果最小比检验 (3.10) 中有多行达到最小比，主元行的确定也不唯一. 现约定，今后如不特别说明可任选其一.

求解过程可归纳如下 (Dantzig, 1947).

算法 3.2.1(表格单纯形算法)　*初始*: 形如表 3.1.1 的可行单纯形表. 本算法求解标准线性规划问题 (1.3).

1. 确定列标 $q \in \arg\min\limits_{j \in N} \bar{z}_j$.

2. 若 $\bar{z}_q \geqslant 0$, 则停止.

3. 若 $I = \{i \mid \bar{a}_{iq} > 0, i = 1, \cdots, m\} = \varnothing$, 则停止.

4. 确定行标 $p \in \arg\min\limits_{i \in I} \bar{b}_i / \bar{a}_{iq}$.

5. 用初等变换将 $\bar{a}_{pq}$ 化为 1 将该列其余非 0 元消去.

6. 转步 1.

注　术语 "单纯形法" 来自早期 G. B. Dantzig 与 T. Motzkin 的一次谈话 (Dangtzig, 1991). 后者指出, 每次迭代的基矩阵和进基列共 $m+1$ 列正好给出 m 维空间中一个多面体 "单纯形" 的顶点. 几何上, 上述方法可视为持续地由一个单纯形向一个相邻单纯形移动.

定理 3.2.1　算法 3.2.1 产生一个基本可行解序列, 对应的目标值不增. 若终止在

(i) 步 2, 获得基本最优解; 在

(ii) 步 3, 判定问题无下界.

证明　由引理 3.2.1 和 3.2.2 及算法前的相关讨论即得.　　　　　　　$\square$

例 3.2.1　用表格单纯形算法求解线性规划问题

$$\begin{aligned} \min \quad & f = -4x_1 - 3x_2 - 5x_3, \\ \text{s.t.} \quad & 2x_1 + x_2 + 3x_3 + x_5 = 15, \\ & x_1 + x_2 + x_3 + x_4 = 12, \\ & -2x_1 + x_2 - 3x_3 + x_7 = 3, \\ & 2x_1 + x_2 + x_6 = 9, \\ & x_j \geqslant 0, \quad j = 1, \cdots, 7. \end{aligned}$$

解　初始: 由该问题可直接得到如下可行单纯形表:

x_1	x_2	x_3	x_4	x_5	x_6	x_7	RHS
2	1	3*		1			15
1	1	1	1				12
-2	1	-3				1	3
2	1				1		9
-4	-3	-5					

第 1 次迭代:

1. $\min\{-4, -3, -5\} = -5 < 0$, $q = 3$.

3. $I = \{1, 2\} \neq \varnothing$.

4. $\min\{15/3, 12/1\} = 15/3, p = 1.$

5. 第 1 行第 3 列元素 3 为主元{以 "*" 标示, 下同}.

将第 1 行乘以 $1/3$, 再分别乘以 $-1, 3, 5$ 加到第 $2,3,5$ 行上去得

x_1	x_2	x_3	x_4	x_5	x_6	x_7	RHS
2/3	1/3	1		1/3			5
1/3	2/3		1	$-1/3$			7
	2*			1		1	18
2	1				1		9
$-2/3$	$-4/3$			5/3			25

第 2 次迭代:

1. $\min\{-2/3, -4/3, 5/3\} = -4/3 < 0, q = 2.$

3. $I = \{1, 2, 3, 4\} \neq \varnothing.$

4. $\min\{5/(1/3), 7/(2/3), 18/2, 9/1\} = 9/1, p = 3.$

5. 将第 3 行乘以 $1/2$, 再分别乘以 $-1/3, -2/3, -1, 4/3$ 加到第 $1,2,4,5$ 行得

x_1	x_2	x_3	x_4	x_5	x_6	x_7	RHS
2/3		1		1/6		$-1/6$	2
1/3			1	$-2/3$		$-1/3$	1
	1			1/2		1/2	9
2*				$-1/2$	1	$-1/2$	0
$-2/3$				7/3		2/3	37

第 3 次迭代:

1. $\min\{-2/3, 7/3, 2/3\} = -2/3 < 0, q = 1.$

3. $I = \{1, 2, 4\} \neq \varnothing.$

4. $\min\{2/(2/3), 1/(1/3), 0/2\} = 0, p = 4.$

5. 将第 4 行乘以 $1/2$, 再分别乘以 $-2/3, -1/3, 2/3$ 加到第 $1,2,5$ 行得

x_1	x_2	x_3	x_4	x_5	x_6	x_7	RHS
		1		1/3	$-1/3$		2
			1	$-7/12$	$-1/6$	$-1/4$	1
	1			1/2		1/2	9
1				$-1/4$	1/2	$-1/4$	
				13/6	1/3	1/2	37

该表所有检验数均非负, 基本最优解和最优值为

$$\bar{x} = (0, 9, 2, 1, 0, 0, 0)^{\mathrm{T}}, \quad \bar{f} = -37.$$

现转向单纯形算法的有限步终止性问题.

当单纯形表右端项 $\bar{b}$ 有 0 分量时, 按 (3.10) 所确定的步长 α 可能为 0, 使目标值无任何改变, 得到的所谓 "新解" 其实和旧解相同. 从上例看出, 倒数第 2 个表已经给出基本最优解, 但因有负检验数而多迭代一次, 原因就在于右端的 0 分量导致了 0 步长.

定义 3.2.1   若右端项均大于 0, 则相应的基本可行解称为非退化的. 若所有基本可行解均非退化, 则称线性规划问题非退化.

定理 3.2.2   在非退化假设下, 用单纯形法求解线性规划问题有限步终止.

证明   注意, 只有有限多个基本可行解. 在问题非退化假设下, 目标值严格单调减少, 对应的基本可行解只可能出现一次. 迭代不终止意味着存在无限多个基本可行解, 从而引出矛盾. 故必在有限步终止.   □

在退化存在的情况下, 则不能排除不终止的可能. 实际上, 容易构造退化例子, 使刚进基的列立即出基. 幸运的是, 无论有无退化如下结果都成立:

命题 3.2.1   单纯形迭代的出基列不会立即进基.

证明   由于进基列对应的检验数 $\bar{z}_q < 0$ 而 (3.10) 确定的主元 $\bar{a}_{pq} > 0$, 故经相应初等变换后出基列对应正检验数, 因而不会在下次迭代中进基.   □

应该强调指出, 非退化假设远远与实际不符. 由于实际问题几乎都退化, 单纯形算法 3.2.1 的终止性并无保证, 也已构造出算法不终止的实例 (见 3.4 及 3.5). 尽管如此, 不终止的机会极小, 并不影响单纯形算法的广泛应用.

值得注意的是, 单纯形迭代由选主元和初等变换 (基转换) 两部分构成, 这也是形形色色单纯形变形和更广泛的主元类方法的特点. 单纯形法研究总不外乎这两方面. 长期以来, 最小检验数规则以其快速和简单而被广泛应用, 直到近 20 年情况才发生变化. 我们将在第 5 章介绍更实用的主元规则. 而所谓 "修正单纯形法" 则采用不同于初等变换的基转换方法, 将在 3.7 节介绍.

本节最后列出新旧单纯形表之间的递推关系:

1. 目标行

$$
\begin{aligned}
&\beta = -\bar{z}_q/\bar{a}_{pq}, \\
&\hat{f} = \bar{f} - \beta\bar{b}_p, \\
&\hat{z}_j = \bar{z}_j + \beta\bar{a}_{pj}, \quad j \in N, \\
&\hat{z}_{j_i} = \begin{cases} \beta, & i = p, \\ 0, & i = 1,\cdots,m,\ i \neq p. \end{cases}
\end{aligned}
\tag{3.12}
$$

2. 右端项

$$
\begin{aligned}
&\alpha = \bar{b}_p/\bar{a}_{pq}, \\
&\hat{b}_i = \begin{cases} \bar{b}_i - \alpha\bar{a}_{iq}, & i = 1,\cdots,m,\ i \neq p, \\ \alpha, & i = p. \end{cases}
\end{aligned}
\tag{3.13}
$$

3. 系数矩阵元素

$$
\hat{a}_{t,j} = \begin{cases}
0, & t = 1, \cdots, m,\ t \neq p;\ j = q, \\
1, & t = p;\ j = q, \\
\bar{a}_{tj} - (\bar{a}_{pj}/\bar{a}_{pq})\bar{a}_{tq}, & t = 1, \cdots, m,\ t \neq p; j \in N,\ j \neq q, \\
\bar{a}_{pj}/\bar{a}_{pq}, & t = p;\ j \in N,\ j \neq q.
\end{cases}
$$

$$
\hat{a}_{tj_i} = \begin{cases}
0, & t = 1, \cdots, m;\ i = 1, \cdots, m,\ i \neq p;\ i \neq t, \\
1, & t = i = 1, \cdots, m;\ i \neq p, \\
-\bar{a}_{tq}/\bar{a}_{pq}, & t = 1, \cdots, m,\ t \neq p;\ i = p, \\
1/\bar{a}_{pq}, & t = i = p.
\end{cases}
\tag{3.14}
$$

单纯形表只不过是线性规划问题的一种简洁表示而已. 由于它们所代表的问题均等价于原问题, 单纯形算法生成的所有表格可视为完全等价.

3.3 单纯形法的启动

单纯形法必须从一个可行单纯形表开始迭代. 例 3.2.1 有一个现成可行表, 但一般并非如此. 求得初始可行单纯形表或基本可行解的计算过程称做 I 阶段, 继而获得最优表 (基本最优解) 的过程称做 II 阶段. 二者结合构成所谓两阶段单纯形法, 可以用于一般标准线性规划问题的求解. 本节先介绍早期提出的人工变量 I 阶段法, 再介绍大 M 法.

不妨设标准问题的约束系统右端各分量均非负, 即

$$
b_i \geqslant 0, \quad i = 1, \cdots, m.
$$

若并非如此, 可先用 -1 乘以右端项为负的各方程. 构造辅助问题如下：对 $i = 1, \cdots, m$, 在第 i 个约束方程中引入非负人工变量 x_{n+i}, 并用所有人工变量之和, 即

$$
f' = \sum_{i=1}^{m} x_{n+i}
$$

为目标函数. 再利用约束系统消去其中的人工变量, 辅助问题可写为

$$
\begin{aligned}
\min \quad & f' = \sum_{i=1}^{m} b_i - \left(\sum_{i=1}^{m} a_{i1} \right) x_1 - \cdots - \left(\sum_{i=1}^{m} a_{in} \right) x_n, \\
\text{s.t.} \quad & a_{11}x_1 + a_{12}x_2 + \cdots + a_{1n}x_n + x_{n+1} = b_1, \\
& a_{21}x_1 + a_{22}x_2 + \cdots + a_{2n}x_n + x_{n+2} = b_2, \\
& \qquad\qquad\qquad\vdots \\
& a_{m1}x_1 + a_{m2}x_2 + \cdots + a_{mn}x_n + x_{n+m} = b_m, \\
& x_j \geqslant 0, \quad j = 1, \cdots, n + m.
\end{aligned}
\tag{3.15}
$$

该问题有一个明显的可行单纯形表, 可用单纯形法求解, 使辅助目标函数极小化, 以消去人工变量. 实际上, 有如下结果.

定理 3.3.1　辅助问题有最优解, 且对应非负最优值:

(i) 若最优值大于 0, 则原问题无可行解.

(ii) 若最优值等于 0, 其最优解去掉人工分量即得原问题的可行解.

证明　问题 (3.15) 显然有可行解. 其所有可行解的人工分量非负, 因而所有可行值也非负且有下界, 故有最优解且最优值非负.

(i) 若最优值大于 0, 可断言原问题无可行解, 因为假设它有可行解 $\bar{x}_j \geqslant 0$, $j = 1, \cdots, n$, 则 $\bar{x}_1, \cdots, \bar{x}_n, \bar{x}_{n+1} = \cdots = \bar{x}_{n+m} = 0$ 显然满足 (3.15) 的约束条件, 因而是 (3.15) 的可行解, 对应的辅助目标值为 0, 从而与辅助最优值大于 0 矛盾.

(ii) 若最优值等于 0, 则其最优解的人工分量均为 0, 去掉人工分量后的向量显然满足原问题的约束条件, 故为其可行解.　　　　　　　　　　　　　　　□

在辅助问题最优值为 0 的情形下, 不难获得原问题的可行单纯形表. 实际上, 在辅助最优表对应系统中令人工变量为 0 即与原约束系统等价. 由此容易了解如下步骤.

后续处理:

1. 删去作为非基本变量出现的所有人工变量对应的列 (求解辅助问题时人工变量一旦出基即可删去).

2. 若基本变量中不含人工变量, 则转步 4.

3. 若有人工变量为基本分量, 而其所在行非基本分量均为 0, 则删去该行 (见下注); 否则以非 0 分量为主元进行初等变换使其变为非基本变量, 然后删去相应列, 直到没有人工变量是基本变量.

4. 用原价格系数覆盖辅助目标行, 并用初等变换将目标行基本分量化为 0, 即得原问题的可行单纯形表.

注　步 3 中之所以划去人工变量所在行, 是由于将 0 代入该人工变量后对应的方程成为恒等式. 这表明原约束系统线性相关, 而引入人工变量的方法可以去掉这种相关性.

上述求解过程可归纳如下.

算法 3.3.1(人工变量法)　本算法求可行单纯形表.

1. 引入人工变量, 构造形如 (3.15) 的辅助线性规划问题.

2. 调用单纯形法 3.2.1.

3. 若辅助问题的最优值等于 0, 按后续处理获得原问题的可行单纯形表.

4. 若辅助问题的最优值大于 0, 原问题无可行解.

至此可知, 一个线性规划问题的解答必是下列三种情形之一: 无可行解; 有可行解但无界或有最优解. 原则上, 用两阶段单纯形法可以求解任何线性规划问题,在有最优解的情形下求得一个基本最优解，或对不可行和无界的情形作出判断.

在实际应用时，若系数矩阵包含单位矩阵的某些列，则应尽量利用这些列所对应的变量以减少人工变量的个数，前面的讨论显然仍然适用. 不过需注意辅助目标函数只是全部人工变量之和，不包含其他变量.

例 3.3.1 求下列线性规划问题的可行单纯形表:

$$\begin{aligned}
\min \quad & f = -x_1 + x_2 - 2x_3, \\
\text{s.t.} \quad & x_1 - 3x_2 - 2x_3 + x_4 = -4, \\
& x_1 - x_2 + 4x_3 - x_5 = 2, \\
& -3x_1 + x_2 + x_3 + x_6 = 8, \\
& x_j \geqslant 0, \quad j = 1, \cdots, 6.
\end{aligned}$$

解 构造辅助问题: 先用 -1 乘以第一个等式约束将其右端化为非负值. 由于 x_6 的系数形成单位列向量 $(0,0,0,1)^{\mathrm{T}}$, 故只要引入两个人工变量 x_7, x_8 即可:

$$\begin{aligned}
\min \quad & f' = x_7 + x_8, \\
\text{s.t.} \quad & -x_1 + 3x_2 + 2x_3 - x_4 + x_7 = 4, \\
& x_1 - x_2 + 4x_3 - x_5 + x_8 = 2, \\
& -3x_1 + x_2 + x_3 + x_6 = 8, \\
& x_j \geqslant 0, \quad j = 1, \cdots, 8.
\end{aligned}$$

该辅助问题可写成如下表格形式.

x_1	x_2	x_3	x_4	x_5	x_6	x_7	x_8	RHS
-1	3	2	-1			1		4
1	-1	4		-1			1	2
-3	1	1			1			8
						1	1	

化为单纯形表: 消去最后一行 (目标行) 位于 x_7 和 x_8 列的非 0 分量. 为此, 分别把第 1 行和第 2 行的 -1 倍加到目标行得

x_1	x_2	x_3	x_4	x_5	x_6	x_7	x_8	RHS
-1	3	2	-1			1		4
1	-1	4*		-1			1	2
-3	1	1			1			8
	-2	-6	1	1				-6

该表为可行单纯形表. 调用单纯形算法 3.2.1 解之.

第 1 次迭代:

1. $\min\{0, -2, -6, 1, 1\} = -6 < 0$, $q = 3$.

3. $I = \{1, 2, 3\} \neq \varnothing$.

4. $\min\{4/2, 2/4, 8/1\} = 1/2$, $p = 2$.

5. 将第 2 行乘以 $1/4$, 再分别乘以 $-2, -1, 6$ 加到第 $1, 3, 4$ 行得 (删去出基人工变量 x_8 列).

x_1	x_2	x_3	x_4	x_5	x_6	x_7	RHS
$-3/2$	$7/2^*$		-1	$1/2$		1	3
$1/4$	$-1/4$	1		$-1/4$			$1/2$
$-13/4$	$5/4$			$1/4$	1		$15/2$
$3/2$	$-7/2$		1	$-1/2$			-3

第 2 次迭代:

1. $\min\{3/2, -7/2, 1, -1/2\} = -7/2 < 0$, $q = 2$.

3. $I = \{1, 3\} \neq \varnothing$.

4. $\min\{3/(7/2), (15/2)/(5/4)\} = 6/7$, $p = 1$.

5. 将第 1 行乘以 $2/7$, 再分别乘以 $1/4, -5/4, 7/2$ 加到第 $2, 3, 4$ 行 (删去出基人工变量 x_7 列).

现在所有人工变量均已出基, 辅助问题已达最优值 0. 以原价值系数覆盖底行得

x_1	x_2	x_3	x_4	x_5	x_6	RHS
$-3/7$	1		$-2/7$	$1/7$		$6/7$
$1/7$		1	$-1/14$	$-3/14$		$5/7$
$-19/7$			$5/14$	$1/14$	1	$45/7$
-1	1	-2				

把第 1 行的 -1 倍和第 2 行的 2 倍先后加到底行得原问题的可行单纯形表

x_1	x_2	x_3	x_4	x_5	x_6	RHS
$-3/7$	1		$-2/7$	$1/7$		$6/7$
$1/7$		1	$-1/14$	$-3/14$		$5/7$
$-19/7$			$5/14$	$1/14$	1	$45/7$
$-2/7$			$1/7$	$-4/7$		$4/7$

于是可启动表格单纯形算法求解原问题. 求解线性规划问题通常需要两个阶段, 每个阶段都用单纯形法处理.

另一方面, 人们希望通过单一阶段求解问题, 从而导致所谓大 M 法. 辅助目标函数为原目标函数加上人工变量之和的 M 倍而约束条件不变, 即

$$\min \quad f' = c_1 x_1 + c_2 x_2 + \cdots + c_n x_n + M(x_{n+1} + x_{n+2} \cdots + x_{n+m}),$$
$$\text{s.t.} \quad a_{11}x_1 + a_{12}x_2 + \cdots + a_{1n}x_n + x_{n+1} = b_1,$$
$$a_{21}x_1 + a_{22}x_2 + \cdots + a_{2n}x_n + x_{n+2} = b_2,$$
$$\vdots$$
$$a_{m1}x_1 + a_{m2}x_2 + \cdots + a_{mn}x_n + x_{n+m} = b_m,$$
$$x_j \geqslant 0, \quad j = 1, \cdots, n+m.$$

利用约束条件消去目标函数中的人工变量即得辅助问题的可行单纯形表, 从而可用单纯形法求解.

其中目标函数包含的人工变量部分可看做罚函数. M 称为罚因子, 是一个很大的正数, 远大于计算过程涉及到任何数的绝对值. 它对人工变量可能的增大予以"惩罚", 增强人工变量极小化的力度. 然而预先确定合适的 M 值是困难的, 不仅依赖于所求解的问题, 也依赖于所使用的计算机. 取值过大将导致很差的数值稳定性, 过小又可能使方法失效. 实际的作法是将 M 当做参数处理.

现仍以 3.3.1 为例说明. 其辅助问题的表格形式如下:

x_1	x_2	x_3	x_4	x_5	x_6	x_7	x_8	RHS
-1	3	2	-1			1		4
1	-1	4		-1			1	2
-3	1	1			1			8
-1	1	-2				M	M	

把第 1 行和第 2 行的 $-M$ 倍加到目标行可得.

x_1	x_2	x_3	x_4	x_5	x_6	x_7	x_8	RHS
-1	3	2	-1			1		4
1	-1	4^*		-1			1	2
-3	1	1			1			8
-1	$1-2M$	$-2-6M$	M	M				$-6M$

该表为可行单纯形表, 可启动单纯形法. 不过在确定主元列时注意: M 是很大的正数, 简约价值系数的符号和大小取决于 M 的系数. 如上表, 确定 x_3 列为主元列而第 2 行为主元行; 再进行初等变换便完成了第 1 次迭代.

如此迭代将会发现, 大 M 法与两阶段方法产生的迭代序列相同. 实际上, 罚因子 M 的存在, 迫使人工变量值优先变为 0, 然后寻求原问题的最优解, 因而两个方法本质上是相同的. 如果用人工变量法时在表中增排一行原问题的价值系数, 并规定当辅助问题检验数有多个取最负值时按原问题对应检验数确定主元列, 那么就与大 M 法的迭代过程完全相同.

尽管两个方法没有本质区别, 作者更偏好两阶段法, 因为它比大 M 法易于编程实现.

3.4　退化和循环

最小检验数规则有其明显的缺憾. 从例 3.2.1 的求解过程看出, 步长为 0 导致相同的基本可行解, 从而使得目标函数值没有真正减少. 这种不愿看到的情况仅在基本解有 0 基本分量, 即退化时才可能发生.

退化还涉及方法是否会在有限步终止, 即有限性问题. 实际上, 在方法提出不久就发现有不终止的可能. E. M. L. Beale (1955) 和 A. J. Hoffman(1953) 曾给出这样的例子. 下面来看 Beale 的例子.

例 3.4.1(Beale)　用单纯形法 3.2.1 求解线性规划问题:

$$
\begin{aligned}
\min \quad & f = -3/4x_4 + 20x_5 - 1/2x_6 + 6x_7, \\
\text{s.t.} \quad & x_1 + 1/4x_4 - 8x_5 - x_6 + 9x_7 = 0, \\
& x_2 + 1/2x_4 - 12x_5 - 1/2x_6 + 3x_7 = 0, \\
& x_3 + x_6 = 1, \\
& x_j \geqslant 0, \quad j = 1, \cdots, 7.
\end{aligned}
$$

解　这里使用 Dantzig 规则进行求解. 初始步: 由该问题可直接得到如下可行单纯形表.

x_1	x_2	x_3	x_4	x_5	x_6	x_7	RHS
1			1/4*	-8	-1	9	
	1		1/2	-12	$-1/2$	3	
		1			1		1
			$-3/4$	20	$-1/2$	6	

第 1 次迭代:

1. $\min\{-3/4, 20, 1, -1/2, 6\} = -3/4 < 0$, $q = 4$.

3. $I = \{1, 2\} \neq \varnothing$.

4. $\min\{0/(1/4), 0/(1/2)\} = 0$, $p = 1$.

5. 将第 1 行乘以 4, 再分别乘以 $-1/2, 3/4$ 加到第 2, 4 行得

x_1	x_2	x_3	x_4	x_5	x_6	x_7	RHS
4			1	-32	-4	36	
-2	1			4*	3/2	-15	
		1			1		1
3				-4	$-7/2$	33	

第 2 次迭代:

1. $\min\{3, -4, -7/2, 33\} = -4 < 0$, $q = 5$.

3. $I = \{2\} \neq \varnothing$.

4. $\min\{0/4)\} = 0$, $p = 2$.

5. 将第 2 行乘以 $1/4$, 再分别乘以 $32, 4$ 加到第 $1, 4$ 行得

x_1	x_2	x_3	x_4	x_5	x_6	x_7	RHS
-12	8		1		8*	-84	
$-1/2$	$1/4$			1	$3/8$	$-15/4$	
		1			1		1
1	1				-2	18	

第 3 次迭代:

1. $\min\{1, 1, -2, 18\} = -2 < 0$, $q = 6$.

3. $I = \{1, 2, 3\} \neq \varnothing$.

4. $\min\{0/8, 0/(3/8), 1/1\} = 0$, $p = 1$.

5. 将第 1 行乘以 $1/8$, 再分别乘以 $-3/8, -1, 2$ 加到第 $2, 3, 4$ 行得

x_1	x_2	x_3	x_4	x_5	x_6	x_7	RHS
$-3/2$	1		$1/8$		1	$-21/2$	
$1/16$	$-1/8$		$-3/64$	1		$3/16$*	
$3/2$	-1	1	$-1/8$			$21/2$	1
-2	3		$1/4$			-3	

第 4 次迭代:

1. $\min\{-2, 3, 1/4, -3\} = -3 < 0$, $q = 7$.

3. $I = \{2, 3\} \neq \varnothing$.

4. $\min\{0/(3/16), 1/(21/2)\} = 0$, $p = 2$.

5. 将第 2 行乘以 $16/3$, 再分别乘以 $21/2, -21/2, 3$ 加到第 $1, 3, 4$ 行得

x_1	x_2	x_3	x_4	x_5	x_6	x_7	RHS
2*	-6		$-5/2$	56	1		
$1/3$	$-2/3$		$-1/4$	$16/3$		1	
-2	6	1	$5/2$	-56			1
-1	1		$-1/2$	16			

第 5 次迭代:

1. $\min\{-1, 1, -1/2, 16\} = -1 < 0$, $q = 1$.

3. $I = \{1, 2\} \neq \varnothing$.

4. $\min\{0/2, 0/(1/3)\} = 0$, $p = 1$.

5. 将第 1 行乘以 $1/2$, 再分别乘以 $-1/3, 2, 1$ 加到第 $2, 3, 4$ 行得

x_1	x_2	x_3	x_4	x_5	x_6	x_7	RHS
1	-3		$-5/4$	28	$1/2$		
	$1/3^*$		$1/6$	-4	$-1/6$	1	
		1			1		1
	-2		$-7/4$	44	$1/2$		

第 6 次迭代:

1. $\min\{-2, -7/4, 44, 1/2\} = -2 < 0$, $q = 2$.

3. $I = \{2\} \neq \varnothing$.

4. $\min\{0/(1/3)\} = 0$, $p = 2$.

5. 将第 2 行乘以 3, 再分别乘以 $3, 2$ 加到第 $1, 4$ 行得

x_1	x_2	x_3	x_4	x_5	x_6	x_7	RHS
1			$1/4$	-8	-1		
	1		$1/2$	-12	$-1/2$	3	
		1			1		1
			$-3/4$	20	$-1/2$	6	

容易发现, 经过 6 次迭代得到的这个单纯形表与第 1 个表完全相同, 继续进行则必重复相同的单纯形表, 即发生循环. 由于不可能求得最优解, 只得强行终止而归于失败.

注意, 循环过程中每次迭代的步长均为 0, 故停留在同一个退化的基本可行解.

命题 3.4.1　若基本最优解非退化, 则相应单纯形表的检验数非负.

证明　假设单纯形表 3.1.1 有负检验数. 不妨设 $\bar{z}_q < 0$. 若 (3.7) 成立, 则由定理 3.2.2 推出问题无界, 与有最优解矛盾; 若 (3.7) 不成立, 由非退化假设知 $\alpha > 0$, 从而有比最优值更小的目标值, 也引出矛盾. 故检验数非负.　□

由上述结果和引理 3.2.1 可知, 检验数非负不仅是达成最优的充分条件, 在非退化假设下还是必要条件.

命题 3.4.2　若单纯形表检验数全大于 0, 则线性规划问题有唯一最优解. 若基本最优解非退化且有 0 检验数, 则有无限多最优解; 在可行域有界的情况下还有多个基本最优解.

证明　先证上半部分. 设单纯形表 3.1.1 为最优表且检验数均为正值. 令 $\bar{x}$ 为其所对应的基本最优解. 对任一与 $\bar{x}$ 相异的可行解 $\hat{x} \geqslant 0$, 必存在某个 $s \in N$ 使

$\hat{x}_s > 0$ (否则它们就是相同的解). 因而将 $\hat{x}$ 代入 (3.6) 得到

$$\hat{f} = \bar{f} + \sum_{j \in N} \bar{z}_j \hat{x}_j > \bar{f},$$

这表明 $\hat{x}$ 不是最优解. 故线性规划问题有唯一最优解.

证下半部分. 设单纯形表 3.1.1 给出非退化的基本最优解而有 0 检验数. 不妨设 $\bar{z}_q = 0$. 若 (3.7) 成立, 则显然 (3.8) 右端不等式对任何 $x_q = \alpha > 0$ 恒成立, 即有无限多个可行解, 都对应最优值 $\bar{f}$(见 (3.9)); 若可行域有界, 则 (3.7) 不成立, 由 $\bar{b}_p > 0$ 知 (3.10) 确定的 α 为正值. 于是对 x_q 在区间 $[0, \alpha]$ 中的任何取值, 由 (3.8) 的等式都可确定一个可行解, 而让 x_q 进基 x_{j_p} 出基就可得到一个不同的基本最优解. $\square$

前面证明的下半部分实际上给出一个获得多个基本最优解的方法, 即让最优表检验数为 0 的非基本变量进基, 按最小比检验确定出基变量. 4.6 节将给出获得最优解集的方法.

正如曾提及的, 在单纯形方法问世之初, 许多人认为退化在实践中发生的机会不大. 不料情况正好相反, 实践中产生的问题几乎都是退化的. 幸运的是, 除了人工构造的例子, 实际中却很少发生循环; 单纯形法一般快速而可靠, 在实践中取得了巨大的成功.

尽管如此, 退化无论在理论还是实践上还是令人讨厌的. 就实践而言, 由退化引起的真正问题是停顿. 特别地在高度退化的情形下, 由于基本可行解的 0 基本分量占很高比例, 会导致大量迭代步停留在同一基本可行解而无进展.

3.5 有限主元规则

由 3.4 节知道, 单纯形法在非退化假设下有限步终止. 然而非退化假设并不符合实际, 单纯形法在一般情况下的有限性是没有保证的. 那么是否有避免循环的方法使单纯形法有限呢? 答案是肯定的.

Charnes(1952) 提出一个可以避免循环的 "摄动法": 给初始可行单纯形表一个微小摄动: 在其对应等式约束部分的右端加上摄动项

$$w = (\epsilon, \epsilon^2, \cdots, \epsilon^m)^{\mathrm{T}}.$$

让其各分量作为参数参加运算. 按 Dantzig 规则选取主元, 在确定主元行时视 $\epsilon > 0$ 足够小.

定理 3.5.1 *摄动法是有限方法.*

证明 加于右端的摄动项可写为 $w = Iw$. 设任一次迭代右端变为

$$v \triangleq \bar{b} + Uw,$$

其中 U 由对 I 施以初等变换而来. 注意, U 与 I 有相同的秩 m, 而 U 每行元素均不全为 0. 首先有 $\bar{b} \geqslant 0$ 成立, 否则若对某个 $i \in \{1, \cdots, m\}$ 有 $\bar{b}_i < 0$, 则可推出 $v_i < 0$, 与可行性矛盾. 进而, 对所有满足 $\bar{b}_i > 0$ 的下标 i, 显然 $v_i > 0$; 而对所有满足 $\bar{b}_i = 0$ 的下标 i 同样有 $v_i > 0$, 因为 U 第 i 行的第 1 个非零分量必大于 0(否则与可行性矛盾), 从而 $v > 0$. 每个单纯形表都对应非退化的基本可行解, 故不可能发生循环, 而在有限次迭代后终止. 显然, 消去最终表中的所有参数项即得原问题的最终表.　　　　　　　　　　　　　　　　　　□

两个向量按其第一个不同分量的大小排序称为**字典序**. 规定相等向量按字典序也相等. 用 $(\lambda_1, \cdots, \lambda_t) \prec (\mu_1, \cdots, \mu_t)$ 表示前一个向量按字典序小于后一个向量, 即对满足 $\lambda_i \neq \mu_i$ 的最小下标 i 有 $\lambda_i < \mu_i$. 类似地, 用 "$\succ$" 表示按字典序"大于".

实际上, 摄动法相当于用 Dantzig 规则确定主元列标 q, 再用如下规则确定主元行标:

$$p \in \arg\min\{(\bar{b}_i + u_{i1}\epsilon + u_{i2}\epsilon^2 + \cdots + u_{im}\epsilon^m)/\bar{a}_{iq} \mid \bar{a}_{iq} > 0; \ i = 1, \cdots, m\}. \quad (3.16)$$

由于 ϵ 足够小, 以上规则显然等价于下列所谓字典序规则(Dantzig, Orden and Wolfe, 1955):

$$p \in \arg\min\{(\bar{b}_i, u_{i1}, u_{i2}, \cdots, u_{im})/\bar{a}_{iq} \mid \bar{a}_{iq} > 0; \ i = 1, \cdots, m\}, \quad (3.17)$$

其中 u_{ij} 为 U 的第 i 行第 j 列元表, "min" 为 "字典序" 意义下取极小.

能使单纯形法避免循环的主元规则称为**有限规则**. 上面已证明字典序规则是有限规则, 但在这类规则中, Bland(1977) 规则更简单和具代表性.

规则 3.5.1(Bland)　在检验数为负值的非基本变量中选下标最小者进基; 当有多行达最小比时, 选下标最小的基本变量出基.

定理 3.5.2　Bland 规则是有限的.

证明　用反证法. 假设在单纯形法中使用了 Bland 规则而发生了循环. 若在循环中某个变量由基本变量变为非基本变量 (出基), 则它必定又会变为基本变量 (进基). 设这类"穿梭"变量的下标集为 T, 并记

$$t = \max\{j \mid j \in T\}.$$

注意, 在循环中每次迭代的步长均为 0, 故给出相同的基本可行解; 且对任一下标 $h \in T$, 该基本可行解以 h 为下标的分量为 0.

设在某个单纯形表

$$\begin{array}{cc|c} \bar{A} & 0 & \bar{b} \\ \hline \bar{z}^{\mathrm{T}} & -1 & \bar{\beta} \end{array} \quad (3.18)$$

中选定 x_t 进基. 则 $\bar{z}_t < 0$, 且对任一检验数下标 $j < t$ 有 $\bar{z}_j \geqslant 0$.

设在另一个单纯形表

$$\begin{array}{cc|c} \widehat{A} & 0 & \widehat{b} \\ \hline \widehat{c}^{\mathrm{T}} & -1 & \widehat{\beta} \end{array} \tag{3.19}$$

中位于第 p 行的基本变量 x_t 出基而非基本变量 x_s 进基. 设基本变量为 $x_{j_1}, \cdots, x_{j_m}$ $(x_{j_p} \equiv x_t)$. 于是有 $\widehat{c}_s < 0$, 且对任一检验数下标 $j < s$ 有 $\widehat{c}_j \geqslant 0$. 注意, 主元为正值, 即 $\widehat{a}_{ps} > 0$; 由于 $s \in T$, 故有 $s < t$.

定义 v_k, $k = 1, \cdots, n, n+1$ 如下:

$$v_k = \begin{cases} 1, & k = s, \\ -\widehat{a}_{is}, & k = j_i, \quad i = 1, \cdots, m, \\ \widehat{c}_s, & k = n+1, \\ 0, & \text{其他}. \end{cases} \tag{3.20}$$

注意, $\widehat{A}$ 中对应基本变量的列构成一个排列矩阵. 向量

$$v = (v_1, \cdots, v_n, v_{n+1})^{\mathrm{T}}$$

的非基本分量除了 $v_s = 1$ 外, 其余均为 0. 另一方面, $\widehat{A}$ 的第 $i(= 1, \cdots, m)$ 行基本分量除了第 j_i 列的 $\widehat{a}_{ij_i}$ 等于 1 外其余为 0; 而 $\widehat{c}$ 中所有基本分量均为 0. 因而下式成立:

$$\begin{pmatrix} \widehat{A} & 0 \\ \widehat{c}^{\mathrm{T}} & -1 \end{pmatrix} v = \begin{pmatrix} \widehat{a}_{1,s} - \widehat{a}_{1,s} \\ \vdots \\ \widehat{a}_{m,s} - \widehat{a}_{m,s} \\ \widehat{c}_s - \widehat{c}_s \end{pmatrix} = 0. \tag{3.21}$$

由于这两个单纯形表可用左乘一系列初等矩阵的方式互相得到, 故

$$\begin{pmatrix} \bar{A} & 0 \\ \bar{z}^{\mathrm{T}} & -1 \end{pmatrix} v = 0. \tag{3.22}$$

其中最后一个等式为

$$\sum_{k=1}^{n} \bar{z}_k v_k - v_{n+1} = 0,$$

于是

$$\sum_{k=1}^{n} \bar{z}_k v_k = v_{n+1} = \widehat{c}_s < 0.$$

故存在某个下标 $h < n+1$ 使

$$\bar{z}_h v_h < 0, \tag{3.23}$$

由此推出 $\bar{z}_h \neq 0$ 及 $v_h \neq 0$.

另一方面, 由 $v_h \neq 0$ 及 v 的定义知 $h \in \{j_1, \cdots, j_m, s\}$. 仅有如下 3 种情形:

(i) $h = s$. 此时 $v_h = 1$; 由于 x_t 在单纯形表 (3.18) 中为进基变量而 $h = s < t$, 故 $\bar{z}_h > 0$, 于是推出 $\bar{z}_h v_h = \bar{z}_h > 0$, 与 (3.23) 相矛盾.

(ii) $h = j_p = t$. 此时 $\bar{z}_h = \bar{z}_t < 0$ 而 $v_h = -\hat{a}_{ps} < 0$, 推出 $\bar{z}_h v_h > 0$, 与 (3.23) 相矛盾.

(iii) $h = j_i \neq j_p$ 即 $h \neq t$. 此时 x_h 是单纯形表 (3.18) 的非基本变量 (否则 $\bar{z}_h = 0$); 它又是单纯形表 (3.19) 的基本变量, 故有 $h \in T$. 可推出

$$\hat{b}_i = 0, \quad h < t, \tag{3.24}$$

从而 $\bar{z}_h > 0$. 进一步有

$$v_h = -\hat{a}_{i,s} > 0$$

成立; 因为不然的话由 $v_h \neq 0$ 推出 $\hat{a}_{i,s} > 0$, 再与 (3.24) 结合就导致单纯形表 (3.19) 中 x_h 而不是 x_t 被选为出基变量. 于是又与 (3.23) 相矛盾. 故使用 Bland 规则的单纯形法在有限步终止.   □

实践业已表明, 此类有限规则或方法求解问题却非常慢, 远远不能与 Dantzig 规则相比, 也未见付诸实用. 其实这并不出人意外. 以 Bland 规则为例, 让下标较小的非基本变量优先进基, 而最优解对应的基本变量下标并不一定较小.

规则 3.5.1 实际上是给变量进基的优先权预置了一个顺序. 显然, 一个"理想的"序, 应使最优解的基本变量优先进基. 按启发式命题 2.4.1, 主元标较小的约束应被最优解作为等式满足, 相应的变量应取 0(非基本变量). 或者说主元标较大的变量应优先进基. 在主元标相同的变量中, 取下标较大 (或较小) 者. 由此可得如下规则 (Pan, 1990).

规则 3.5.2 在检验数为负值的非基本变量中选主元标较大者进基; 当有多行达最小比时, 选主元标较大的基本变量出基.

定理 3.5.3 规则 3.5.2 是有限的.

证明 该规则等价于按主元标之序对变量重赋下标后的 Bland 规则, 而后者是有限的.   □

前面已用例 3.4.1 演示过 Dantzig 规则下求解 Beale 问题发生循环而归于失败. 现以同样问题印证有限规则.

例 3.5.1 用单纯形法 3.2.1 求解 Beale 问题, 但用规则 3.5.2 代替传统规则:

$$\min \quad f = -3/4x_4 + 20x_5 - 1/2x_6 + 6x_7,$$
$$\text{s.t.} \quad x_1 + 1/4x_4 - 8x_5 - x_6 + 9x_7 = 0,$$
$$x_2 + 1/2x_4 - 12x_5 - 1/2x_6 + 3x_7 = 0,$$
$$x_3 + x_6 = 1,$$
$$x_j \geqslant 0, \quad j = 1, \cdots, 7.$$

解　由于系数矩阵包含单位矩阵, 由非负性条件容易将等式约束化为 "$\geqslant$" 型不等式约束:

$$\min \quad f = -3/4x_4 + 20x_5 - 1/2x_6 + 6x_7,$$
$$\text{s.t.} \quad -1/4x_4 + 8x_5 + x_6 - 9x_7 \geqslant 0,$$
$$-1/2x_4 + 12x_5 + 1/2x_6 - 3x_7 \geqslant 0,$$
$$-x_6 \geqslant -1,$$
$$x_j \geqslant 0, \quad j = 4, \cdots, 7.$$

注意, 这里是求解极小化问题; 另外不等式约束和原变量对应 (前 3 个约束分别对应消去的变量 x_1, x_2, x_3); 约束的主元标可看做对应变量的主元标.

目标函数的梯度是 $c = (-3/4, 20, -1/2, 6)^{\mathrm{T}}$. 第 1 个约束的梯度是 $a_1 = (-1/4, 8, 1, -9)^{\mathrm{T}}$. 该约束 (或对应的变量 x_1) 的主元标为 $\alpha_1 = -a_1^{\mathrm{T}}c/\|a_1\| = -8.74$. 类似地, 算出所有主元标按由大到小排入下表.

变量	约束条件	α_i
x_4	$x_4 \geqslant 0$	0.75
x_6	$x_6 \geqslant 0$	0.50
x_3	$-x_6 \geqslant -1$	−0.50
x_7	$x_7 \geqslant 0$	−6.00
x_1	$-1/4x_4 + 8x_5 + x_6 - 9x_7 \geqslant 0$	−8.74
x_5	$x_5 \geqslant 0$	−20.00
x_2	$-1/2x_4 + 12x_5 + 1/2x_6 - 3x_7 \geqslant 0$	−114.78

使用基于规则 3.5.2 的单纯形法进行求解.

初始步: 由该问题可直接得到如下可行单纯形表.

x_1	x_2	x_3	x_4	x_5	x_6	x_7	RHS
1			1/4*	−8	−1	9	
	1		1/2	−12	−1/2	3	
		1			1		1
			−3/4	20	−1/2	6	

第 1 次迭代:

1. 负检验数对应的非基本变量 x_4 和 x_6 中选主元标较大者 x_4 进基: $q = 4$.

3. $I = \{1, 2\} \neq \varnothing$.

4. $\min\{0/(1/4), 0/(1/2)\} = 0$, 在第 1, 2 行基本变量中选主元标较大的 x_1 出基, $p = 1$.

5. 将第 1 行乘以 4, 再分别乘以 $-1/2, 3/4$ 加到第 2,4 行得

x_1	x_2	x_3	x_4	x_5	x_6	x_7	RHS
4			1	-32	-4	36	
-2	1			4	3/2*	-15	
		1			1	1	1
3					-4	$-7/2$	33

第 2 次迭代:

1. 负检验数对应的非基本变量 x_5 和 x_6 中选主元标较大者 x_6 进基: $q = 6$.

3. $I = \{2, 3\} \neq \varnothing$.

4. $\min\{0/(3/2), 1/1\} = 0$, 只能让 x_2 出基, $p = 2$.

5. 将第 2 行乘以 2/3, 再分别乘以 $4, -1, 7/2$ 加到第 1, 3, 4 行得

x_1	x_2	x_3	x_4	x_5	x_6	x_7	RHS
$-4/3$	8/3		1	$-64/3$		-4	
$-4/3$	2/3			8/3	1	-10	
4/3	$-2/3$	1		$-8/3$		10*	1
$-5/3$	7/3			16/3		-2	

第 3 次迭代:

1. 负检验数对应的非基本变量 x_1 和 x_7 中选主元标较大者 x_7 进基: $q = 7$.

3. $I = \{3\} \neq \varnothing$.

4. 只能让 x_3 出基, $p = 3$.

5. 将第 3 行乘以 1/10, 再分别乘以 $4, 10, 2$ 加到第 1,2,4 行得

x_1	x_2	x_3	x_4	x_5	x_6	x_7	RHS
$-4/5$	12/5	2/5	1	$-112/5$			2/5
		1			1		1
2/15*	$-1/15$	1/10		$-4/15$		1	1/10
$-7/5$	11/5	1/5		24/5			1/5

第 4 次迭代:

1. 只能让负检验数对应的非基本变量 x_1 进基: $q = 1$.

3. $I = \{3\} \neq \varnothing$.

4. 只能让 x_7 出基, $p = 3$.

5. 将第 3 行乘以 15/2, 再分别乘以 $4/5, 7/5$ 加到第 1, 4 行得

x_1	x_2	x_3	x_4	x_5	x_6	x_7	RHS
	2	2/5	1	−24		6	1
		1			1		1
1	−1/2	3/4		−2		15/2	3/4
	3/2	5/4		2		21/2	5/4

经 4 次迭代检验数全部非负, 成功地求解了 Beale 问题, 没有发生循环. 最优解和最优值为

$$\bar{x} = (3/4, 0, 0, 1, 0, 1, 0)^{\mathrm{T}}, \quad \bar{f} = -5/4.$$

就小问题进行的数值试验表明, 规则 3.5.2 的实际表现确比 Bland 规则好得多, 或许是目前最好的一个有限主元规则. 但它仍比不上 Dantzig 规则; 一般说来, 所需迭代次数比后者多 (Pan, 1990).

显然, Bland 规则可被推广到如下更一般的有限规则:

规则 3.5.3 给变量排定任何一个序. 在检验数为负值的非基本变量中选依该序最小者进基; 当有多行达最小比时, 选依该序最小的基本变量出基.

3.6 修正单纯形表

仅就算法的实现而言, 单纯形表并非必不可少. 正好相反, 摆脱单纯形表将导致单纯形法的更紧凑变形. 从现在起, 将更多地采用向量和矩阵作为工具.

标准线性规划问题 (1.4) 可用如下表格表示:

x^{T}	f	RHS
A		b
c^{T}	−1	

而经若干初等变换得到的单纯形表 3.1.1 可简洁地表为

$$
\begin{array}{|cc|c|c|}
\hline
x_B^{\mathrm{T}} & x_N^{\mathrm{T}} & f & \text{RHS} \\
\hline
I & \bar{N} & & \bar{b} \\
\hline
& \bar{z}_N^{\mathrm{T}} & -1 & -\bar{f} \\
\hline
\end{array}
\tag{3.25}
$$

设该表对应基 $B = \{j_1, \cdots, j_m\}$ 和非基 $N = A \backslash B$. 它们所对应的列分别为基本列和非基本列, 而这些列构成的子矩阵分别为基矩阵和非基矩阵(也简称为基和非基), 在不发生混淆的情况下, 仍分别用 B 和 N 表示. 显然 B 为可逆方阵. 对应基本解 $\bar{x}_B = \bar{b}$, $\bar{x}_N = 0$. 若 $\bar{b} \geqslant 0$, $\bar{z}_N \geqslant 0$, 则该表为最优单纯形表, 给出基本最优解. 相应的 B 和 N 称为**最优基**和**最优非基**.

另一方面, 用 B^{-1} 左乘 $Ax = b$ 并移项得

$$x_B + B^{-1}Nx_N = B^{-1}b,$$

将其代入 $c_B^{\mathrm{T}}x_B + c_N^{\mathrm{T}}x_N - f = 0$ 得

$$(c_N^{\mathrm{T}} - c_B^{\mathrm{T}}B^{-1}N)x_N - f = -c_B^{\mathrm{T}}B^{-1}b.$$

以上式子可用表格表示如下:

x_B^{T}	x_N^{T}	f	RHS
I	$B^{-1}N$		$B^{-1}b$
	$c_N^{\mathrm{T}} - c_B^{\mathrm{T}}B^{-1}N$	-1	$-c_B^{\mathrm{T}}B^{-1}b$

(3.26)

该表称为修正单纯形表, 代表原标准问题的一个等价问题, 对应基本解 $\bar{x}_B = B^{-1}b$, $\bar{x}_N = 0$. 今后常把 $\bar{x}_B = B^{-1}b$ 称为基本解.

为简化起见, 上表中 x_B^{T} 和 f 列也可略去, 因为它们对基转换保持不变.

命题 3.6.1　有相同基的单纯形表和修正单纯形表等价.

证明　由于 (3.25) 与 (3.26) 对应的线性规划问题等价, 且有相同的基, 故两表的对应元素相等. □

基于此, 表 3.6.1 给出迭代计算中可能涉及的量及其等价对应关系.

表 3.6.1

量名	单纯形表	关系	修正单纯形表
目标行	$\bar{z}_N^{\mathrm{T}}$	$=$	$c_N^{\mathrm{T}} - c_B^{\mathrm{T}}B^{-1}N$
主元列	$\bar{a}_q$	$=$	$B^{-1}a_q$
右端列	$\bar{b}$	$=$	$B^{-1}b$
主元行	$e_p^{\mathrm{T}}\bar{N}$	$=$	$e_p^{\mathrm{T}}B^{-1}N$

本节的记号将在本书贯穿使用, 且常不区分单纯形表和修正单纯形表.

求解标准问题的单纯形法的各种变形, 每次迭代都对应一个基 B(或 B^{-1}). 只要知道 B^{-1}, 单纯形表中的任何元素都能由原始数据算出. 然而实际需要的一般不外表 3.6.1 所列, 如 (修正) 单纯形算法 (3.7 节) 和对偶 (修正) 单纯形算法 (4.5 节) 都只涉及表内一部分量.

3.7　单纯形算法

表格单纯形算法 3.2.1 每次迭代需计算一个 $m+1$ 行 $n+1$ 列单纯形表, 共 $(m+1) \times (n+1)$ 个元素. 其中包含了求解问题的全部信息, 然而并非都为计算所必须. 实际上, 确定主元列只需目标行, 而确定主元行只需主元列和右端列. 因而, 可通过计算表 3.6.1 中前 3 项及更新 B^{-1} 实现迭代.

假设主元列标 q 和主元行标 p 已经确定. 用非基列 a_q 代替基 B 的第 p 列 a_{j_p} 即得新基

$$\hat{B} = (a_{j_1}, \cdots, a_{j_{p-1}}, a_q, a_{j_{p+1}}, \cdots, a_{j_m}). \tag{3.27}$$

现在需要获得 $\hat{B}^{-1}$ 以转入下一次迭代.

注意, $\bar{a}_q = B^{-1}a_q$. 以 $\bar{a}_{pq}$ 为主元进行初等变换相当于用 $m \times m$ 初等矩阵

$$E_p = \begin{pmatrix} 1 & & & -\bar{a}_{1q}/\bar{a}_{pq} & & & \\ & \ddots & & \vdots & & & \\ & & & -\bar{a}_{p-1,q}/\bar{a}_{pq} & & & \\ & & & 1/\bar{a}_{pq} & & & \\ & & & -\bar{a}_{p+1,q}/\bar{a}_{pq} & & & \\ & & & \vdots & & \ddots & \\ & & & -\bar{a}_{mq}/\bar{a}_{pq} & & & 1 \end{pmatrix} \begin{matrix} \\ \\ \\ p \\ \\ \\ \\ \end{matrix} \tag{3.28}$$

$$p$$

左乘单纯形表的前 m 行. 该矩阵可由单位矩阵经同样的初等变换得到. 显然, 它完全由 $\bar{a}_q$ 确定, 除第 p 列外等同于一个单位阵. 由 (3.27) 和 (3.28) 可推出

$$E_p B^{-1} \hat{B} = E_p(B^{-1}a_{j_1}, \cdots, B^{-1}a_{j_{p-1}}, B^{-1}a_q, B^{-1}a_{j_{p+1}}, \cdots, B^{-1}a_{j_m})$$
$$= E_p(e_1, \cdots, e_{p-1}, \bar{a}_q, e_{p+1}, \cdots, e_m)$$
$$= (E_p e_1, \cdots, E_p e_{p-1}, E_p \bar{a}_q, E_p e_{p+1}, \cdots, E_p e_m) = I,$$

由此即得由 B^{-1} 计算 $\hat{B}^{-1}$ 的递推公式

$$\hat{B}^{-1} = E_p B^{-1}. \tag{3.29}$$

若 $\bar{x}_B \geqslant 0$, 则它与 $\bar{x}_N = 0$ 一起构成基本可行解, 可作为出发点进行迭代. 否则需借助所谓 I 阶段方法获得基本可行解 (基)(见 3.3 节), 该论题还将在第 7 章进一步展开.

基于单纯形表和修正单纯形表的等价性和以上讨论, 可将算法 3.2.1 改写如下 (Dantzig and Orchard-Hays, 1953):

算法 3.7.1(单纯形算法 1)   初始: $(B, N), B^{-1}, \bar{x}_B = B^{-1}b \geqslant 0$ 及 $\bar{f} = c_B^{\mathrm{T}}\bar{x}_B$. 本算法求解标准线性规划问题 (1.4).

1. 计算 $\bar{z}_N = c_N - N^{\mathrm{T}}\bar{y}$, 其中 $\bar{y} = B^{-\mathrm{T}}c_B$.

2. 确定主元列标 $q \in \arg\min\{\bar{z}_j \mid j \in N\}$.

3. 若 $\bar{z}_q \geqslant 0$, 则停止 (获得基本最优解).

4. 计算 $\bar{a}_q = B^{-1}a_q$.

5. 若 $\bar{a}_q \leqslant 0$, 则停止 (无界问题).

6. 确定步长 α 及主元行标 p 使得

$$\alpha = \bar{x}_{j_p}/\bar{a}_{pq} = \min\{\bar{x}_{j_i}/\bar{a}_{iq} \mid \bar{a}_{iq} > 0,\ i = 1,\cdots,m\}.$$

7. 更新: $\bar{x}_B = \bar{x}_B - \alpha\bar{a}_q$, 并令 $\bar{x}_q = \alpha$, $\bar{f} = \bar{f} + \alpha\bar{z}_q$.

8. 按 (3.29) 更新 B^{-1}.

9. 交换 j_p 和 q 以更新 (B,N), 并转步 1.

注　上述算法通常称为修正单纯形法(revised simplex method). 本书称之为单纯形算法. 为避免矩阵求逆, 该算法每次迭代需求解两个线性系统分别确定目标行和主元列 (步 1 和步 4). 如步 1: 先求解 $B^{\mathrm{T}}y = c_B$, 再用其解 $\bar{y}$ 计算简约价格 $\bar{z}_N = c_N - N^{\mathrm{T}}\bar{y}$. 后者称为计价(pricing). $\bar{y}$ 称做单纯形乘子 (向量), 稍后还会知道它的其他涵义.

例 3.7.1　用上述算法求解线性规划问题

$$\begin{aligned}
\min\quad & f = -4x_1 - 3x_2 - 5x_3,\\
\text{s.t.}\quad & 2x_1 + x_2 + 3x_3 + x_5 = 15,\\
& x_1 + x_2 + x_3 + x_4 = 12,\\
& x_2 - 3x_3 + x_7 = 3,\\
& 2x_1 + x_2 + x_6 = 9,\\
& x_j \geqslant 0,\quad j = 1,\cdots,7.
\end{aligned}$$

解　初始: $B = \{5,4,7,6\}$, $N = \{1,2,3\}$, $B^{-1} = I$ $\bar{x}_B = (15,12,3,9)^{\mathrm{T}}$, $f = 0$.

第 1 次迭代:

1. $\bar{y} = B^{-\mathrm{T}}c_B = (0,0,0,0)^{\mathrm{T}}$, $\bar{z}_N = c_N - N^{\mathrm{T}}\bar{y} = (-4,-3,-5)^{\mathrm{T}}$.

2. $\min\{-4,-3,-5\} = -5 < 0$, $q = 3$.

4. $\bar{a}_3 = B^{-1}a_3 = (3,1,-3,0)^{\mathrm{T}}$.

6. $\alpha = \min\{15/3,\ 12/1\} = 15/3 = 5$, $p = 1$.

7. 更新: $\bar{x}_B = (15,12,3,9)^{\mathrm{T}} - 5 \times (3,1,-3,0)^{\mathrm{T}} = (0,7,18,9)^{\mathrm{T}}$, $\bar{x}_3 = 5$, $\bar{f} = 5 \times (-5) = -25$.

8. $B^{-1} = \begin{pmatrix} 1/3 & & & \\ -1/3 & 1 & & \\ 1 & & 1 & \\ 0 & & & 1 \end{pmatrix}$.

9. $B = \{3,4,7,6\}$, $N = \{1,2,5\}$, $\bar{x}_B = (5,7,18,9)^{\mathrm{T}}$.

第 2 次迭代:

1. $\bar{y} = (-5/3, 0, 0, 0)^{\mathrm{T}}$, $\bar{z}_N = (-4, -3, 0)^{\mathrm{T}} - (-10/3, -5/3, -5/3)^{\mathrm{T}} = (-2/3, -4/3, 5/3)^{\mathrm{T}}$.

2. $\min\{-2/3, -4/3, 5/3\} = -4/3 < 0$, $q = 2$.

4. $\bar{a}_2 = (1/3, 2/3, 2, 1)^{\mathrm{T}}$.

6. $\alpha = \min\{15, 21/2, 9, 9\} = 9$, $p = 3$.

7. 更新: $\bar{x}_B = (5, 7, 18, 9)^{\mathrm{T}} - 9 \times (1/3, 2/3, 2, 1)^{\mathrm{T}} = (2, 1, 0, 0)^{\mathrm{T}}$, $\bar{x}_2 = 9$, $\bar{f} = -25 + 9 \times (-4/3) = -37$.

8. $B^{-1} = \begin{pmatrix} 1 & & -1/6 & \\ 0 & 1 & -1/3 & \\ 0 & & 1/2 & \\ 0 & & -1/2 & 1 \end{pmatrix} \begin{pmatrix} 1/3 & & & \\ -1/3 & 1 & & \\ 1 & & 1 & \\ 0 & & & 1 \end{pmatrix}$

$= \begin{pmatrix} 1/6 & & -1/6 & \\ -2/3 & 1 & -1/3 & \\ 1/2 & & 1/2 & \\ -1/2 & & -1/2 & 1 \end{pmatrix}$.

9. $B = \{3, 4, 2, 6\}$, $N = \{1, 7, 5\}$, $\bar{x}_B = (2, 1, 9, 0)^{\mathrm{T}}$.

第 3 次迭代:

1. $\bar{y} = (-7/3, 0, -2/3, 0)^{\mathrm{T}}$, $\bar{z}_N = (-4, 0, 0)^{\mathrm{T}} - (-10/3, -2/3, -7/3)^{\mathrm{T}} = (-2/3, 2/3, 7/3)^{\mathrm{T}}$.

2. $\min\{-2/3, 2/3, 7/3\} = -2/3$, $q = 1$.

4. $\bar{a}_1 = (2/3, 1/3, 0, 2)^{\mathrm{T}}$.

6. $\alpha = \min\{2/(2/3), 1/(1/3), 0/2\} = 0$, $p = 4$.

7. 更新: $\bar{x}_B = (2, 1, 9, 0)^{\mathrm{T}}$, $\bar{x}_6 = 0$, $\bar{f} = -37$.

8. $B^{-1} = \begin{pmatrix} 1 & & -1/3 & \\ 0 & 1 & -1/6 & \\ 0 & & 1 & 0 \\ 0 & & & 1/2 \end{pmatrix} \begin{pmatrix} 1/6 & & -1/6 & \\ -2/3 & 1 & -1/3 & \\ 1/2 & & 1/2 & \\ -1/2 & & -1/2 & 1 \end{pmatrix}$

$= \begin{pmatrix} 1/3 & & 0 & -1/3 \\ -7/12 & 1 & -1/4 & -1/6 \\ 1/2 & & 1/2 & 0 \\ -1/4 & & -1/4 & 1/2 \end{pmatrix}$.

8. $B = \{3, 4, 2, 1\}$, $N = \{6, 7, 5\}$, $\bar{x}_B = (2, 1, 9, 0)^{\mathrm{T}}$.

第 4 次迭代:

1. $\bar{y} = (-13/6, 0, -1/2, -1/3)^{\mathrm{T}}$, $\bar{z}_N = (0, 0, 0)^{\mathrm{T}} - (-1/3, -1/2, -13/6)^{\mathrm{T}} =$

$(1/3, 1/2, 13/6)^{\mathrm{T}} \geqslant 0.$

2. 获得基本最优解和最优值:

$$\bar{x} = (0, 9, 2, 1, 0, 0, 0)^{\mathrm{T}}, \quad \bar{f} = -37.$$

更实用的主元规则 (第 5 章) 或计价方案 (5.7 节) 需要额外计算主元行 (第 p 行). 为了不增加所求解的线性系统个数, 现代许多软件基于如下变形, 其中用递推公式 (3.12) 计算目标行.

算法 3.7.2(单纯形算法 2) *初始*: (B, N), B^{-1}, $\bar{x}_B = B^{-1}b \geqslant 0$, $\bar{z}_N = c_N - N^{\mathrm{T}}B^{-\mathrm{T}}c_B$ 及 $\bar{f} = c_B^{\mathrm{T}}\bar{x}_B$. *本算法求解标准线性规划问题* (1.4).

1. 确定主元列标 $q \in \arg\min_{j \in N} \bar{z}_j$.

2. 若 $\bar{z}_q \geqslant 0$, 则停止 (获得基本最优解).

3. 计算 $\bar{a}_q = B^{-1}a_q$.

4. 若 $\bar{a}_q \leqslant 0$, 则停止 (无界问题).

5. 确定步长 α 及主元行标 p 使得

$$\alpha = \bar{x}_{j_p}/\bar{a}_{pq} = \min\{\bar{x}_{j_i}/\bar{a}_{iq} \mid \bar{a}_{iq} > 0, \ i = 1, \cdots, m\}.$$

6. 更新: $\bar{x}_B = \bar{x}_B - \alpha\bar{a}_q$, 并令 $\bar{x}_q = \alpha$, $\bar{f} = \bar{f} + \alpha\bar{z}_q$.

7. 计算 $\sigma_N = N^{\mathrm{T}}v$, 其中 $v = B^{-\mathrm{T}}e_p$.

8. 更新: $\bar{z}_N = \bar{z}_N + \beta\sigma_N$, $\bar{z}_{j_p} = \beta$, 其中 $\beta = -\bar{z}_q/\bar{a}_{pq}$.

9. 按 (3.29) 更新 B^{-1}.

10. 交换 j_p 和 q 以更新 (B, N), 并转步 1.

注　为绕过 B^{-1} 的计算, 可求解线性系统 $B\bar{a}_q = a_q$ 和 $B^{\mathrm{T}}v = e_p$(分别在步 3 和步 7).

上述算法虽然在理论上与表格算法 3.2.1 等价, 数值上差异却很大. 前者求解较大规模问题的优越性是无容置疑的 (列数远大于行数时尤其如此), 目前已成为单纯形法许多实用变形的基础. 不过就表述而言后者更简单, 适宜于例题演示之用.

上面依据单纯形表和修正单纯形表的等价性得到单纯形算法 3.7.1. 该算法也可另行导出. 其基本思想是沿从当前顶点出发的一个下降边 (edge) 方向找到对应较小目标值的顶点.

不妨设基和非基分别为 $B = \{1, \cdots, m\}$ 和 $N = \{m+1, \cdots, n\}$, 而 $\bar{x}$ 为对应的基本可行解. 确定 $q \in N$ 使得

$$\bar{z}_q = c_q - a_q^{\mathrm{T}}B^{-\mathrm{T}}c_B < 0.$$

引入向量

$$\Delta x = \begin{pmatrix} B^{-1}a_q \\ -e_{q-m} \end{pmatrix}, \tag{3.30}$$

其中 e_{q-m} 为第 $q-m$ 个分量为 1 的 $n-m$ 维单位向量. 显然有

$$-c^{\mathrm{T}}\Delta x = c_q - a_q^{\mathrm{T}}B^{-\mathrm{T}}c_B = \bar{z}_q < 0, \tag{3.31}$$

表明 $-\Delta x$ 为目标函数 $c^{\mathrm{T}}x$ 的下降方向. 以其为搜索方向, 则有如下迭代格式:

$$\hat{x} = \bar{x} - \alpha \Delta x, \tag{3.32}$$

其中 $\alpha \geqslant 0$ 为待定步长. 由于 $\bar{x}$ 可行, 故对任何 $\alpha \geqslant 0$ 都有

$$A\hat{x} = A\bar{x} - \alpha[B, N]\Delta x = A\bar{x} = b.$$

因而只需在满足 $\hat{x}_B \geqslant 0$ 的前提下取尽可能大的 α 值. 当 $B^{-1}a_q \nleqslant 0$ 时, 由此确定 α 和 p 使得

$$\alpha = \bar{x}_{j_p}/(B^{-1}a_{pq}) = \min\{\bar{x}_{j_i}/(B^{-1}a_{iq}) \mid B^{-1}a_{iq} > 0, \ i = 1, \cdots, m\}. \tag{3.33}$$

显然相应的新解 $\hat{x}$ 仍为可行解. 实际上, 让 j_p 出基 q 进基, 易知 $\hat{x}$ 正是新基对应的基本可行解.

新旧基矩阵的关系可表为

$$\hat{B} = B + (a_q - a_{j_p})e_p^{\mathrm{T}}.$$

注意到 a_{j_p} 为 B 的第 p 列而 $B^{-1}a_{j_p} = e_p$ 及 $B^{-1}a_q = \bar{a}_q$, 由 Sherman-Morrison 公式 (见 Golub and Van Loan, 1989) 即得如下更新公式

$$\hat{B}^{-1} = B^{-1} - \frac{B^{-1}(a_q - a_{j_p})e_p^{\mathrm{T}}B^{-1}}{1 + e_p^{\mathrm{T}}B^{-1}(a_q - a_{j_p})} = \left(I - \frac{(\bar{a}_q - e_p)e_p^{\mathrm{T}}}{\bar{a}_{pq}}\right)B^{-1}, \tag{3.34}$$

易知该式等同于 (3.29).

现进一步考察由 (3.30) 定义的搜索方向 $-\Delta x$. 考虑集合

$$E = \{x \mid Ax = b, \ x \geqslant 0, x_j = 0, j \in N, j \neq q\}$$
$$= \{x \mid x_B = B^{-1}b - x_q(B^{-1}a_q) \geqslant 0, \ x_q \geqslant 0\} \tag{3.35}$$

与之相关有如下结论:

命题 3.7.1 集合 E 为从当前顶点 $\bar{x}$ 出发的下降边, $-\Delta x$ 为该边方向. 若 $B^{-1}a_q \leqslant 0$, 则 $-\Delta x$ 为 P 的极 (无界) 方向, 而目标值在 E 上无下界.

证明 显然 E 为过 $\bar{x}$ 的一维界面或边. 由 (3.35), (3.33) 和 (3.30) 得

$$E = \{x \mid x_B = B^{-1}b - x_q(B^{-1}a_q), \ 0 \leqslant x_q \leqslant \alpha\} = \{x \mid x = \bar{x} - x_q \Delta x, \ x_q \in [0, \alpha]\},$$

对任何 $x \in E \subset P$, 由 (3.31) 知相应的目标值满足

$$f = c^{\mathrm{T}} x = c^{\mathrm{T}} \bar{x} - x_q c^{\mathrm{T}} \Delta x = c^{\mathrm{T}} \bar{x} + x_q \bar{z}_q \leqslant c^{\mathrm{T}} \bar{x}.$$

当 $B^{-1} a_q \nleq 0$ 时 (3.33) 有意义. 此时若 $\bar{x}_{j_p} = 0$, 则 $\alpha = 0$ 而 E 退化为点 $\bar{x}$; 若 $\bar{x}_{j_p} > 0$ 从而 $\alpha > 0$, 则对 $x_q \in [0, \alpha]$ 相应的目标值严格单调下降, 故 $-\Delta x$ 是下降边 E 的方向. 当 $B^{-1} a_q \leqslant 0$ 时, 显然 $\alpha = +\infty$ 对应的边 $E \in P$, 按定义 $-\Delta x$ 为极 (无界) 方向. 当 $x_q \to +\infty$ 时有 $f \to -\infty$, 目标值在 E 上单调下降无下界.　□

3.8　计算复杂性

对算法优劣的评价涉及求解问题的运算量、存储量、稳定性及程序实现的难易程度等. 计算复杂性包括时间复杂性和空间复杂性; 前者是对运算量, 即加、减、乘、除、比较等基本运算次数的估计, 后者则是对存储需求的估计.

运算量显然与问题的规模有关, 规模越大, 一般所需运算量也越大. 分析算法的复杂性, 即要在规模一定的情况下估计算法所需的运算量. 就标准线性规划问题而言, 通常粗略地以 m 和 n 的大小论问题的规模. 但实际上, 问题的规模还依赖于 A, b, c 的具体值, 用全部输入数据的二进制总位数 L 表征, 称为输入长度. 在求解精度一定时, 运算量是 m, n, L 的函数. 若求解某类问题所需基本运算次数以 m, n, L 的某个函数 $\tau f(m, n, L)$ 为上界, 则称其具有 $O(f(m, n, L))$ 阶 (时间) 复杂性, 这里 $\tau > 0$ 为常数而 $f(m, n, L)$ 为复杂性函数. 若 $f(m, n, L)$ 为 m, n 和 L 的多项式, 则称其具有多项式时间复杂性, 被视为 "好" 算法, 而多项式的次数越低越 "好". 若 $f(m, n, L)$ 以 m, n 或 L 为指数, 则称其为指数时间算法; 对较大规模的问题, 这种算法可能太慢而归于失败, 被视为 "差" 算法. 注意, 这种复杂性是指最坏情形: 运算量最大不超过 $\tau f(m, n, L)$.

表 3.8.1 给出表格单纯形算法和单纯形算法 1 所需存储量和每次迭代的运算次数

表 3.8.1

	表格单纯形算法	单纯形算法 1
存储量	$(m+1)(n+1)$	$(m+1)(m+2)$
乘法	$(m+1)(n-m+1)$	$m(n+2m)+2m+1$
加法	$m(n-m+1)$	$m(n+2m)-2m+1$

表中存储量不包括原始数据的存储需求. 实际上, 原始数据是必须存储的. 单纯形算法每次迭代要用到原始数据, 而求解大规模问题每迭代一定次数都需再开始 (见 9.1 节). 因而, 单纯形算法 1 的实际存储量明显低于表格单纯形算法, 当

$n \gg m$ 时更是如此.

其次, 作为迭代算法, 它们的时间复杂性取决于迭代次数与每次迭代运算量. 应该指出, 若使用同样的主元规则, 它们在理论上等价; 而若不计舍入误差, 它们求解任何问题所需迭代次数都相同. 因而只需比较每次迭代的运算量, 主要是乘法次数. 当 $m \ll n$ 时, 单纯形算法 1 占绝对优势. 这是表格单纯形法未付诸实用的主要原因. 注意, 这里运算量的估计是就 "稠密" 计算而言. 单纯形算法的某些变形或改进, 在采用稀疏矩阵技术后更具有表格算法无法比拟的优势, 适合于大规模问题的求解. 这在第 9 章还将涉及.

由该表显见, 单纯形法每次迭代所需运算次数是 m, n 的多项式. 因而其计算复杂性的关键在于迭代次数. 由于每次迭代对应一个基, 而基的个数不超过 C_n^m, 若 $n \geqslant 2m$, 则 $C_n^m \geqslant (n/m)^m \geqslant 2^m$, 故所需迭代次数可能达到指数阶. 事实也的确如此. Klee 和 Minty(1972) 给出一个例子, 表明使用 Dantzig 规则的单纯形法遍历全部 2^m 个基才能获得最优解. 换言之, Dantzig 规则单纯形法不是多项式时间算法. 现已确认, 使用 Bland 有限规则的单纯形算法不是多项式时间的. 后来相继提出的主元规则, 如最陡边规则等也都不是. 到目前为止, 仍不知道是否存在一个主元规则使单纯形算法具有多项式时间复杂性, 尽管普遍认为存在的可能性不大.

经验表明, 单纯形算法求解某些问题确实很慢, 如某些大规模问题或约束条件具有组合特性 (如系数均为 0,1 或来自 "Krawchuk 多项式"; 见 Shrijver, 1986, p.141). 不过, 实际上单纯形算法求解问题的平均效率却很高. 求解中小规模的实际问题非常快, 一般不超过 $4m$ 至 $6m$ 次迭代 (包括获得初始可行解在内).

单纯形法不是多项式时间的却有良好实际表现的事实表明, 最坏情形计算复杂性参考价值有限, 甚至可能产生误导. 实际上最坏情形鲜有发生, 而合理概率意义下的复杂性才更贴近现实. Borgwardt(1982a,b) 证明单纯形算法的平均复杂性是多项式时间的. 具体地说, 对于线性规划问题

$$\max \quad c^{\mathrm{T}}x,$$
$$\text{s.t.} \quad Ax \leqslant b,$$

其中 $A \in \mathcal{R}^{m \times n}$, $b > 0$, 而其余元素则是满足一定假设条件的随机变量, 他证明使用一定主元规则的单纯形算法所需迭代次数的数学期望为

$$O(n^3 m^{1/(n-1)}).$$

应用不同的概率模型和主元规则, Smale(1983a,b) 证明单纯形算法求解

$$\max \quad c^{\mathrm{T}}x,$$
$$\text{s.t.} \quad Ax \leqslant b, \quad x \geqslant 0$$

的平均复杂性有上界

$$O((\log n)^{m^2+m}).$$

这个上界不是多项式的，但当 $m \ll n$ 时好于 Borgwardt 的结果. Haimovich(1983) 将 Borgwardt 的主元规则和一个推广的 Smale 概率模型相结合，证明了迭代次数的数学期望实际上是线性的. 这些理论结果符合单纯形法迭代次数大致呈线性特征的实际情况.

作为本节的结束，应该强调指出，算法的评估基本上是个实践问题：归根结底，实践是唯一的试金石，算法的价值和生命力取决于其实际表现.

第4章 对偶原理和对偶单纯形法

每个线性规划问题 (原始问题) 都对应另一个线性规划问题 (对偶问题). 它们有同样的原始数据, 只是这些数据所处的地位不同. 重要的是, 它们的可行域、最优解有密切的关系; 求解了其中一个问题, 另一个问题也就迎刃而解. 本章先介绍对偶原理和最优性条件. 这些深刻的知识构成了线性规划理论的核心.

对偶单纯形法是个非常重要的算法. 它利用原来的单纯形架构求解对偶问题, 从而也求解了原问题. 对偶单纯形法还是求解整数或混合线性规划问题的基本工具, 目前仍占据不可替代的地位.

从现在起, 必要时将对单纯形算法的有关术语冠以 "原始", 以与本章引入的概念相区别.

4.1 对偶线性规划问题

如果把标准线性规划问题 (1.4), 即

$$\text{(P)} \quad \begin{aligned} &\min \quad f = c^{\mathrm{T}}x, \\ &\text{s.t.} \quad Ax = b, \quad x \geqslant 0. \end{aligned} \tag{4.1}$$

称为原始 (线性规划) 问题, 则由同样基本数据 (A, b, c) 构造的另一个线性规划问题

$$\text{(D)} \quad \begin{aligned} &\max \quad g = b^{\mathrm{T}}y, \\ &\text{s.t.} \quad A^{\mathrm{T}}y + z = c, \quad z \geqslant 0. \end{aligned} \tag{4.2}$$

称为其对偶 (线性规划) 问题. 对偶问题的变量与原始问题的约束一一对应, 而其约束与原始问题的变量一一对应 (符号限制绑于变量).

若 y, z 满足 $A^{\mathrm{T}}y + z = c$, 则称为对偶解. 集合

$$D = \{(y, z) \in \mathcal{R}^m \times \mathcal{R}^n | A^{\mathrm{T}}y + z = c, z \geqslant 0\}$$

称为对偶(问题的)可行域, 其中的元素为对偶(问题的)可行解.

显然, 标准问题有明显的对偶解 $\bar{y} = 0$, $\bar{z} = c$; 如果 $c \geqslant 0$, 则还是对偶可行解. 给定基 B, 在 $B^{\mathrm{T}}y + z_B = c_B$ 中置 $z_B = 0$ 可得

$$\bar{y} = B^{-\mathrm{T}}c_B, \quad \bar{z}_B = 0, \quad \bar{z}_N = c_N - N^{\mathrm{T}}\bar{y}, \tag{4.3}$$

称为对偶基本解. $\bar{z}$ 不是别的, 正是简约价格; 而 $\bar{y}$ 是单纯形乘子 (见单纯形算法 3.7.1 的注). 当 $\bar{z}_N \geqslant 0$ 时为对偶基本可行解, 对应 D 的一个顶点. 今后也常单独把 $\bar{z}_N$ 称为对偶基本解.

某些时候, 用 (4.2) 的等价形式

$$(D) \quad \max \quad g = b^{\mathrm{T}} y,$$
$$\text{s.t.} \quad A^{\mathrm{T}} y \leqslant c$$

作为对偶问题会更方便处理. 本书将两者视为等同.

任何形式的线性规划问题都有其对偶问题, 因为它们都可以化为标准形式. 如只有不等式约束的问题

$$\max \quad c^{\mathrm{T}} x,$$
$$\text{s.t.} \quad Ax \leqslant b, \quad x \geqslant 0. \tag{4.4}$$

对不等式约束引入松弛变量 $u \geqslant 0$ 化为标准问题

$$\min \quad -c^{\mathrm{T}} x,$$
$$\text{s.t.} \quad Ax + u = b, \quad x, u \geqslant 0.$$

其对偶问题为

$$\max \quad b^{\mathrm{T}} y',$$
$$\text{s.t.} \quad \begin{pmatrix} A^{\mathrm{T}} \\ I \end{pmatrix} y' \leqslant \begin{pmatrix} -c \\ 0 \end{pmatrix}.$$

令 $y = -y'$, 该问题化为

$$\min \quad b^{\mathrm{T}} y,$$
$$\text{s.t.} \quad A^{\mathrm{T}} y \geqslant c, \quad y \geqslant 0.$$

此即问题 (4.4) 的对偶问题; 因它们在形式上呈对称性, 故称为对称对偶, 而 (P) 和 (D) 则称为非对称对偶.

一般地, 原始问题与对偶问题之间的对应关系可归纳如下 (见表 4.1.1).

表 4.1.1

原始问题		对偶问题	
目标函数 min		目标函数 max	
变	非负	约	$\leqslant$
	非正		$\geqslant$
量	自由	束	$=$
约	$\geqslant$	变	非负
	$\leqslant$		非正
束	$=$	量	自由

考察所谓有界变量线性规划问题:

$$\min \quad c^{\mathrm{T}} x,$$
$$\text{s.t.} \quad Ax = b, \quad l \leqslant x \leqslant u. \tag{4.5}$$

加入松弛变量 s, t 将其化为

$$
\begin{aligned}
\min \quad & c^\mathrm{T} x, \\
\text{s.t.} \quad & Ax = b, \\
& x + s = u, \\
& -x + t = -l, \\
& s, t \geqslant 0.
\end{aligned}
\tag{4.6}
$$

则推出其对偶问题为

$$
\begin{aligned}
\max \quad & b^\mathrm{T} y - u^\mathrm{T} v + l^\mathrm{T} w, \\
\text{s.t.} \quad & A^\mathrm{T} y - v + w = c, \quad v, w \geqslant 0.
\end{aligned}
\tag{4.7}
$$

4.2 对偶原理

本节仅就非对称对偶 (P) 和 (D) 加以讨论, 所得结果适合于一般情形.

定理 4.2.1(对称性)   对偶问题的对偶问题是原始问题.

证明   在对偶问题 (D) 中引入引入松弛变量 $u \geqslant 0$, 并作变量替换 $y = y_1 - y_2$ 将其化为

$$
\begin{aligned}
\max \quad & b^\mathrm{T}(y_1 - y_2), \\
\text{s.t.} \quad & A^\mathrm{T}(y_1 - y_2) + u = c, \quad y_1, y_2, u \geqslant 0.
\end{aligned}
$$

或等价地,

$$
\begin{aligned}
\min \quad & (-b^\mathrm{T}, b^\mathrm{T}, 0)(y_1^\mathrm{T}, y_2^\mathrm{T}, u^\mathrm{T})^\mathrm{T}, \\
\text{s.t.} \quad & (A^\mathrm{T} \vdots - A^\mathrm{T} \vdots I)(y_1^\mathrm{T}, y_2^\mathrm{T}, u^\mathrm{T})^\mathrm{T} = c, \quad y_1, y_2, u \geqslant 0.
\end{aligned}
$$

其对偶问题为

$$
\begin{aligned}
\max \quad & c^\mathrm{T} x', \\
\text{s.t.} \quad & \begin{pmatrix} A \\ -A \\ I \end{pmatrix} x' \leqslant \begin{pmatrix} -b \\ b \\ 0 \end{pmatrix},
\end{aligned}
$$

即

$$
\begin{aligned}
\max \quad & c^\mathrm{T} x', \\
\text{s.t.} \quad & Ax' = -b, \quad x' \leqslant 0.
\end{aligned}
$$

在其中令 $x' = -x$ 即化为 (P). $\qquad\qquad\square$

上述结果表明, 原始和对偶问题互为对偶问题, 是一种对称关系. 正由于此, 对原始和对偶问题之一成立的事实必在另一问题中找到对等物. 不仅如此, 原始和对偶问题的可行域及最优解之间还有密切关联.

定理 4.2.2(弱对偶)　若 x 和 y 分别为原始问题和对偶问题的可行解, 则

$$c^{\mathrm{T}}x \geqslant b^{\mathrm{T}}y.$$

证明　用 $x \geqslant 0$ 左乘 $c \geqslant A^{\mathrm{T}}y$ 得 $c^{\mathrm{T}}x \geqslant y^{\mathrm{T}}Ax$. 再将 $b = Ax$ 代入即得 $c^{\mathrm{T}}x \geqslant b^{\mathrm{T}}y$.　　　　　　　　　　　　　　　　　　　　　　□

这个结果表明, 如果原始问题和对偶问题都有可行解, 则前者 (求极小) 的任何可行值是后者 (求极大) 任何可行值的上界.

推论 4.2.1　原始问题和对偶问题之一无界, 则另一问题无可行解.

证明　用反证法. 若对偶问题有可行解, 则由弱对偶性知, 原始问题的可行值有下界; 同理, 若原始问题有可行解, 则对偶问题有上界.　　　　　　　　□

推论 4.2.2　设 $\bar{x}$ 和 $\bar{y}$ 分别是原始问题和对偶问题的可行解. 若 $c^{\mathrm{T}}\bar{x} = b^{\mathrm{T}}\bar{y}$, 则它们还是最优解.

证明　由定理 4.2.2 知, 对原始问题的任何可行解 x 有 $c^{\mathrm{T}}x \geqslant b^{\mathrm{T}}\bar{y} = c^{\mathrm{T}}\bar{x}$, 故 $\bar{x}$ 是 (P) 的最优解; 同理, $\bar{y}$ 是 (D) 的最优解.　　　　　　　　　　　　□

定理 4.2.3(强对偶)　原始问题和对偶问题之一有最优解, 则另一问题也有最优解, 且它们的最优值相等.

证明　设原始问题有最优解. 则按定理 2.3.5 它有基本最优解. 设 B 和 N 分别为最优基和非基, 则有

$$c_N^{\mathrm{T}} - c_B^{\mathrm{T}}B^{-1}N \geqslant 0, \quad B^{-1}b \geqslant 0.$$

于是, 令

$$\bar{y} = B^{-\mathrm{T}}c_B, \tag{4.8}$$

则有

$$A^{\mathrm{T}}\bar{y} - c = \left(\begin{array}{c} B^{\mathrm{T}} \\ N^{\mathrm{T}} \end{array} \right) \bar{y} - \left(\begin{array}{c} c_B \\ c_N \end{array} \right) \leqslant \left(\begin{array}{c} 0 \\ 0 \end{array} \right).$$

故 $\bar{y}$ 是对偶问题的可行解. 另一方面, 由 (4.8) 推出基本可行解

$$\bar{x}_B = B^{-1}b, \quad \bar{x}_N = 0, \tag{4.9}$$

满足

$$c^{\mathrm{T}}\bar{x} = c_B^{\mathrm{T}}\bar{x}_B = c_B^{\mathrm{T}}B^{-1}b = b^{\mathrm{T}}\bar{y}.$$

于是按推论 4.2.2, $\bar{x}$ 和 $\bar{y}$ 分别是原始问题和对偶问题的最优解, 而最优值相等. 再由对称性定理 4.2.1 知, 对偶问题有最优解则原始问题也有最优解, 且最优值相等.

　　　　　　　　　　　　　　　　　　　　　　　　　　　　　　　　　　　　□

差值 $\delta = c^{\mathrm{T}}x - b^{\mathrm{T}}y \geqslant 0$ 称为原始和对偶可行解的对偶间隙 (dual gap). 非单纯形方法如内点法常基于对偶间隙判定接近最优的程度: 其值越小越接近最优, 而等于 0 时则分别达到原始和对偶最优. 今后对原始和对偶最优值将不加区分.

显然, 若已知原始和对偶问题之一无可行解, 则可判定另一问题或无可行解或无界, 通常可终止计算. 但某些实际应用需要区分究竟是无可行解还是无界. 例如, 假设 (4.1) 无可行解, 需判定其对偶问题 (4.2) 是何种情形. 为此, 考虑

$$\begin{aligned} &\min \quad c^{\mathrm{T}}x, \\ &\text{s.t.} \quad Ax = 0, \quad x \geqslant 0. \end{aligned}$$

该问题显然有可行解 $x = 0$. 用单纯形法解之若判定无界, 则按推论 4.2.1, 问题

$$\begin{aligned} &\max \quad 0, \\ &\text{s.t.} \quad A^{\mathrm{T}}y + z = c, \quad z \geqslant 0 \end{aligned}$$

无可行解, 从而 (4.2) 无可行解; 若求得最优解, 则按定理 4.2.3, 该问题亦有最优解, 意味着 (4.2) 有可行解, 进而判定其无界.

借助对偶原理可简洁证明 Farkas 引理 (第 2 章).

引理 4.2.1(Farkas) 设 A 为 $m \times n$ 阶矩阵, 而 b 为 m 维向量. 存在 n 维向量 $x \geqslant 0$, 使 $Ax = b$ 成立当且仅当所有满足 $A^{\mathrm{T}}y \geqslant 0$ 向量 y 也满足 $b^{\mathrm{T}}y \geqslant 0$.

证明 考虑如下线性规划问题

$$\begin{aligned} &\min \quad f = 0, \\ &\text{s.t.} \quad Ax = b, \quad x \geqslant 0. \end{aligned} \tag{4.10}$$

其对偶问题为

$$\begin{aligned} &\max \quad g = b^{\mathrm{T}}y', \\ &\text{s.t.} \quad A^{\mathrm{T}}y' \leqslant 0. \end{aligned} \tag{4.11}$$

注意, $y' = 0$ 为该对偶问题的可行解, 对应可行值 0.

必要性. 设 (4.10) 可行, 于是可行值均为 0. 按定理 4.2.2, 对 $y' \in \{y' \mid A^{\mathrm{T}}y' \leqslant 0\}$ 有 $b^{\mathrm{T}}y' \leqslant 0$. 令 $y = -y'$, 即知对 $y \in \{y \mid A^{\mathrm{T}}y \geqslant 0\}$ 有 $b^{\mathrm{T}}y \geqslant 0$.

充分性. 设对 $y \in \{y \mid A^{\mathrm{T}}y \geqslant 0\}$ 有 $b^{\mathrm{T}}y \geqslant 0$. 则对 $y' \in \{y' \mid A^{\mathrm{T}}y' \leqslant 0\}$ 有 $b^{\mathrm{T}}y' \leqslant 0$, 故 (4.11) 有最优解. 从而按定理 4.2.3, 问题 (4.10) 也有最优解, 即存在 $x \geqslant 0$ 使 $Ax = b$ 成立. □

4.3 最优性条件和对偶的经济解释

由对偶原理可以推出最优解所满足的条件, 从而为求解线性规划问题提供理论基础.

若标准问题和其对偶问题的可行解 x 和 (y,z) 满足 $x^{\mathrm{T}}z = 0$, 则称它们互补 (松弛). 此时, 由 $x \geqslant 0$ 和 $z \geqslant 0$ 知

$$x_j z_j = 0, \quad j = 1, \cdots, n.$$

从而推知对任何 $j = 1, \cdots, n$, 若 $x_j > 0$(或 $z_j > 0$), 则对应地有 $z_j = 0$(或 $x_j = 0$). 正分量被视为以 "松" 的形式满足非负性条件, 而 0 分量以 "紧" 的形式满足.

定理 4.3.1(标准问题的最优性条件) x 为标准问题最优解的充分必要条件是存在 y, z 满足

(i) $\qquad\qquad Ax = b, \qquad\qquad x \geqslant 0,$ (原始可行)
(ii) $\qquad\qquad A^{\mathrm{T}}y + z = c, \quad z \geqslant 0,$ (对偶可行) $\qquad$ (4.12)
(iii) $\qquad\qquad x^{\mathrm{T}}z = 0.$ (互补松弛)

证明 由于下列关系式成立

$$c^{\mathrm{T}}x - b^{\mathrm{T}}y = x^{\mathrm{T}}c - (Ax)^{\mathrm{T}}y = x^{\mathrm{T}}(c - A^{\mathrm{T}}y) = x^{\mathrm{T}}z,$$

原始和对偶可行解互补 (松弛) 等价于其对偶间隙为 0.

充分性: 基于推论 4.2.2 和对偶间隙为 0 与互补松弛的等价性, 由 x, y 满足这些条件可推出它们分别为原始和对偶最优解.

必要性: 若 x 是原始最优解, 当然满足条件 (i). 而由定理 4.2.3 知存在对偶最优解 y 使对偶间隙为 0, 故亦满足条件 (ii) 和 (iii). □

定理 4.3.2(有界变量问题的最优性条件) x 为有界变量问题最优解的充分必要条件是存在 y, v, w 使下列条件成立:

(i) $Ax = b,$ $\qquad\qquad l \leqslant x \leqslant u,$ (原始可行)
(ii) $A^{\mathrm{T}}y - v + w = c,$ $\qquad v, w, \geqslant 0,$ (对偶可行) $\qquad$ (4.13)
(iii) $(x-l)^{\mathrm{T}}w = 0,$ $\qquad (u-x)v = 0.$ (互补松弛)

证明 由 (4.5), (4.6), (4.7) 和定理 4.3.1 推出. □

最优性条件的理论意义不言而喻. 就计算而言, 线性规划算法需基于这些条件进行最优性检验. 原始问题和对偶问题的求解密不可分, 一个算法总是同时求解这对孪生问题. 如单纯形算法求得原始最优解 $x_B = B^{-1}b, x_N = 0$ 的同时也得到对偶最优解 $y = B^{-\mathrm{T}}c_B$. 考虑到原始问题和对偶问题的对称性, 就不难理解为什么线性规划算法成对成双: 有一个从原始问题入手的算法就有一个从对偶问题入手的算法; 反之亦然. 如后面将要介绍的对偶单纯形法 (见 4.5 节) 可看做与单纯形法配对. 值得注意的是, 直接将最优性条件作为方程和不等式系统处理还能导出某些内点算法 (见 12.5 节).

对称对偶和非对称对偶有类似的经济解释 (见 4.1 节). 不妨以对称对偶为列. 设原问题

$$\max \quad f = c^{\mathrm{T}} x,$$
$$\text{s.t.} \quad Ax \leqslant b, \quad x \geqslant 0$$

为某制造公司用 m 种资源生产 n 种产品的计划模型，其目标是以有限资源获得最高利润. 资源 i 的可用量为 b_i 个单位, $i = 1, \cdots, m$; 产品 j 的市场单价为 $c_j, j = 1, \cdots, n$. 生产一个单位产品 j 消耗 a_{ij} 个单位资源 i.

其对偶问题为

$$\min \quad b^{\mathrm{T}} y,$$
$$\text{s.t.} \quad A^{\mathrm{T}} y \geqslant c, \quad y \geqslant 0.$$

设 $\bar{x}$ 和 $\bar{y}$ 分别为原始和对偶最优解. 按强对偶定理最优值相等, 即

$$v = c^{\mathrm{T}} \bar{x} = b^{\mathrm{T}} \bar{y}.$$

最优值对 b_i 的偏导数为

$$\frac{\partial v}{\partial b_i} = \bar{y}_i.$$

故 $\bar{y}_i$ 数量上等于增加单位资源 i 所产生的最高利润增量, 可作为公司对资源 i 的估价, Paul Samuelson[1] 称之为影子价格(shadow price). 影子价格 $\bar{y}_i$ 是公司购进资源 i 所愿接受的价格上限. 当某种资源的市场价格低于影子价格时, 公司可考虑买进以扩大生产规模; 而当市场价格高于影子价格时, 公司可考虑售出以缩小生产规模. 若资源 i 未被充分利用, 最优解 $\bar{x}$ 以松的形式满足第 i 个原始约束, 则影子价格 $\bar{y}_i$ 为 0. 公司将不买进该资源, 无论其多么便宜.

假设 x 和 y 分别为任何原始和对偶可行解, 不等式

$$c^{\mathrm{T}} x < b^{\mathrm{T}} y$$

意味着相应方案的总产量 (输出) 小于资源的可利用价值 (输入), 按经济学术语为不稳定系统 (非最优). 仅当输出等于输入时才是稳定系统 (最优).

现转向对偶约束的经济含义. 公司与供应商谈判资源 i 的单价 y_i, 旨在以最少的总支付 $b^{\mathrm{T}} y$ 购得资源 $b_i, i = 1, \cdots, m$. 不过供应商对生产一个单位产品 j 的资源要价不会低于市场价:

$$\sum_{i=1}^{m} a_{i,j} y_i \geqslant c_j,$$

即需满足第 j 个对偶约束, $j = 1, \cdots, n$.

---

[1] Paul Samuelson (1915~2009) 美国经济学家, 获 1970 年诺贝尔经济学奖, 是第一位获此奖项的美国人.

若供应商要价过高, 对偶最优解 $\bar{y}$ 以松的形式满足第 j 个对偶约束, 则 $\bar{x}_j = 0$. 意味着公司将不安排产品 j 的生产, 无论该产品市价有多高.

4.4 表格对偶单纯形算法

显然, 经初等变换产生的表格所对应问题与原问题等价, 而与如何选取主元无关. 单纯形表总给出一对互补松弛的原始和对偶解, 故只要它们分别原始可行 (右端列非负) 和对偶可行 (简约价格非负), 就构成一对原始和对偶最优解. 单纯形法由一个可行单纯形表开始, 在保持原始可行的前提下经一系列初等变换达到对偶可行. 而本节介绍的对偶单纯形法则从对偶可行表开始, 在保持对偶可行的前提下达到原始可行.

设 (3.25) 为当前对偶可行单纯形表, 满足

$$\bar{z}_N \geqslant 0, \tag{4.14}$$

而 $\bar{b} \ngeqslant 0$. 注意, 与单纯形法不同, 这里先确定主元行.

规则 4.4.1(对偶行规则) 选定行标

$$p \in \arg\min\{\bar{b}_i | i = 1, \cdots, m\}.$$

显然, 该规则将使不可行的基本变量 x_{j_p} 出基而变为可行.

引理 4.4.1 设 (4.14) 成立且 $\bar{b}_p < 0$. 若列标集

$$J = \{j | \bar{a}_{pj} < 0, j \in N\} \tag{4.15}$$

为空集, 则线性规划问题对偶无界.

证明 (4.14) 成立表明对偶可行. 若对偶问题有界, 则有对偶最优解. 由强对偶定理知存在原始最优解. 设 $\hat{x} \geqslant 0$ 为原始最优解, 则它满足单纯形表第 p 行对应的方程, 即

$$\hat{x}_{j_p} + \sum_{j \in N} \bar{a}_{pj} \hat{x}_j = \bar{b}_p.$$

由 (4.15) 和 $\hat{x} \geqslant 0$ 推出上式左边非负, 与右边 $\bar{b}_p < 0$ 矛盾. 故对偶无界.   □

若 p 已确定而 (4.15) 不成立, 则如下规则有意义:

规则 4.4.2(对偶列规则) 确定 β 和列标 q, 使得

$$\beta = -\bar{z}_q/\bar{a}_{pq} = \min_{j \in J} -\bar{z}_j/\bar{a}_{pj} \geqslant 0. \tag{4.16}$$

β 称为对偶步长.

主元确定后, 用初等变换将 $\bar{a}_{pq}$ 化为 1, 将 q 列其余非 0 元素消去. 新单纯形表目标行由旧表第 p 行乘以 β 加到目标行而来 (见 (3.12)). 由旧表目标行非负及 (4.16) 不难推出新目标行非负, 从而新表仍为对偶可行.

由新表右下角可知, 所达到的新目标值为

$$\hat{f} = \bar{f} - \beta\bar{b}_p \geqslant \bar{f}, \tag{4.17}$$

表明目标值不减. 显然, 若简约价格有 0 分量, 对偶步长 β 可能亦为 0.

现将计算过程归纳如下 (Lemke,1954; Beale,1954):

算法 4.4.1(表格对偶单纯形算法)   初始: 形如 (3.25) 的对偶可行单纯形表. 本算法求解标准线性规划问题 (1.3).

1. 确定主元行标 $p \in \arg\min\{\bar{b}_i | i = 1, \cdots, m\}$.

2. 若 $\bar{b}_p \geqslant 0$, 则停止.

3. 若 $J = \{j | \bar{a}_{pj} < 0, j \in N\} = \varnothing$, 则停止.

4. 确定主元列标 $q \in \arg\min_{j \in J} -\bar{z}_j/\bar{a}_{pj}$.

5. 用初等变换将 $\bar{a}_{pq}$ 化为 1 将该列其余非 0 元消去.

6. 转步 1.

定理 4.4.1   在对偶非退化假设下, 算法 4.4.1 有限步终止. 终止在

(i) 步 2, 获得一对原始和对偶基本最优解; 在

(ii) 步 3, 判定对偶无界.

证明   算法的有限性证明类似于单纯形算法. 其出口的意义由引理 3.2.1 和 4.4.1 及算法前面的相关讨论得到. □

对偶单纯形法可能因对偶退化而停顿, 以至发生循环而无法求得最优解 (Beale, 1955). 所幸的是实际中总能有限步终止, 尽管和原始退化一样, 对偶退化也几乎总是发生.

例 4.4.1   用上述算法求解线性规划问题:

$$
\begin{aligned}
\min \quad & f = x_1 + 2x_2 + x_3, \\
\text{s.t.} \quad & 2x_1 + x_2 + x_3 - x_4 = 1, \\
& -x_1 + 4x_2 + x_3 \geqslant 2, \\
& x_1 + 3x_2 \leqslant 4, \\
& x_j \geqslant 0, \quad j = 1, \cdots, 4.
\end{aligned}
$$

解   初始: 在约束条件中引入松弛变量 $x_5, x_6 \geqslant 0$, 并用 -1 分别乘以前两个

约束将问题化为标准形式:

$$\begin{aligned}
\min \quad & f = x_1 + 2x_2 + x_3, \\
\text{s.t.} \quad & -2x_1 - x_2 - x_3 + x_4 = -1, \\
& x_1 - 4x_2 - x_3 + x_5 = -2, \\
& x_1 + 3x_2 + x_6 = 4, \\
& x_j \geqslant 0, \quad j = 1, \cdots, 6.
\end{aligned}$$

它有现成的对偶可行单纯形表.

x_1	x_2	x_3	x_4	x_5	x_6	RHS
-2	-1	-1	1			-1
1	-4^*	-1		1		-2
1	3				1	4
1	2	1				

第 1 次迭代:

1. $\min\{-1, -2, 4\} = -2 < 0$, $p = 2$.

3. $J = \{2, 3\}$.

4. $\min\{-2/(-4), -1/(-1)\} = 1/2$, $q = 2$.

5. 将第 2 行乘以 $-1/4$; 再分别乘以 $1, -3, -2$ 加到第 $1, 3, 4$ 行得

x_1	x_2	x_3	x_4	x_5	x_6	RHS
$-9/4^*$		$-3/4$	1	$-1/4$		$-1/2$
$-1/4$	1	$1/4$		$-1/4$		$1/2$
$7/4$		$-3/4$		$3/4$	1	$5/2$
$3/2$		$1/2$		$1/2$		-1

第 2 次迭代:

1. $\min\{-1/2, 1/2, 5/2\} = -1/2 < 0$, $p = 1$.

3. $J = \{1, 3, 5\}$.

4. $\min\{-(3/2)/(-9/4), -(1/2)/(-3/4), -(1/2)/(-1/4)\} = 2/3$, $q = 1$.

5. 将第 1 行乘以 $-4/9$, 再分别乘以 $1/4, -7/4, -3/2$ 加到第 $2,3,4$ 行得

x_1	x_2	x_3	x_4	x_5	x_6	RHS
1		$1/3$	$-4/9$	$1/9$		$2/9$
	1	$1/3$	$-1/9$	$-2/9$		$5/9$
		$-4/3$	$7/9$	$5/9$	1	$19/9$
			$2/3$	$1/3$		$-4/3$

该表右端全部非负, 故已为最优单纯形表. 最优解和最优值为

$$\bar{x} = (2/9, 5/9, 0, 0)^{\mathrm{T}}, \quad \bar{f} = 4/3.$$

上述算法需从一个对偶可行单纯形表启动. 如果当前表满足 $\bar{z}_N \geqslant 0$, 就可以其为出发点. 否则需另用对偶 I 阶段方法求得, 该论题留待第 8 章展开.

4.5   对偶单纯形算法

4.4 节已给出表格对偶单纯形法. 本节先借助单纯形表和修正单纯形表的等价性给出其修正形式, 即对偶单纯形法; 然后从另一角度导出, 揭示它实际上处理对偶问题.

和单纯形算法 3.7.2 类似, 对偶单纯形算法每次迭代也计算单纯形表的目标行、右端列、主元列和主元行 (见表 3.6.1). 目标行和右端列可按递推公式计算, 主元列和主元行由原始数据和 B^{-1} 算得. 若主元行非基本分量均非负, 即

$$\sigma_N^{\mathrm{T}} \triangleq e_p^{\mathrm{T}} \bar{N} = e_p^{\mathrm{T}} B^{-1} N \geqslant 0,$$

则判定线性规划问题无可行解. 基矩阵之逆的更新方法则与单纯形算法相同.

于是不难将表格算法 4.4.1 改写为如下修正形式:

算法 4.5.1(对偶单纯形算法)   初始: $(B, N), B^{-1}$. 对偶基本可行解 $\bar{z}_N \geqslant 0$, 基本解 $\bar{x}_B = B^{-1}b$ 及目标值 $\bar{f} = c_B^{\mathrm{T}}\bar{x}_B$. 本算法求解标准线性规划问题 (1.4).

1. 确定行标 $p \in \arg\min\{\bar{x}_{j_i} | i = 1, \cdots, m\}$.

2. 若 $\bar{x}_{j_p} \geqslant 0$ 成立, 则停止 (获得基本最优解).

3. 计算 $\sigma_N = N^{\mathrm{T}} B^{-\mathrm{T}} e_p$.

4. 若 $J = \{j | \sigma_j < 0, j \in N\} = \varnothing$, 则停止.

5. 确定 β 和列标 q 使得 $\beta = -\bar{z}_q/\sigma_q = \min_{j \in J} -\bar{z}_j/\sigma_j$.

6. 更新: $\bar{z}_N = \bar{z}_N + \beta\sigma_N$, $\bar{z}_{j_p} = \beta$, $\bar{f} = \bar{f} - \beta\bar{x}_{j_p}$.

7. 计算 $\bar{a}_q = B^{-1}a_q$.

8. 更新: $\bar{x}_B = \bar{x}_B - \alpha\bar{a}_q, \bar{x}_q = \alpha$, 其中 $\alpha = \bar{x}_{j_p}/\sigma_q$.

9. 按 (3.29) 更新 B^{-1}.

10. 交换 j_p 和 q 以更新 (B, N), 并转步 1.

注   为绕过 B^{-1} 的计算, 可分别在步 3 和步 7 求解线性系统 $B^{\mathrm{T}}v = e_p$ 和 $B\bar{a}_q = a_q$.

例 4.5.1   用上述算法求解线性规划问题:

$$\min \quad f = x_1 + 2x_2 + x_3,$$
$$\text{s.t.} \quad -2x_1 - x_2 - x_3 + x_4 \qquad\qquad = -1,$$
$$x_1 - 4x_2 - x_3 \qquad + x_5 \qquad = -2,$$
$$x_1 + 3x_2 \qquad\qquad\qquad + x_6 = 4,$$
$$x_j \geqslant 0, \quad j = 1, \cdots, 6.$$

解   初始: $B = \{4, 5, 6\}, N = \{1, 2, 3\}, B^{-1} = I,$

$$\bar{z}_N = (1, 2, 1)^{\mathrm{T}}, \bar{x}_B = (-1, -2, 4)^{\mathrm{T}}, \bar{f} = 0.$$

第 1 次迭代:

1. $\min\{-1, -2, 4\} = -2 < 0, p = 2, x_5$ 出基.

3. $\sigma_N = (1, -4, -1)^{\mathrm{T}}.$

5. $\beta = \min\{2/4, 1/1\} = 1/2, q = 2,\ x_2$ 进基.

6. $\bar{z}_N = (3/2, 0, 1/2)^{\mathrm{T}}, \bar{z}_{j_p} = 1/2, \bar{f} = 0 - (1/2)(-2) = 1.$

7. $\bar{a}_q = (-1, -4, 3)^{\mathrm{T}}.$

8. $\alpha = -2/-4 = 1/2, \bar{x}_B = (-1, -2, 4)^{\mathrm{T}} - (1/2)(-1, -4, 3)^{\mathrm{T}} = (-1/2, 0, 5/2)^{\mathrm{T}},$
$\bar{x}_2 = \alpha = 1/2.$

9. $B^{-1} = \begin{pmatrix} 1 & 1/-4 & \\ & 1/-4 & \\ & 3/4 & 1 \end{pmatrix}.$

10. $B = \{4, 2, 6\}, \ N = \{1, 5, 3\}, \bar{z}_N = (3/2, 1/2, 1/2)^{\mathrm{T}}, \ \bar{x}_B = (-1/2, 1/2, 5/2)^{\mathrm{T}}.$

第 2 次迭代:

1. $\min\{-1/2, 1/2, 5/2\} = -1/2 < 0,\ p = 1,\ x_4$ 出基.

3. $\sigma_N = (-9/4, -1/4, -3/4)^{\mathrm{T}}.$

5. $\beta = \min\{(3/2)/(9/4), (1/2)/(1/4), (1/2)/(3/4)\} = 2/3,\ q = 1,\ x_1$ 进基.

6. $\bar{z}_N = (3/2, 1/2, 1/2)^{\mathrm{T}} + (2/3)(-9/4, -1/4, -3/4)^{\mathrm{T}} = (0, 1/3, 0)^{\mathrm{T}}.$

$$\bar{z}_{j_p} = 2/3, \ \bar{f} = 1 - (2/3)(-1/2) = 4/3.$$

7. $\bar{a}_q = (-9/4, -1/4, 7/4)^{\mathrm{T}}.$

8. $\alpha = (-1/2)/(-9/4) = 2/9, \bar{x}_B = (-1/2, 1/2, 5/2)^{\mathrm{T}} - (2/9)(-9/4, -1/4,$
$7/4)^{\mathrm{T}} = (0, 5/9, 19/9)^{\mathrm{T}}, \bar{x}_1 = 2/9.$

9. $B^{-1} = \begin{pmatrix} -4/9 & & \\ -1/9 & 1 & \\ 7/9 & & 1 \end{pmatrix} \begin{pmatrix} 1 & 1/-4 & \\ & 1/-4 & \\ & 3/4 & 1 \end{pmatrix} = \begin{pmatrix} -4/9 & 1/9 & \\ -1/9 & -2/9 & \\ 7/9 & 5/9 & 1 \end{pmatrix}.$

10. $B = \{1,2,6\}$, $N = \{4,5,3\}$, $\bar{z}_N = (2/3, 1/3, 0)^{\mathrm{T}} \geqslant 0$, $\bar{x}_B = (2/9, 5/9, 19/9)^{\mathrm{T}} \geqslant 0$.

获得最优解和最优值 $\bar{x} = (2/9, 5/9, 0, 0, 0, 19/9)^{\mathrm{T}}$, $\bar{f} = 4/3$.

下面绕过单纯形表, 从求解对偶问题的角度导出对偶单纯形算法 4.5.1.

考虑对偶线性规划问题

$$(\text{D}) \quad \max \quad g = b^{\mathrm{T}}y,$$
$$\text{s.t.} \quad A^{\mathrm{T}}y \leqslant c.$$

假设相应于 (B, N), 对偶解 $\bar{y} = B^{-\mathrm{T}}c_B$ 满足对偶约束条件, 即

$$\bar{z}_B = c_B - B^{\mathrm{T}}\bar{y} = 0, \quad \bar{z}_N = c_N - N^{\mathrm{T}}\bar{y} \geqslant 0, \tag{4.18}$$

则 $\bar{y}$ 为对偶基本可行解. 实际上, 它是可行域

$$D = \{y \mid A^{\mathrm{T}}y \leqslant c\}$$

的 0 维界面或顶点. 在原始单纯形算法中 $\bar{y}$ 常被称为 "单纯形乘子".

若相应的原始基本解

$$\bar{x}_B = B^{-1}b, \quad \bar{x}_N = 0$$

满足 $\bar{x}_B \geqslant 0$, 则 $\bar{x}$ 与 $\bar{y}$ 满足最优性条件, 是一对原始和对偶基本最优解.

若 $\bar{x}_B = B^{-1}b \not\geqslant 0$, 确定行标 p 使得

$$\bar{x}_{j_p} = \min\{\bar{x}_{j_i} \mid i = 1, \cdots, m\} < 0. \tag{4.19}$$

引入向量

$$h = B^{-\mathrm{T}}e_p, \tag{4.20}$$

由 (4.20) 和 (4.19) 得

$$-b^{\mathrm{T}}h = -b^{\mathrm{T}}B^{-\mathrm{T}}e_p = -e_p^{\mathrm{T}}(B^{-1}b) = -\bar{x}_{j_p} > 0, \tag{4.21}$$

表明 $-h$ 为对偶目标函数的上升方向.

现考察更新格式

$$\hat{y} = \bar{y} - \beta h, \tag{4.22}$$

其中 $\beta \geqslant 0$ 为待定的对偶步长. 从 (4.22), (4.20) 和 (4.18) 知

$$\hat{z}_B = c_B - B^{\mathrm{T}}\hat{y} = c_B - B^{\mathrm{T}}(\bar{y} - \beta h) = \beta e_p \geqslant 0, \tag{4.23}$$
$$\hat{z}_N = c_N - N^{\mathrm{T}}\hat{y} = c_N - N^{\mathrm{T}}(\bar{y} - \beta h) = (c_N - N^{\mathrm{T}}\bar{y}) + \beta N^{\mathrm{T}}h. \tag{4.24}$$

由 (4.24) 显见, 若下列条件成立

$$\sigma_N = N^{\mathrm{T}}h \not\geqslant 0,$$

则步长 $\beta \geqslant 0$ 过大将使 $\hat{z}_N \not\geqslant 0$, 从而使 $\hat{y}$ 不可行. 不难确定保持 $\hat{y}$ 可行的最大 β 值和相应列标 q (见算法 4.5.1 步 5). 让 j_p 出基 q 进基, 易知相应的 $\hat{y}$ 即为新基下的对偶基本可行解.

在另外情形有如下结果.

命题 4.5.1   若 $\sigma_N = N^{\mathrm{T}} h \geqslant 0$, 则对偶问题无界, 而 $-h$ 为对偶可行域 D 的上升极 (无界) 方向.

证明   当 $\sigma_N \geqslant 0$ 时, 由 (4.18) 和 (4.23), (4.24) 显见, 对任何 $\beta \geqslant 0$ 总有

$$\hat{z} = c - A^{\mathrm{T}} \hat{y} \geqslant 0,$$

表明由 (4.22) 所确定的 $\hat{y}$ 总为可行解. 又由 (4.22) 和 (4.21) 知对应的新可行值为

$$b^{\mathrm{T}} \hat{y} = b^{\mathrm{T}} \bar{y} - \beta \bar{x}_{j_p}, \tag{4.25}$$

当 β 趋于无穷时趋于无穷, 故对偶问题无界. 这意味着 $-h$ 为 D 的上升无界方向. 实际上, 易验证 $-h$ 是 1 维界面即边

$$\{ y \mid A^{\mathrm{T}} y \leqslant c; \ a_{j_i}^{\mathrm{T}} y = c_{j_i}, \ i = 1, \cdots, m, \ i \neq p \}$$

的方向, 因而为上升极方向.   □

以上分析适合 $\bar{x}_{j_p} < 0$ 的一般情形. 然而 p 的不同选择会影响目标值的变化. 实际上, 由 (4.25) 显见, 目标值增量 $-\beta \bar{x}_{j_p}$ 依赖于 $\bar{x}_{j_p}$ 和 β, 而 β 也与 p 的确定有关. 特别在对偶退化情形, β 可能为 0 而导致 0 增量. 确定 p, q 使相应目标增量最大固然吸引人, 可惜代价过大 (原始单纯形法有类似情形). 而按 (4.19) 确定 p 对单位步长而言目标值增量最大. 该规则虽非最佳选择, 但简单易行.

从 90 年代初起, 对偶最陡边规则 (Forrest and Goldfarb, 1992) 及其近似和界反转 (bound flipping) 等技术 (Kirillova et al., 1979; Fourer, 1994) 的成功应用, 给对偶单纯形算法注入新的活力, 使之迅速成为求解线性规划问题最有效的算法之一(Bixby, 2002). 进一步的讨论留待 4.6 节.

4.6   最优解集的获取

某些应用可能不仅需要基本最优解, 还需要最优解集. 用单纯形法达成最优后容易得到后者.

设 $B = \{ j_1, \cdots, j_m \}$ 为最优基, 对应基本最优解

$$\bar{x}_B = B^{-1} b \geqslant 0, \quad \bar{x}_N = 0,$$

及对偶基本最优解

$$\bar{y} = B^{-T}c_B, \quad \bar{z}_B = 0, \quad \bar{z}_N = c_N - N^T\bar{y} \geqslant 0,$$

最优值为 $\bar{f} = c_B^T\bar{x}_B$.

原问题与如下问题等价:

$$\begin{aligned} \min \quad & \bar{z}_N^T x_N \\ \text{s.t.} \quad & x_B + B^{-1}Nx_N = \bar{x}_B, \quad x_B, x_N \geqslant 0. \end{aligned} \tag{4.26}$$

把非基 $N = A\backslash B$ 剖分为 N_1 和 N_2, 使 N_1 和 N_2 对应的简约价格分别均为 0 和正值, 即

$$\bar{z}_{N_1} = c_{N_1} - N_1^T B^{-T}c_B = 0, \quad \bar{z}_{N_2} = c_{N_2} - N_2^T B^{-T}c_B > 0. \tag{4.27}$$

则简约目标函数为

$$f = \bar{f} + \bar{z}_{N_2}^T x_{N_2}, \tag{4.28}$$

而约束系统等价于

$$x_B = \bar{x}_B - B^{-1}N_1 x_{N_1} - B^{-1}N_2 x_{N_2}.$$

在上面的假设下, 有如下结果.

定理 4.6.1 线性规划问题的最优解集为

$$F = \{x \mid x_B = B^{-1}b - B^{-1}N_1 x_{N_1}, x_B, x_{N_1} \geqslant 0, \ x_{N_2} = 0\}. \tag{4.29}$$

证明 按引理 2.3.3, F 为最优解集当且仅当

$$F = P \cap \{x \mid c^T x = \bar{f}\}.$$

由于 (4.28) 为简约目标函数, 故

$$c^T x = \bar{f} + \bar{z}_{N_2}^T x_{N_2}, \quad x \in P.$$

上式结合 (4.28) 和 (4.27) 第 2 式推出

$$\begin{aligned} F &= \{x \mid Ax = b, \ x \geqslant 0; \ c^T x = \bar{f}\} \\ &= \{x \mid x_B = B^{-1}b - B^{-1}N_1 x_{N_1} - B^{-1}N_2 x_{N_2}, \ x \geqslant 0; \ \bar{z}_{N_2}^T x_{N_2} = 0\} \\ &= \{x \mid x_B = B^{-1}b - B^{-1}N_1 x_{N_1} - B^{-1}N_2 x_{N_2}, \ x \geqslant 0; \ x_{N_2} = 0\} \\ &= \{x \mid x_B = B^{-1}b - B^{-1}N_1 x_{N_1}, x_B, x_{N_1} \geqslant 0; \ x_{N_2} = 0\}. \qquad \square \end{aligned}$$

实际上, F 为线性规划问题的最大最优界面, 其维数与 $|N_1|$(或 $|N_2|$) 有关 (命题 2.1.2). 当最优解非对偶退化即 $N_2 = N$ 时, 则原始最优解唯一. 这里的结果与命题 3.4.2 相容.

例 4.6.1   求下列线性规划问题的最优解集:

$$\min \quad f = -2x_2 + x_3 - x_6,$$
$$\text{s.t.} \quad -x_2 + 6x_4 + x_7 = 6,$$
$$5x_1 - 2x_3 - x_5 + 6x_6 + x_8 = 5,$$
$$2x_2 + x_5 + x_9 = 7,$$
$$x_j \geqslant 0, \quad j = 1, \cdots, 9.$$

解   初始可行单纯形表为

x_1	x_2	x_3	x_4	x_5	x_6	x_7	x_8	x_9	RHS
	-1		6			1			6
5		-2		-1	6		1		5
	2*			1				1	7
	-2	1			-1				

调用表格单纯形算法 3.2.1.

第 1 次迭代:

1. $\min\{0, -2, 1, 0, 0, -1\} = -2$, $q = 2$.

3. $I = \{3\} \neq \varnothing$.

4. $\min\{7/2\}, p = 3$.

5. 将第 3 行乘以 1/2, 再分别乘以分别乘以 1,2 加到第 1,4 行得

x_1	x_2	x_3	x_4	x_5	x_6	x_7	x_8	x_9	RHS
			6	1/2		1		1/2	19/2
5		-2		-1	6*		1		5
	1			1/2				1/2	7/2
		1		1	-1			1	7

第 2 次迭代:

1. $\min\{0, 1, 0, 1, -1, 1\} = -1$, $q = 6$.

3. $I = \{2\} \neq \varnothing$.

4. $\min\{5/6\}, p = 2$.

5. 将第 2 行乘以 1/6, 再将其加到第 4 行得

x_1	x_2	x_3	x_4	x_5	x_6	x_7	x_8	x_9	RHS
			6	1/2		1		1/2	19/2
5/6		$-1/3$		$-1/6$	1		1/6		5/6
	1			1/2				1/2	7/2
5/6		2/3		5/6			1/6	1	47/6

第 3 次迭代:

1. $\min\{5/6, 2/3, 0, 5/6, 1/6, 1\} \geqslant 0$.

2. 达成最优. 基本最优解为 $\bar{x} = (0, 7/2, 0, 0, 0, 5/6, 19/2, 0, 0)^{\mathrm{T}}$.

$N_1 = \{4\}$, $N_2 = \{1, 3, 5, 8, 9\}$. 最优解集为 1 维界面

$$F = \{x \mid x_7 = 19/2 - 6x_4, \; x_4, x_7 \geqslant 0, \; x_2 = 7/2, \; x_6 = 5/6, \; x_1, x_3, x_5, x_8, x_9 = 0\}.$$

现转向对偶最优解集.

引入记号

$$I_1 = \{i \mid \bar{x}_{j_i} = 0, i = 1, \cdots, m\}, \quad I_2 = \{i \mid \bar{x}_{j_i} > 0, i = 1, \cdots, m\}.$$

于是

$$\bar{x}_{I_1} = 0, \quad \bar{x}_{I_2} > 0.$$

将 $\bar{N} = B^{-1}N$ 的行作相应剖分, 记为

$$\bar{N} = \begin{pmatrix} \bar{N}_{I_1}^{\mathrm{T}} \\ \bar{N}_{I_2}^{\mathrm{T}} \end{pmatrix}$$

则 (4.26) 的对偶问题为

$$
\begin{aligned}
\max \quad & \bar{x}_{I_2}^{\mathrm{T}} y_{I_2}, \\
\text{s.t.} \quad & I \begin{pmatrix} y_{I_1} \\ y_{I_2} \end{pmatrix} + z_B = 0, \\
& (\bar{N}_{I_1}, \bar{N}_{I_2}) \begin{pmatrix} y_{I_1} \\ y_{I_2} \end{pmatrix} + z_N = \bar{z}_N, \\
& z_B, z_N \geqslant 0.
\end{aligned}
$$

在上述问题的约束条件中取 $y_{I_2}, z_{I_2} = 0$ 可得对偶问题最优解集. 现仅陈述如下.

定理 4.6.2 *标准对偶问题的最优解集为*

$$G = \{(y, z) \mid z_N - \bar{N}_{I_1} z_{I_1} = \bar{z}_N, \; y_{I_1} = -z_{I_1}, \; z_{I_1}, z_N \geqslant 0, \; y_{I_2}, z_{I_2} = 0\}.$$

4.7　注　记

对偶的基本概念和定理是著名数学家 von Neumann 首次引进的. 1947 年 10 月, 他在与 George B. Dantzig 的一次谈话和几周后的一篇工作论文中作了奠基性的讨论. Dantzig 在 1948 年的一个报告中给出了对偶定理的严格证明. 随后 Gale, Kuhn 和 Tucker (1951) 独立地表述了对偶定理并用 Farkas 引理进行了证明. Gale(1956) 及 Goldman 和 Tucker(1956ab) 系统地讨论了对偶问题的理论性质.

前面已经提到, 单纯形表是线性规划问题的简约表示, 由单纯形法生成的所有单纯形表代表的问题均与原问题等价. 那么其代表的对偶问题是否也与原对偶问题等价? 考察 (3.25) 代表的对偶问题

$$\max \quad \bar{f} + \bar{b}^{\mathrm{T}} y'$$
$$\text{s.t.} \quad \begin{pmatrix} I \\ \bar{N}^{\mathrm{T}} \end{pmatrix} y' + \begin{pmatrix} z'_B \\ z'_N \end{pmatrix} = \begin{pmatrix} 0 \\ \bar{z}_N \end{pmatrix}, \quad z'_B, z'_N \geqslant 0.$$

由于不同单纯形表有不同的 $\bar{b}, \bar{N}, \bar{z}_N$, 相应的对偶问题也不同. 然而这并非实质性不同. 实际上, 如果作变量替换 $y' = B^{\mathrm{T}} y - c_B$, $z' = z$, 并注意到

$$\bar{b} = B^{-1} b, \quad \bar{N} = B^{-1} N, \quad \bar{z}_N = c_N - N^{\mathrm{T}} B^{-\mathrm{T}} c_B, \quad \bar{f} = c_B^{\mathrm{T}} B^{-1} b,$$

这些对偶问题即化为

$$\max \quad b^{\mathrm{T}} y,$$
$$\text{s.t.} \quad \begin{pmatrix} B^{\mathrm{T}} \\ N^{\mathrm{T}} \end{pmatrix} y + \begin{pmatrix} z_B \\ z_N \end{pmatrix} = \begin{pmatrix} c_B \\ c_N \end{pmatrix}, \quad z_B, z_N \geqslant 0.$$

此即原对偶问题. 因而可视这些单纯形表等价.

简言之, 初等变换产生等价单纯形表. 就其原始方面而言, 右端列给出 (原始) 基本解, 底行都给出 (原始简约) 目标函数; 就其对偶方面而言, 右端列给出对偶 (简约) 目标函数, 而底行则给出基本对偶解.

另外, 如果 $\bar{y}, \bar{z}$ 为对偶解, 即满足 $A^{\mathrm{T}} \bar{y} + \bar{z} = c$, 则可视下列问题与原对偶问题等价:

$$\max \quad b^{\mathrm{T}} y',$$
$$\text{s.t.} \quad A^{\mathrm{T}} y' + z' = \bar{z}, \quad z' \geqslant 0.$$

实际上, 容易验证上述问题经变量替换 $y' = y - \bar{y}$, $z' = z$ 即化为原对偶问题. 换言之, 初始表中的 c 可用任何对偶解予以替换.

现转向 "局部对偶", 即最优性条件局部化.

考虑到当前点的非积极约束不影响可行方向的确定 (见 2.5 节), 可局限于其临近范围构造一个所谓局部问题(目标函数不变), 其中仅包含当前点的 (全部或部分) 积极约束. 该问题更简单和容易处理, 一般用于确定搜索方向. 另一方面, 对偶局部问题一般用于确定对偶问题的搜索方向. 局部问题随迭代而变化. 如何在迭代过程中调整其所含约束对算法的效率至关重要. 就实践而言, 使用 ϵ 积极约束则更为有利, 其优势在于可取到较大步长而走得更远 (Powell, 1989).

由去除约束而产生的新问题称为松弛问题. 如果把原问题称为整体问题, 那么局部问题就是整体问题的松弛问题. 它们的解存在如下关系.

命题 4.7.1 若局部问题的最优解是整体问题的可行解, 则也是其最优解; 若局部对偶问题无界, 则整体问题无可行解.

证明 注意, 整体问题可行域是局部问题可行域的子集. 命题前半段的正确性是显然的. 若局部对偶问题无界, 按推论 4.2.1 局部问题无可行解, 从而整体问题无可行解. □

由于局部问题的约束是整体问题约束的一部分, 显然相应的局部最优性条件是整体最优性条件的一部分. 通常局部问题生成可行方向, 产生的新迭代点原始可行. 因此只需满足对偶可行即可判定达成最优, 如果方法保证互补松弛性的话.

例 4.7.1 设有界变量问题

$$\min \quad c^{\mathrm{T}}x,$$
$$\text{s.t.} \quad Ax = b, \tag{4.30}$$
$$0 \leqslant x \leqslant u. \tag{4.31}$$

有基本解 $\bar{x}$, 满足 $\bar{x}_N = 0$, 但 $\bar{x}_B$ 不一定满足 (4.31).

考虑下列局部问题:

$$\min \quad c^{\mathrm{T}}x,$$
$$\text{s.t.} \quad Ax = b, \quad x \geqslant 0.$$

设 x^* 和 (y^*, z^*) 分别为其原始和对偶最优解. 若 x^* 满足 (4.31), 则也是原问题的最优解. 实际上, 此时取 $w^* = 0$, 则它们显然满足最优性条件 (4.13)($l = 0$).

第5章 主元规则

主元规则[1] 是单纯形法的灵魂和表征. 不同规则产生不同的顶点 (基本可行解) 序列, 实质上决定了求解问题所需的迭代次数. 因而主元规则对于单纯形算法的效率有决定性意义, 是多年来单纯形法研究的热点.

单纯形法曾长期采用 Dangzig 主元规则确定进基列标

$$q \in \arg\min_{j \in N} \bar{z}_j.$$

然而理论上容许任一对应负简约价格的非基本变量进基, 即确定 $q \in N$ 使 $\bar{z}_q < 0$. 保证目标值不增, 且在非退化情形严格下降. 这种不唯一性提供了改善算法的可能.

Dantzig(1951) 很早就意识到最小检验数规则远非理想, 曾寄望于所谓**最大改进规则**. 实际上, 每次迭代目标值的下降量不仅依赖于 $\bar{z}_q$, 还依赖于步长 α. 如果步长很小, 无论怎样选择 $\bar{z}_q$, 目标值下降量仍会很小, 退化存在时甚至可为 0. 由 (3.9) 和 (3.10) 易知, 目标值的下降量为

$$\bar{f} - \hat{f} = -\bar{z}_q(\bar{b}_p/\bar{a}_{pq}).$$

最大改进规则确定 q, p 使其最大固然吸引人, 但计算过于冗繁. 随后的数值试验表明, 该规则虽可减少迭代次数, 效率却远低于最小检验数规则 (Kuhn, Quandt, 1953; Jeroslow, 1973).

几何上, 从可行域一个顶点出发而终止于最优顶点的一系列首尾相连的边构成一条 "路径", 其中包含边的个数称为路径的长度. 给定一个初始顶点, 通常有许多路径通向最优顶点. 显然, 理想的主元规则应让单纯形迭代取最短路径, 以使所需迭代次数最少. 目前尚未找到如此 "理想" 的规则, 也不知道其是否存在. 甚至不知道是否存在使单纯形法具多项式时间复杂性的规则. 看来这与单纯形架构的内在特性有关. Schrijver(1986) 说:

"主要问题似乎是单纯形法 '近视', 看不到捷径. 它不能找到局部来看坏而全局来看好的路径."

在退化情形则更糟: 交于一个顶点的超平面个数超过可行域维数, 导致某些边的长度为 0, 而单纯形迭代不能排除选择这样的边, 以致在顶点驻留过久. 大部分

---

[1] 指列主元规则, 因为主元列确定后主元行的选择余地很小.

现有规则如 Dantzig 规则, 最大改进规则和将要介绍的最陡边规则等均已被证明不是有限算法, 都已找到迭代循环的例子.

尽管如此, 非有限规则已广泛付诸实用, 其有效性是已知有限规则所不能比拟的. 判定单纯形法主元规则的好坏基本上是个实践问题; 其生命力和价值取决于实际表现. 本章将介绍行之有效的主元规则, 完全不涉及有限性等理论问题. 最后一节介绍简约价格的若干计算方案.

为了表述的方便, 本章假设当前基和非基为

$$B = \{1, \ldots, m\}, \quad N = \{m+1, \ldots, n\}.$$

换言之, 当前基矩阵由 A 的前 m 列构成.

5.1 部 分 计 价

计算 Dantzig 规则所需简约价格的常规方法是先求解线性系统

$$B^{\mathrm{T}}y = c_B, \tag{5.1}$$

再用所获得的解 $\bar{y}$ 算出简约价格 (pricing):

$$\bar{z}_N = c_N - N^{\mathrm{T}}\bar{y}. \tag{5.2}$$

按上式计算 $\bar{z}_N$ 的全部分量 (full pricing) 需要 $(n-m) \times m$ 次乘法运算. 单纯形算法在计价上的耗费通常在全部计算中占很大比重, 当 $n-m \gg m$ 时尤其如此.

这种情况催生了降低这种耗费的部分计价(partial pricing) 策略, 即每次迭代只计算 $\bar{z}_N$ 的部分分量确定进基变量. MINOS (Murtagh and Saunders, 1998) 的计价选项, 除了全部计价 还有分段计价 (sectional pricing) 和复计价(multiple pricing), 后两者属于部分计价策略. (例如, 参阅 Benichou,1977; Chvatal, 1983; Maros, 2003; Nocedal, 1999; Hays,1968 等).

分段计价是典型的部分计价. 它将全部变量分为个数大致相同的 p 段 (如 $p = 20$). 为使变量在选择中处于同等地位, m 个逻辑变量也大致平均地分到 p 段去. 每次迭代从其中一段之首开始计价 (基本变量除外), 该段紧接上次迭代选出进基变量的那段之后. 如果在该段找到一个简约价格小于某个动态变化的负容限, 即让相应的变量进基; 否则在接着的下一段继续寻找. 若 p 段全部扫描后得到的最小简约价格仍大于这个负容限, 则当它大于负最优性容限 (常规值为 -10^{-6}) 时视为已达成最优; 否则确定其对应的变量进基, 并记录这个最小简约价格的绝对值. 此后凡遇该值不比当前容限足够大 (低于容限的 1.1 倍) 时即降低容限 (缩小至其 0.1 倍). MINOS 给动态容限一个很大的初值 (10^{20}), 因而至少第 1 次迭代实际上是全部计价.

作为部分计价的另一特例, 复计价先确定一个小集合, 其元素均为具有负简约价格的非基本变量; 再按某个规则 (如简约价格最小) 从中确定进基变量. 如果在该集合找到一个简约价格小于某个动态变化的负容限, 即让相应的变量进基; 而下次迭代只计算该集合其余变量的简约价格, 从中确定进基变量, 直到该集合所有变量的简约价格都大于负最优性容限, 再确定一个新集合, 重复上述过程. 如果已不存在这样的集合, 就视为达到最优.

最初预期部分计价比通常的全计价需较多迭代次数. 这是有理由的. 毕竟后者确定的进基变量对应的简约价格较小: 仅指望部分计价大大减少每次迭代的动算量而总体上提高求解效率. 然而出乎意料的是, 甚至部分计价所需迭代次数也更少, 使所需总的 CPU 时间显著降低 (例如参看 Harris 1973; Pan, 1997, 2008). 大量数值试验已经确立了部分计价对于全计价的优势. 这个事实从另一方面表明最小检验数规则并不理想, 提示了更好主元规则存在的可能.

5.2　最陡边规则

20 世纪 80 年代下半叶和 90 年代上半叶, 内点算法发展势头强劲之际, 一些学者认为内点算法 (第 12 章) 求解大规模问题优于单纯形算法. 然而最陡边 (steepest edge) 规则及其变形的成功给后者注入了新的活力, 很快形成两类算法激烈竞争的态势 (Nemhauser, 1994; Bixby, 2002). 本节介绍这个规则.

不妨设当前基矩阵 B 由 A 的前 m 列构成. 则从当前顶点出发的 $n-m$ 个边方向为

$$d^j = \begin{pmatrix} -B^{-1}a_j \\ e_{j-m} \end{pmatrix}, \quad j \in N, \tag{5.3}$$

其中 $e_{j-m} \in \mathcal{R}^{n-m}$ 为第 $j-m$ 个分量为 1 的单位向量. 相应的简约价格 $\bar{z}_j = c_j - c_B^T B^{-1} a_j$ 等于目标梯度 c 与边方向 d^j 的内积, 即

$$\bar{z}_j = c^T d^j, \quad j \in N.$$

若 $\bar{z}_j < 0$, 则 d^j 是目标函数的下降边方向 (见命题 3.7.1). Dantzig 规则选择对应最小简约价格的下降边方向, 即取列标 $p \in \arg\min_{j \in N} \bar{z}_j$, 从而对进基变量的单位改变目标值的相应的下降量最大.

下列规则使用规范化的简约价格:

规则 5.2.1(最陡边规则)　选定主元列标

$$q \in \arg\min\{\bar{z}_j / \|d^j\| \mid j \in N\}.$$

由于对所有 $j \in N$, c 和 d^j 的夹角余弦与 $\bar{z}_j / \|d^j\|$ 均相差常数因子 $1/\|c\|$, 故以上规则实际上选择与目标梯度夹角最大的下降边方向. 此即何以称为 "最陡边规

则". 该规则的思想无疑颇具吸引力, 然而用通常方法计算 $\|d^j\|, \forall j \in N$ 却代价过大.

Goldfarb 和 Reid(1977) 给出一个最陡边规则的实现方案, 在迭代过程中递推地获得边方向的模平方, 即 $\|d^j\|^2, j \in N$. Forrest 和 Goldfarb(1992) 进一步给出这个规则的某些变形并报告了非常好的数值结果, 引起学术界广泛关注.

边方向递推公式可由基变换导出, 即

$$\hat{d}^p = -(1/\sigma_q)d^q, \tag{5.4}$$

$$\hat{d}^j = d^j - (\sigma_j/\sigma_q)d^q, \quad j \in N, \ j \neq q, \tag{5.5}$$

其中 σ_j 表示主元行元素, 即

$$\sigma_j = a_j^{\mathrm{T}} B^{-\mathrm{T}} e_p, \quad j \in N. \tag{5.6}$$

由上式, (5.4) 及 (5.5) 可得如下递推公式:

$$\|\hat{d}^p\|^2 = (1/\sigma_q^2)\|d^q\|^2, \tag{5.7}$$

$$\|\hat{d}^j\|^2 = \|d^j\|^2 - 2(\sigma_j/\sigma_q)a_j^{\mathrm{T}}v + (\sigma_j/\sigma_q)^2\|d^q\|^2, \quad j \in N, \ j \neq q, \tag{5.8}$$

其中

$$B\bar{a}_q = a_q, \quad B^{\mathrm{T}}v = \bar{a}_q. \tag{5.9}$$

其实只需要求解后者, 因为 $\bar{a}_q$ 在最小比检验前已经求得. 另外 $\bar{a}_q$ 还可用于直接计算

$$\|d^q\|^2 = 1 + \|\bar{a}_q\|^2.$$

由此可见, 边方向模平方的递推涉及 3 个线性系统: 除了 (5.9) 的两个, (5.6) 的计算还涉及

$$B^{\mathrm{T}}h = e_p. \tag{5.10}$$

由于单纯形算法 3.7.2 也涉及 $B\bar{a}_q = a_q$ 和 (5.10), 故实际上只需额外求解 $B^{\mathrm{T}}v = \bar{a}_q$. 此外, (5.8) 中也只需计算 $\sigma_j \neq 0$ 对应的那些内积 $a_j^{\mathrm{T}}v$; 而幸运的是, 稀疏计算中大部分 σ_j 常常为 0.

与 Dantzig 规则相比, 尽管最陡边规则每步迭代需要更多的运算量, 但通常需要很少的迭代次数, 从而总体上耗费的 CPU 时间大为减少.

遗憾的是该规则开始时须计算所有非基本变量对应边方向模平方, 且为了避免误差积累过多, 之后还需周期性地重新计算, 相关运算量相当大, 尤其如果不能像 Forrest 和 Goldfarb(1992) 那样利用计算机结构快速求解线性系统的话. 另外, 由于每次迭代需校正全部非基本变量对应的边方向模平方, 基于最陡边规则的分段部分计价策略并不可行.

5.3　近似最陡边规则

本节将沿用 5.2 节使用的记号介绍最陡边规则的 3 个近似变形.

受二维问题图解法的直观启发, Harris (1973) 提出沿近似最陡边搜索的想法. 基于该思想的 Devex 规则计算简单, 只用到主元行和主元列元素, 在数值试验中有卓越表现.

设由 $n - m$ 个变量下标构成 "参照架" (reference framework), 子向量 $\widehat{d^j}$ 由边方向 d^j 位于参照架的那些分量构成. 对简约价格 $\bar{z}_j$ 赋予权 $t_j, j \in N$ 作为 $\|\widehat{d^j}\|$ 的近似.

规则 5.3.1(Devex 规则)　选定主元列标

$$p \in \arg\min\{\bar{z}_j / t_j \mid j \in N\}.$$

其中权 t_j 确定如下, 从而该规则可近似视为选择该参照架下的最陡边.

开始时取定当前非基本变量下标集作为参照架. 对其中所有下标 j 取 $t_j = 1$. 此时 Devex 规则与 Dantzig 规则一致. 在随后迭代中对 t_j 加以校正. 显然, 将 (5.4) 和 (5.5) 中的向量换成只由位于参照架分量构成也成立, 于是有如下校正公式:

$$\bar{t}_p = \max\{1, \|\widehat{d^q}\| / |\sigma_q|\}, \tag{5.11}$$

$$\bar{t}_j = \max\{t_j, |\sigma_j / \sigma_q| \|\widehat{d^q}\|\}, \quad j \in N, \ j \neq q. \tag{5.12}$$

后一个公式系用向量

$$\widehat{d^j}, \quad -(\sigma_j / \sigma_q)\widehat{d^q}$$

之中较大的模代替它们的和

$$\widehat{d^j} - (\sigma_j / \sigma_q)\widehat{d^q}$$

的模而来. 注意, 每次迭代 $\bar{a}_q$ 独立于权校正算得, 因而 d^q 是现成的, 容易直接计算 $\|\widehat{d^q}\|$. 尽管 $\|d^q\| \geqslant 1$, 在 q 不属于参照架的情形 $\|\widehat{d^q}\|$ 仍可能很小, 而 (5.11) 可确保所有的权 t_j 均不小于 1. 显然, 对于长时间逗留于非基中的变量, 其权至少不会下降.

当使用校正公式误差累积过多时, 就需重新确定参照架并置所有的权为 1. 由于权 $\bar{t}_q$ 系直接算得, 监控误差是很方便的: 如果该计算值与校正所得到的相应值相差过大, 如前者超过后者的某个倍数 (Harris 用 2 倍), 则再次开始.

另一方案是直接用 $\|\widehat{d^j}\|$ 本身而非其近似 $\bar{t}_j$. 因将 (5.4) 和 (5.5) 中的 d^j 用子向量 $\widehat{d^j}$ 代替仍然成立. 故将 (5.7) 和 (5.8) 中的 d^j 用 $\widehat{d^j}$ 代替即得 $\widehat{d^j}$ 模平方的递

推公式. 注意, 仍可直接计算

$$\|\widehat{d^q}\|^2 = \delta + \|\bar{a}_q\|^2,$$

这里 δ 等于 1 或 0 依赖于 q 是否属于参照架. 凡公式中涉及的 $\bar{a}_j$ 均应视为其相应于参照架的子向量. 使用这些公式的主元规则称为*投影最陡边规则*.

投影最陡边规则的进一步变形是在重置参照架时让其扩大: 将出基变量加入参照架, 如果它不是已在其中的话. 递推公式只需作相应微小改动. 这样的规则称为*动态最陡边规则*.

下面引用 Goldfarb 和 Forrest(1992) 报告的数值试验结果. 总共 20 个试验问题, 由全部 14 个含 10000 个以上非 0 元素的 Netlib 问题和他们个人收集的 6 个更大和困难的试验问题组成. 基于 Dantzig, Devex, 最陡边, 动态最陡边和投影最陡边 5 个主元规则的软件分别求解全部问题所需 CPU 时间列于下表第一行. 第 2 行给出前 4 个规则对于投影最陡边规则的总时间比见表 5.3.1.

表 5.3.1

主元规则	Dantzig	Devex	最陡边	动态最陡边	投影最陡边
总小时数	110.19	7.76	4.90	4.08	3.89
比值	28.33	1.99	1.26	1.05	1.00

由上表看出, Dantzig 规则求解这些问题最慢而投影最陡边规则最快, 它们的总时间比高达 28.33. 这些结果对后 3 个规则特别有利, 因为它们在计价运算和求解线性系统中利用了计算机 IBM RISC 系统/6000 的结构. 这些数值结果确立了最陡边规则和 Devex 等近似规则对于传统规则的巨大优势.

5.4 最大距离规则

与最陡边规则或 Devex 规则一样, 最大距离规则也基于规范化的简约价格. 不过后者从对偶角度导出, 相比之下更加简单和容易实现.

从对偶问题 $\max\{b^T y | A^T y \leq c\}$ 的角度看主元规则. 简约价格 $\bar{z}_j = c_j - a_j^T B^{-T} c_B$ 为负意味着当前对偶解 $\bar{y} = B^{-T} c_B$ 违反对偶约束条件 $a_p^T y \leq c_j$. 让相应的变量 x_j 进基, 即强使被违反的对偶不等式约束作为等式满足, 即 $a_j^T y = c_j$. Dantzig 规则取最负简约价格对应的变量进基, 表现不尽如人意并不奇怪, 因为最负简约价格并不一定对应违反最甚的不等式约束. 实际上, $\bar{y}$ 离开边界 $a_j^T y = c_j$ 的带符号距离为 $\bar{z}_j/\|a_j\|$ (见 2.1 节); 尽管 $\bar{z}_j$ 最负, 当 $\|a_j\|$ 很大时 $\bar{z}_j/\|a_j\|$ 的绝对值仍可能很小, 当前对偶解其实离边界并不远.

下列规则按对偶解离被违反边界距离最大选择进基变量 (Pan, 2008a).

规则 5.4.1(最大距离规则)   选定主元列标

$$q \in \arg\min\{\bar{z}_j / \|a_j\| \mid j \in N\}.$$

如果把 $\|a_j\|$ 看做 a_j 的任何一种模, 它实际上代表了一族规则. 但我们偏好欧氏模.

最大距离规则的突出优点是简单. 系数矩阵各列的模 $\|a_j\|, j = 1, \cdots, n$ 在求解过程中并不改变. 如果在开始就算好的话, 每次迭代该规则所需除法次数不超过 $n-m$. 然而, 更好的作法是预先将 A 的各列规范化. 这样, 在随后的单纯形迭代中最大距离规则就等同于 Dantzig 规则, 简约价格 $\bar{z}_j$ 就等于由 $\bar{y}$ 到相应边界的 (带符号) 距离.

下面引用 Pan (2008a) 报告的数值试验结果. 试验在一台 IBM 个人计算机上进行, Windows XP 2002 操作系统, 处理器 1.86GHz, 1.00GB 内存, 约 16 位十进制精度, 使用 Visual Fortran 5.0 编译. 试验涉及 3 个软件:

1. Devex: Devex 规则.
2. SCL1: 欧氏模最大距离规则.
3. SCL2: ∞- 模最大距离规则.

这些软件均以 MINOS5.51 为平台, 仅主元规则不同. 总共对 3 组 80 个大规模稀疏问题进行了测试 (见附录 B: 表 12.1, 12.2 和 12.3):

1. 47 个 (按 $m + n$) 最大的 Netlib 问题 (SCRS8-STOCFOR3).
2. 全部 16 个 Kennington 问题 (KEN07-KEN18).
3. 17 个规模大于 500KB(压缩形式) 的 BPMPD 问题 (RAT7A-DBIC1).

表 5.4.1 给出这些软件所需总的迭代次数比和 CPU 时间比:

表 5.4.1

问 题	Devex/SCL2		Devex/SCL1		SCL2/SCL1	
	迭次	时间	迭次	时间	迭次	时间
Netlib(47)	0.26	0.33	0.29	0.34	1.09	1.03
Kennington(16)	1.75	2.18	4.95	4.33	2.84	1.98
BPMPD(17)	1.29	2.33	1.88	3.64	1.46	1.56
平均 (80)	1.00	2.06	1.43	3.24	1.43	1.58

从表的最后一行看出, Devex 对 SCL1 的总迭代次数比和 CPU 时间比分别为 1.43 和 3.24. 因而 SCL1 的表现明显优于 Devex, 而更有意义的 CPU 时间差距更大. SCL2 也以 2.06 的 CPU 时间比优于 Devex. 就两个最大距离规则而言, SCL1 分别以 1.43 和 1.58 的迭代次数比和 CPU 时间比优于 SCL2. 看来基于欧氏模确实较为优越. 可以预期, 该规则采用部分计价策略会有更好表现.

值得注意的是，最大距离规则不仅表现杰出，且极易实现. SCL1 和 SCL2 与 MINOS 5.51 的差别仅在于调比子程序中增加了对各列规范化的语句.

5.5 嵌 套 规 则

嵌套规则属于部分计价策略. 如果把负简约价格看做清除对象, 它聚焦于其中 "最顽固"者.

设 $\epsilon > 0$ 为对偶可行容限. 每次迭代, 先对非基本变量下标集 N 的一个子集 J_1 进行计价, 按某规则确定一个负简约价格, 若其小于 $-\epsilon$, 则让所对应的变量进基; 否则对 $J_2 = N \backslash J_1$ 重复上述过程. 若没有小于 $-\epsilon$ 的简约价格, 则视为已达最优. 该规则被冠以 "嵌套"一词, 是因为每次优先计价的集合 J_1 是上次迭代计价集合的一个子集, 由对应小于 $-\epsilon$ 的简约价格的下标构成.

下面给出 Dantzig 规则的嵌套变形 (Pan, 2008b).

规则 5.5.1(嵌套规则) 给定对偶容限 ϵ. 对初始迭代, 置 $J_1 = N$ 及 $J_2 = \varnothing$.

1. 若 $\widehat{J}_1 \triangleq \{j \mid \bar{z}_j < -\epsilon, j \in J_1\} \neq \varnothing$, 转步 4.
2. 若 $\widehat{J}_1 \triangleq \{j \mid \bar{z}_j < -\epsilon, j \in J_2\} \neq \varnothing$, 转步 4.
3. 停止 (已达最优).
4. 选择进基变量 x_q 使得 $q \in \arg\min\{\bar{z}_j | j \in \widehat{J}_1\}$.
5. 更新 $J_1 = \widehat{J}_1 \backslash q, J_2 = N \backslash J_1$.

提出上述规则的动机如下. 显然, 在初始迭代步或用到 J_2 的其他迭代步, 该规则实际上等同于 Dantzig 规则. 在这样一次全部计价之后跟着一系列嵌套计价, 不妨称之为一个周期. 由于一个周期中 J_1 是前一个 J_1 的真子集, 每次迭代计价的运算量递减. 不仅如此, 在一个周期的第 k 次迭代, J_1 中的下标对应的简约价格在前 k 步中全都**始终**小于 $-\epsilon$. 有理由让这样 "顽固"的下标进基以达成最优.

实际上, 在初始迭代步生成的下标集 J_1 对应了梯度与目标负简约梯度夹成锐角的所有非负约束. 而按最钝角原理, 着力让这些约束成为非积极约束, 或换句话说, 让它们对应的变量成为基本变量是可取的 (见 2.4 节及 9.5 节).

嵌套规则与复计价策略 (见 5.1 节) 形式上似乎较为接近. 它们的本质区别在于, 前者特别着重于不满足最优性条件 (在对偶容限的意义下) 的那些非基本下标.

对任何一个全主元规则都可给出其嵌套变形. 如在规则 5.5.1 步 4 中改用

$$q \in \arg\min\left\{\bar{z}_j / \|d^j\| \mid j \in \widehat{J}_1\right\}$$

即得最陡边嵌套规则; 而改用

$$q = \arg\min\left\{\bar{z}_j / t_j \mid j \in \widehat{J}_1\right\},$$

则得 Devex 嵌套规则 (其中符号分别见 5.2 节及 5.3 节).

幸运的是，嵌套规则很容易编程加以实现. 有关数值试验结果如下 (Pan，2008b)，涉及 5 个软件：

1. Dantzig：MINOS 5.51(全部计价选项).
2. Devex：Devex 规则.
3. P-Dantzig：MINOS 5.51 (默认分段部分计价选项).
4. N-Devex：Devex 嵌套规则.
5. N-Dantzig：Dantzig 嵌套规则.

这些软件均以 MINOS5.51 为平台，仅主元规则不同. 进行试验的软硬件环境同上节，也用同样 80 个试验问题. 表 5.5.1 列出前 4 个软件对第 5 个软件 (N-Dantzig) 总迭代次数比和 CPU 时间比.

表 5.5.1

问　　题	Dantzig		Devex		P-Dantzig		N-Devex	
	迭次	时间	迭次	时间	迭次	时间	迭次	时间
Netlib(47)	5.16	5.95	1.20	1.21	4.65	4.00	1.04	0.95
Kennington(16)	5.63	5.65	5.56	5.55	3.51	2.64	1.00	0.91
BPMPD(17)	8.29	12.86	3.83	6.54	5.04	5.20	1.18	1.22
平均 (80)	6.78	9.75	3.48	5.73	4.57	4.20	1.10	1.09

从上表可看出，无论就迭代次数还是运行时间而言，基于嵌套规则的 N-Dantzig 和 N-Devex 都远胜常规软件，而前者表现最好. Dantzig 嵌套规则以总迭代次数比 3.48 和总平均时间比 5.73 超过 Devex 规则，更以高达 6.78 总迭代次数比和 9.75 的总平均时间比超过 Dantzig 规则.

Pan (2008c) 实际上还测试了未列入表内的若干规则. 对于 77 个试验问题，Dantzig 嵌套规则以高达 25.22 总平均时间比超过最陡边规则，尽管前者需要更多的迭代次数 (总迭代次数比为 0.34). 另外，最大距离规则也不能和 Dantzig 嵌套规则相比. 不过，最陡边嵌套规则比最陡边规则差；原因在于前者重置次数较多，耗费巨大. 还应该指出，这些试验对最陡边计算也略欠公平，既没有采用递推方式计算简约价格 (因而每次迭代多计算两个线性系统)，也未利用计算机结构快速求解.

由数值实验得出的结论是，对于普通规则而言，嵌套规则具有很大优势 (最陡边嵌套规则例外)，而 Dantzig 嵌套规则优于 Devex 嵌套规则.

5.6　最大距离嵌套规则

采用嵌套策略可进一步改善最大距离规则，且极易实现 (Pan，2008c).

规则 5.6.1(最大距离嵌套规则)　与规则 5.5.1 相同，除了在其步 4 改用下式：

$$q \in \arg\min\{\bar{z}_j/\|a_j\| \mid j \in N\}.$$

有关数值试验结果如下, 涉及如下 3 个软件:

1. Devex: Devex 规则.
2. LDN1: 欧氏模最大距离嵌套规则.
3. LDN2: ∞ 模最大距离嵌套规则.

进行试验的软硬件环境同 5.4 节和 5.5 节相同, 也用同样的 80 个试验问题. 表 5.6.1 给出 Devex 和 LDN2 对于 LDN1 所需总的迭代次数比和 CPU 时间比.

表 5.6.1

问 题	Devex/LDN2		Devex/LDN1		LDN2/LDN1	
	迭次	时间	迭次	时间	迭次	时间
Netlib(47)	1.20	1.17	1.15	1.16	0.96	0.99
Kenningt(16)	5.63	5.42	7.83	5.77	1.39	1.06
BPMPD(17)	4.32	7.43	5.43	10.17	1.26	1.37
平均 (80)	3.69	6.08	4.34	7.27	1.18	1.20

从上表可看出, 无论就迭代次数还是运行时间而言, 两个最大距离嵌套规则都远胜过 Devex 规则. 欧氏模最大距离嵌套规则表现最好, 以总迭代次数比 4.34 和总平均时间比 7.27 超过 Devex 规则; 差距比 Dantzig 嵌套规则与 Devex 规则之间更大.

鉴于 5.4~5.6 节报告的数值试验结果具有可比性, 最后可以获得如下结论: 至少就所试验的 80 个问题而言, (欧氏模) 最大距离嵌套规则效果最好.

5.7 简约价格的计算

主元规则与简约价格有紧密的关系, 知道 (全部或部分) 简约价格是确定主元的前提.

仍设当前基为 $B = \{1, \cdots, m\}$, 非基为 $N = \{m+1, \cdots, n\}$. 计算简约价格的常规公式为

$$B^{\mathrm{T}}y = c_B, \quad z_N = c_N - N^{\mathrm{T}}y. \tag{5.13}$$

本节介绍若干替代方案, 其中有些已在实践中应用.

设进基下标 $q \in N$ 和出基下标 $p \in B$ 已经确定. 本节用 "撇" (prime) 表示与新基相关的量. 于是

$$B' = (B\backslash p) \cup q, \quad N' = (N\backslash q) \cup p. \tag{5.14}$$

新基矩阵同当前基矩阵关系可表示为

$$B' = B + (a_q - a_p)e_p^{\mathrm{T}}, \tag{5.15}$$

而 y' 满足

$$B'^{\mathrm{T}}y' = c_{B'}. \tag{5.16}$$

如果定义 h 为下列线性系统的解:

$$B^{\mathrm{T}}h = e_p, \tag{5.17}$$

则 h' 满足

$$B'^{\mathrm{T}}h' = e_p. \tag{5.18}$$

于是可证明下列关系式成立:

$$y' = y + z_q h', \tag{5.19}$$

$$h = \bar{a}_{p,q}h', \tag{5.20}$$

$$z'_{N'} = z_{N'} - z_q N'^{\mathrm{T}}h', \tag{5.21}$$

$$= z_{N'} - (z_q/\bar{a}_{p,q})N'^{\mathrm{T}}h, \tag{5.22}$$

其中 $\bar{a}_{p,q}$ 为主元, 即 $B\bar{a}_q = a_q$ 解的第 p 个分量, 由独立于计价得到. 注意, 以上递推公式中, 对离基下标 $p \in B$ 有 $z_p = 0$.

作为替代方案, 可基于 (5.21) 或 (5.22) 计算简约价格. Zoutendijk(1960) 方案使用公式 (5.21) 和 (5.18). Bixby(1994) 方案则使用 (5.22) 和 (5.17). 其优势在于, (5.17) 或 (5.18) 的解 h 或 h' 通常比 y 稀疏得多; 且特别适合最陡边规则, 因为后者也需要求解 (5.17) 或 (5.18) (见 (5.10)). 另外, 对偶单纯形算法也需要求解 (见算法 4.5.1 步 3).

然而由递推获得简约价格不适合部分计价. 同以上方案不同, Tomlin 使用 (5.19) 和 (5.18) 递推计算单纯形乘子. 这显然在部分计价情形更具优势.

同常规方法一样, 上述方案都要求解两个三角系统. 设当前基矩阵 B 带行列交换的 LU 分解为

$$PBQ = LU, \tag{5.23}$$

其中 L 为单位下三角阵, U 为非奇上三角阵, 而 P 和 Q 均为排列阵. 则单纯形迭代所涉及的线性系统均可分解为两个三角系统. 对 $B\bar{a}_q = a_q$ 可求解

$$Lv = Pa_q, \quad Uu = v, \tag{5.24}$$

并置 $\bar{a}_q = Qu$. 可类似求解 (5.17) 或 (5.18).

Hu 和 Pan (2008) 对 Tomlin 方案加以修改, 使计算简约价格只需求解一个三角系统. 后来知道, Goldfarb(1977) 早就沿其他途径提出过该方法, 只是没有报告数值试验结果.

下面先以稍不同于 9.4 节的方式给出 Bartels-Golub 校正方法 (Forrest-Tomlin 变形).

由 (5.15) 和 (5.23) 可得

$$PB'Q = LU + P(a_q - a_p)e_p^{\mathrm{T}}Q,$$
$$= L(U + (L^{-1}Pa_q - L^{-1}Pa_p)e_p^{\mathrm{T}}Q).$$

由 (5.23) 和 $Be_p = a_p$ 得

$$Pa_p = PBe_p = LUQ^{\mathrm{T}}e_p.$$

另外，显然存在正整数 $1 \leqslant r \leqslant m$ 使得

$$e_r = Q^{\mathrm{T}}e_p. \tag{5.25}$$

结合以上 3 式推出

$$PB'Q = L(U + (L^{-1}Pa_q - UQ^{\mathrm{T}}e_p)e_p^{\mathrm{T}}Q) = LR, \tag{5.26}$$

其中 v 满足 (5.24) 第 1 个三角系统, 而

$$R = (U + (v - Ue_r)e_r^{\mathrm{T}})$$

除第 r 列外是上三角阵, 因它由 U 的第 r 列用 v 置换而来. 将其第 r 列移到最后并将第 $r+1$ 至 m 列前移一列位置, 再将第 r 行移到最后并将第 $r+1$ 至 m 行上移一行位置. 设 $\widehat{Q}$ 是相应的排列矩阵, 则所得矩阵 $\widehat{Q}^{\mathrm{T}}R\widehat{Q}$ 除了第 m 行从第 r 至 $m-1$ 列元素可能非 0 外是上三角阵 ($m \geqslant 2$). 这些元素可以经一系列 Gauss 变换消去, 其间当与非 0 元相比相应的对角元绝对值过小时将第 m 行与对角元所在行交换; 于是存在排列矩阵 P_i 和下三角矩阵 $L_i, i = 1, \cdots, s(1 \leqslant s \leqslant m-r)$ 使得

$$L_s^{-1}P_s \cdots L_1^{-1}P_1\widehat{Q}^{\mathrm{T}}R\widehat{Q} \triangleq U' \tag{5.27}$$

为非奇上三角阵. 另一方面, 显然

$$L' = L\widehat{Q}P_1^{\mathrm{T}}L_1 \cdots P_s^{\mathrm{T}}L_s \tag{5.28}$$

为带行交换的单位下三角阵. 由 (5.27), (5.28) 和 (5.26) 不难验证新基矩阵 B' 有如下带行列交换的 LU 分解:

$$P'B'Q' = L'U', \tag{5.29}$$

其中

$$P' = P, \quad Q' = Q\widehat{Q}. \tag{5.30}$$

幸运的是这个过程所得结果可以简化单纯形乘子的计算.

定理 5.7.1   设 y 为 $B^{\mathrm{T}}y = c_B$ 的解, z_q 为对应进基下标 q 的简约价格. 若 w' 是下列系统的解:

$$L'^{\mathrm{T}}Pw' = (1/u'_{mm})e_m, \tag{5.31}$$

其中 u'_{mm} 为 U' 的第 m 个对角元素, 则 $y' = y + z_q w'$ 为 (5.16) 的解.

证明   按新旧基下对应量之间的关系, 只需证明 w' 是 (5.18) 的解. 用 U'^{T} 左乘 (5.31) 得

$$U'^{\mathrm{T}}L'^{\mathrm{T}}Pw' = (1/u'_{mm})U'^{\mathrm{T}}e_m.$$

由上式, (5.29),(5.30) 及 $U'^{\mathrm{T}}e_m = u'_{mm}e_m$ 可得

$$\widehat{Q}^{\mathrm{T}}Q^{\mathrm{T}}B'^{\mathrm{T}}w' = e_m.$$

由 (5.25) 和排列矩阵 $\widehat{Q}$ 的定义知

$$e_p^{\mathrm{T}}Q\widehat{Q} = e_r^{\mathrm{T}}\widehat{Q} = e_m^{\mathrm{T}}.$$

最后由上两式推出

$$B'^{\mathrm{T}}w' = Q\widehat{Q}e_m = Q\widehat{Q}\widehat{Q}^{\mathrm{T}}Q^{\mathrm{T}}e_p^{\mathrm{T}} = e_p.$$

$\square$

该定理表明, 用 Forrest-Tomlin 方法求得新 LU 因子后, 只要求解三角系统 (5.31) 得到 w' 并算出新的单纯形乘子 y', 就可依据 (5.21) 计算新的简约价格.

该数值试验 (Hu and Pan, 2008b) 涉及如下两个软件:

1. MINOS 5.51: MINOS 5.51 用默认选项计价.
2. NEW: MINOS 5.51 改为新方法计价.

以上软件均用部分计价默认选项 (partial price 10).

试验问题仍为 Netlib, Kennington, BPMPD 3 类共 129 个 (见附录 B: 表 12.1, 12.2 和 12.3). 全部 96 个 Netlib 问题分为 3 组: 小规模 38 个, 中规模 41 个, 大规模 17 个 (依 $m+n$ 由小到大为序). 表 5.7.1 给出 MINOS 5.51 对 NEW 总迭代次数比和 CPU 时间比.

表 5.7.1

问 题	小规模 (38)	中规模 (41)	大规模 (17)	Ken. (16)	BPMPD (17)	总平均 (129)
迭代次数	1.00	1.01	1.12	1.05	1.12	1.10
CPU 时间	1.03	1.17	1.28	1.28	1.23	1.24

从表 5.8.1 看出, 无论就迭代次数还是运行时间而言, 对各组问题 (除小规模 Netlib 问题) 新方法的表现都优于常规方法. 它们之间的总迭代次数比达 1.10 而平均时间比达 1.24.

第6章 对偶主元规则

本书把对偶单纯形法的主元规则称为对偶主元规则[①]. 和原始情形类似, 对偶主元规则对效率的影响也是决定性的.

假设 $\bar{x} = B^{-1}b \not\geq 0$. 对偶 Dangzig 规则确定主元行标 $p \in B$ 使 $\bar{x}_p$ 最小, 从而对单位步长而言, 目标值增长最大. 然而该规则远非理想. 实际上, 由 (4.16) 和 (4.17) 易知, 每次迭代目标值的增量为

$$\hat{f} - \bar{f} = \bar{x}_p(\bar{z}_q/\bar{a}_{pq}),$$

按 "最大改进" 规则, 应选择 p, q 使其最大. 但与原始最大改进规则一样, 该规则的计算冗繁而不实用.

本章介绍标准线性规划问题的对偶主元规则, 可视为原始规则的对偶变形.

和前章一样, 本章仍设基矩阵 B 由 A 的前 m 列构成, 即下标集有如下剖分:

$$B = \{1, \cdots, m\}, \quad N = \{m+1, \cdots, n\}.$$

6.1 对偶最陡边规则

设对偶线性规划问题

$$\begin{aligned} \max \quad & g = b^{\mathrm{T}}y, \\ \text{s.t.} \quad & A^{\mathrm{T}}y \leqslant c. \end{aligned}$$

有对偶基本可行解 $\bar{y}$, 满足

$$B^{\mathrm{T}}\bar{y} = c_B, \tag{6.1}$$

$$N^{\mathrm{T}}\bar{y} \leqslant c_N. \tag{6.2}$$

定义

$$y(\beta) = \bar{y} - \beta h^i,$$

$$h^i = B^{-\mathrm{T}}e_i, \quad i = 1, \cdots, m.$$

对任一 $i \in \{1, \cdots, m\}$ 和任何 $\beta \geqslant 0$, 由以上两式和 (6.1) 推出

$$a_i^{\mathrm{T}}y(\beta) = a_i^{\mathrm{T}}\bar{y} - \beta = c_i - \beta \leqslant c_i,$$

$$a_k^{\mathrm{T}}y(\beta) = a_k^{\mathrm{T}}\bar{y} = c_k, \quad k = 1, \cdots, m, k \neq i.$$

[①] 指行主元规则, 主元行确定后主元列的选择余地很小.

易知 $-h^i, i = 1, \cdots, m$ 是可行多胞形 $\{y|A^{\mathrm{T}}y \leqslant c\}$ 由顶点 $\bar{y}$ 出发的边方向. 确定 i 意味着让基本变量 x_i 离基, 即让约束条件 $a_i^{\mathrm{T}}y \leqslant c_i$ 作为不等式满足. 由于

$$-b^{\mathrm{T}}h^i = -e_i^{\mathrm{T}}B^{-1}b = -\bar{x}_i,$$

故当 $\bar{x}_i < 0$ 时边方向 $-h^i$ 与对偶目标梯度 b 夹成锐角, 为目标值上升方向. 因而, 对偶单纯形算法只须确定主元行标 $p \in \{1, \cdots, m\}$ 满足 $\bar{x}_p < 0$, 即可保证每步迭代目标值至少不降, 且在非对偶退化情形严格增加. 特别地, 下列规则选择与 b 夹角最小的边方向 (Forrest et al., 1992).

规则 6.1.1(对偶最陡边规则)   选定主元行标

$$p \in \arg\min\{\bar{x}_i/\|h^i\| \mid i = 1, \cdots, m\}.$$

同原始情形一样, 该规则的实用性在于可递推计算

$$\|h^i\|^2, \quad i = 1, \cdots, m.$$

设 x_p 出基而 x_q 进基. 则新基之逆为 (3.32) 或

$$\hat{B}^{-1} = B^{-1} - \frac{(\bar{a}_q - e_p)e_p^{\mathrm{T}}B^{-1}}{\bar{a}_{pq}},$$

其中 $\bar{a}_q = B^{-1}a_q$. 用 e_i^{T} 左乘上式并转置得边方向的递推关系

$$\tilde{h}^p = (1/\bar{a}_{pq})h^p, \tag{6.3}$$
$$\tilde{h}^i = h^i - (\bar{a}_{iq}/\bar{a}_{pq})h^p, \quad i = 1, \cdots, m, i \neq p. \tag{6.4}$$

进而可得边方向模平方的递推公式:

$$\|\tilde{h}^p\|^2 = (1/\bar{a}_{pq})^2\|h^p\|^2, \tag{6.5}$$
$$\|\tilde{h}^i\|^2 = \|h^i\|^2 - 2(\bar{a}_{iq}/\bar{a}_{pq})u_i + (\bar{a}_{iq}/\bar{a}_{pq})^2\|h^p\|^2, \quad i = 1, \cdots, m, i \neq p. \tag{6.6}$$

其中

$$B^{\mathrm{T}}h^p = e_p, \quad Bu = h^p. \tag{6.7}$$

注意, h^p 和 $\bar{a}_q$ 都独立于此处另外算得. 于是可直接计算 $\|h^p\|^2 = (h^p)^{\mathrm{T}}h^p$.

计算该规则通常比原始最陡边规则便宜. 它们都要额外求解一个线性系统: (6.6) 需要求解 $Bu = h^p$, 而 (5.8) 求解 $B^{\mathrm{T}}v = \bar{a}_q$. 然而与 (5.8) 不同, (6.6) 的中间项不涉及内积运算. 前者当主元行 $e_p^{\mathrm{T}}B^{-1}N$ 不太稀疏时花费相当大; 实践中常常 $n - m \gg m$, 此时原始规则边方向模平方的初始计算要比对偶规则冗繁得多, 且在稀疏性利用上求 $B^{-1}a_j$ 也不如求 $B^{-\mathrm{T}}e_i$.

现转向形如

$$\begin{aligned} \max \quad & g = b^{\mathrm{T}}y, \\ \text{s.t.} \quad & A^{\mathrm{T}}y + z = c, \quad z \geqslant 0 \end{aligned} \tag{6.8}$$

的对偶问题. 如果在 (y, z) 空间中考虑最陡边方向, 则可推出新主元规则.

对偶基本可行解

$$(\bar{y}, \bar{z}_N, \bar{z}_B) = (B^{-\mathrm{T}}c_B, c_N - N^{\mathrm{T}}B^{-\mathrm{T}}c_B, 0)$$

是 $(m+n) \times (m+n)$ 线性系统

$$\begin{pmatrix} B^{\mathrm{T}} & 0 & I \\ N^{\mathrm{T}} & I & 0 \\ 0 & 0 & I \end{pmatrix} \begin{pmatrix} y \\ z_N \\ z_B \end{pmatrix} = \begin{pmatrix} c_B \\ c_N \\ 0 \end{pmatrix}$$

的唯一解, 几何上为多面体 $\{(y,z)|A^{\mathrm{T}}y + z = c, z \geqslant 0\}$ 一个顶点. 易检验该系数矩阵之逆

$$\begin{pmatrix} B^{-\mathrm{T}} & 0 & -B^{-\mathrm{T}} \\ -N^{\mathrm{T}}B^{-\mathrm{T}} & I & N^{\mathrm{T}}B^{-\mathrm{T}} \\ 0 & 0 & I \end{pmatrix}$$

的最后 m 列即为由该顶点出发的边方向, 即

$$h^i = \begin{pmatrix} -B^{-\mathrm{T}} \\ N^{\mathrm{T}}B^{-\mathrm{T}} \\ I \end{pmatrix} e_i, \quad i = 1, \cdots, m. \tag{6.9}$$

这些边方向的递推关系形如 (6.3) 和 (6.4), 而边方向模平方形如 (6.5) 和 (6.6), 不过 (6.7) 要用下式代替

$$B^{\mathrm{T}}h = e_p, \quad Bu = h + \sum_{j=m+1}^{n} \sigma_j a_j, \tag{6.10}$$

其中 σ_j 为主元行向量

$$\sigma = A^{\mathrm{T}}h \tag{6.11}$$

的第 j 个分量, 而

$$\|h^p\|^2 = h^{\mathrm{T}}h + \sigma^{\mathrm{T}}\sigma. \tag{6.12}$$

由于 σ 在计算简约价格时已算得, 可直接计算上式.

本书把基于 (6.5), (6.6) 和 (6.7) 的规则称为 "对偶最陡边规则 I" 而把基于 (6.5), (6.6) 和 (6.10)~(6.12) 的规则称为 "对偶最陡边规则 II".

6.2　近似对偶最陡边规则

Harris(1973) 给出一个 Devex 规则的对偶变形, 可以看做是对偶最陡边规则 II 的近似.

她引入由对偶变量 z 的 m 个分量下标构成的"参照架"(reference framework). 设子向量 $\widehat{h}^i$ 由边方向 h^i 位于参照架的那些分量构成. 对 $\bar{x}_i$ 赋予权 $s_i, i = 1, \cdots, m$ 作为 $\|\widehat{h}^i\|$ 的近似.

规则 6.2.1(对偶 Devex 规则)　选择主元行标

$$p \in \arg\min\{\bar{x}_i/s_i | i = 1, \cdots, m\}.$$

其中权 s_i 确定如下, 从而该规则可近似视为选择该参照架下的最陡边.

开始时取定下标集 B 作为参照架. 对其中所有下标 i 取 $s_i = 1$ (见 (6.9)); 此时对偶 Devex 规则与对偶 Dantzig 规则一致. 在随后迭代中对 s_i 加以校正. 设 σ 由 (6.11) 定义, 而位于参照架的分量构成子向量 $\widehat{\sigma}$. 将 (6.3) 和 (6.4) 中向量换作只由位于参照架的分量构成也成立, 于是有如下校正公式:

$$\bar{s}_p = \max\{1, \|\widehat{\sigma}\|/|\bar{a}_{pq}|\},$$
$$\bar{s}_i = \max\{s_i, |\bar{a}_{iq}/\bar{a}_{pq}|\|\widehat{\sigma}\|\}, \quad i = 1, \cdots, m, i \neq p.$$

后一个公式系用向量 $\widehat{h}^i$ 和 $-(\bar{a}_{iq}/\bar{a}_{pq})h^p$ 之中较大的模代替它们之和的模而得 (注意 (6.9)). 每次迭代 $\bar{a}_q = B^{-1}a_q$ 独立于权校正算得; 由于 σ 也是现成的, 故可直接计算 $\|\widehat{\sigma}\|$.

同原始 Devex 规则类似, 使用校正公式误差累积过多时, 就需重新确定参照架并置所有的权为 1. 也可用类似方法监控误差, 若校正值 s_p 与 $\|\widehat{\sigma}\|$ 的计算值相差过大即重置.

如果直接用 $\|\widehat{h}^i\|$ 而非其近似 $\bar{s}_i$, 则得到*投影对偶最陡边规则*. 该规则也可看做是按参照架修改对偶最陡边规则的结果. 将 (6.5) 和 (6.6) 中的 h^i 用 $\widehat{h}^i$ 代替就得到 $\|\widehat{h}^i\|^2$ 的递推公式, 而 (6.6) 中的 u 则通过求解下列系统得到

$$Bu = \sum_{j=m+1}^{n} \widehat{\sigma}_j a_j.$$

投影对偶最陡边规则的进一步变形是在重置参照架时让其扩大: 将进基变量加入参照架, 如果它不在其中的话. 递推公式只需相应作微小改动. 这样的规则称为*动态对偶最陡边规则*.

下面引用 Forrest 和 Goldfarb(1992) 的数值试验结果. 软硬件环境同原始情形 (见 5.3 节). 所涉及的 20 个试验问题由全部 14 个含 10000 个以上非 0 元素的 Netlib 问题和他们个人的 6 个更大和困难的试验问题组成. 表 6.2.1 第一行列出分别基于对偶 Dantzig, Devex, 最陡边 II, 动态最陡边, 投影最陡边和最陡边 I 六个对偶主元规则求解全部问题所需 CPU 时间; 第二行给出前 5 个规则对于对偶投影最陡边规则的总时间比.

表 6.2.1

对偶主元规则	Dantzig	Devex	最陡边 II	动态最陡边	投影最陡边	最陡边 I
总小时数	177.78	67.43	12.72	10.41	7.36	6.36
比值	27.95	10.60	2.00	1.64	1.16	1.00

由上表看出, 对偶 Dantzig 规则求解这些问题最慢而对偶最陡边规则 I 最快, 它们的总时间比高达 27.95! 应该指出, 由于计价运算和求解线性系统利用了计算机 IBM RISC 系统/6000 的结构, 结果对后 4 个规则特别有利.

就对偶规则与原始规则的数值结果而言, 看来前者似乎不及后者. 不过 Forrest 和 Goldfarb 指出这些数据对前者不甚公平, 因为他们使用的原始软件经过了优化而对偶软件没有. 上表所列后 4 个软件的耗时数本该至少减少 10%, 尽管对偶 Dantzig 和 Devex 减少没那么多.

最陡边规则和 Devex 等近似规则及其对偶变形对于传统规则有巨大优势, 已在许多商业软件 (如 CPLEX) 中使用.

6.3　对偶最大距离规则

本节导出最大距离规则 (见 5.4 节) 的对偶变形. 其基本思想是找出简约空间中当前解违反最甚的约束以确定出基变量.

考虑问题 $\min\{c^{\mathrm{T}}x|Ax=c, x \geqslant 0\}$. 设当前基 $B=\{1,\cdots,m\}$ 对应的基本解为 $\bar{x}$, 且 $\bar{x}_B \not\geqslant 0$. 对某个 $i \in B$, 若 $\bar{x}_i < 0$, 则表明简约空间中解 $\bar{x}_N=0$ 违反约束条件

$$\bar{b}_i - (w^i)^{\mathrm{T}}x_N \geqslant 0, \quad i=1,\cdots,m,$$

其中 $\bar{b}=B^{-1}b$ 而

$$w^i = N^{\mathrm{T}}B^{-\mathrm{T}}e_i, \quad i=1,\cdots,m.$$

点 $\bar{x}_N=0$ 离开边界 $\bar{b}_i - (w^i)^{\mathrm{T}}x_N=0$ 的带符号距离为 $\bar{x}_i/\|w^i\|$. 这里采用几何意义贴近实际的欧氏模, 尽管原则上可使用任何模.

对偶 Dangtzig 规则取

$$p \in \arg\min\{\bar{x}_i | i = 1, \cdots, m\}$$

不一定对应违反最甚的不等式约束, 因为当 $\|w^p\|$ 较大时, 相应距离的绝对值仍可能很小, 即离边界其实并不远. 从这个角度看, 不能指望对偶 Dangtzig 规则有杰出的表现.

按 $\bar{x}_N$ 离被违反边界距离最大选择出基变量, 就导出如下规则.

规则 6.3.1(对偶最大距离规则)   选定主元行标

$$p \in \arg\min\{\bar{x}_i / \|w^i\| | \, i = 1, \cdots, m\}.$$

和原始最大距离规则相比, 上述规则因涉及 $\|w^i\|$ 而冗繁很多. 不过同前面的作法类似, 可递推计算 $\|w^i\|^2, i = 1, \cdots, m$ 而使其具有实用性.

考虑 n 维向量组

$$\sigma^i = A^{\mathrm{T}} B^{-\mathrm{T}} e_i, \quad i = 1, \cdots, m.$$

显然. w^i 是 σ^i 的 $n - m$ 维子向量. 设 x_p 出基而 x_q 进基, 则该向量组有如下递推关系:

$$\tilde{\sigma}^p = (1/\bar{a}_{pq})\sigma^p,$$
$$\tilde{\sigma}^i = \sigma^i - (\bar{a}_{iq}/\bar{a}_{pq})\sigma^p, \quad i = 1, \cdots, m, i \neq p.$$

其中主元列 $\bar{a}_q = B^{-1} a_q$ 是现成的. 进而可得其模平方的递推公式:

$$\|\tilde{\sigma}^p\|^2 = (1/\bar{a}_{pq})^2 \|\sigma^p\|^2,$$
$$\|\tilde{\sigma}^i\|^2 = \|\sigma^i\|^2 - 2(\bar{a}_{iq}/\bar{a}_{pq})\sigma^{i\mathrm{T}}\sigma^p$$
$$+ (\bar{a}_{iq}/\bar{a}_{pq})^2 \|\sigma^p\|^2, \quad i = 1, \cdots, m, i \neq p.$$

上式结合 $\sigma^{i\mathrm{T}}\sigma^p = e_i^{\mathrm{T}} B^{-1} N \sigma^p$ 和 $\|\sigma^i\|^2 = \|w^i\|^2 + 1$ 即得所需要的递推公式:

$$\|\tilde{w}^p\|^2 = (1/\bar{a}_{pq})^2 (\|(w^p\|^2 + 1) - 1,$$
$$\|\tilde{w}^i\|^2 = \|w^i\|^2 - 2(\bar{a}_{iq}/\bar{a}_{pq})u_i$$
$$+ (\bar{a}_{iq}/\bar{a}_{pq})^2 (\|w^p\|^2 + 1), \quad i = 1, \cdots, m, i \neq p,$$

其中

$$Bu = \sum_{j=m+1}^{n} \sigma_j a_j.$$

这里 σ_j 为 σ^p 的第 j 个分量 (即 w^p 的第 $j - m$ 个分量). 注意, w^p 的分量是现成的主元行元素, 故可直接计算 $\|w^p\|^2 = (w^p)^{\mathrm{T}} w^p$.

6.4 对偶嵌套规则

本节导出嵌套规则 (见 5.5 节) 的对偶变形. 如果把原始基本解的负分量看做清除对象, 它聚焦于其中 "最顽固" 者.

设 $\epsilon > 0$ 为原始可行容限. 每次迭代, 先对基本变量下标集 B 的一个子集 J_1 进行检查, 按某规则确定一个负分量, 若其小于 $-\epsilon$, 则让所对应的变量出基; 否则对 $J_2 = B \backslash J_1$ 重复上述过程. 若没有小于 $-\epsilon$ 的非分量, 则视为已达最优. 该规则被冠以 "嵌套" 一词, 因为每次的优先集合 J_1 是上次迭代优先集合的一个子集, 由对应小于 $-\epsilon$ 分量的下标构成.

下面给出对偶 Dantzig 规则的嵌套变形:

规则 6.4.1(对偶嵌套规则: Dantzig) *给定原始容限 ϵ. 对初始迭代, 置 $I_1 = B$ 及 $I_2 = \varnothing$.*

1. *若 $\widehat{I_1} \triangleq \{i \mid \bar{x}_i < -\epsilon, i \in I_1\} \neq \varnothing$, 转步 4.*
2. *若 $\widehat{I_1} \triangleq \{j \mid \bar{x}_i < -\epsilon, i \in I_2\} \neq \varnothing$, 转步 4.*
3. *停止 (已达最优).*
4. *选择出基变量 x_p 使得 $p \in \arg\min\{\bar{x}_i \mid i \in \widehat{I_1}\}$.*
5. *更新 $I_1 = \widehat{I_1} \backslash p, I_2 = B \backslash I_1$.*

提出上述规则的动机如下. 显然, 在初始迭代步或接触到 I_2 的其他迭代步, 该规则实际上等同于对偶 Dantzig 规则. 在这之后跟着一系列嵌套, 称之为一个周期, 其中每个 I_1 是前一个 I_1 的真子集. 在一个周期的第 k 次迭代, I_1 中的下标对应的基本解分量在前 k 步中全都始终小于 $-\epsilon$. 因而仅限于在这样的下标中确定主元行应该是有利的.

对任何一个对偶主元规则都可给出其嵌套变形. 如规则 6.4.1 步 4 中改用

$$p \in \arg\min\{\bar{x}_i / \|h^i\| \mid i \in \widehat{I_1}\}$$

即得对偶最陡边嵌规则; 改用

$$q = \arg\min\{\bar{x}_i / s_i \mid i \in \widehat{I_1}\}$$

得对偶 Devex 嵌套规则. 而改用

$$p \in \arg\min\{\bar{x}_i / \|w^i\| \mid i \in \widehat{I_1}\}$$

得对偶最大距离嵌套规则.

作为原始规则的变形, 可以预期对偶嵌套规则和最大距离规则有杰出的表现. 幸运的是, 对偶嵌套规则很容易编程实现. 不过目前尚无任何数值经验, 其优劣的判定有待于今后的实践.

第 7 章   I 阶 段 法

表格单纯形法需从一个可行单纯形表开始迭代，而修正单纯形法需从一个可行基或其逆矩阵出发. 为单纯形法提供一个出发点是 I 阶段算法的任务. 3.3 节介绍的人工变量法未见在实际应用中使用，一般仅见于教科书. 该法比较刻板，对初始基没有选择余地，需包含全部人工变量，从而增大问题规模；当辅助目标函数达到 0 值而基中仍含人工变量时，后续处理也较冗繁. 本章将介绍更实用的 I 阶段算法，它们不用人工变量或只用单个人工变量.

7.1   不可行和法

该方法的辅助目标函数仅涉及违反非负约束的变量，由于效果很好，又不引入人工变量，在实际中被广泛应用.

设 (3.25) 为初始单纯形表，对应的基本解为

$$\bar{x}_B = \bar{b}, \quad \bar{x}_N = 0. \tag{7.1}$$

引入记号

$$I = \{i \mid \bar{b}_i < 0, i = 1, \cdots, m\}, \quad \bar{I} = \{1, \cdots, m\} \backslash I. \tag{7.2}$$

设 $I \neq \varnothing$. 构造如下辅助问题:

$$\begin{aligned}
\min \quad & -\sum_{i \in I} x_{j_i}, \\
\text{s.t.} \quad & x_B = \bar{b} - \bar{N} x_N, \\
& x_{j_i} \geqslant 0, \quad i \in \bar{I}; \quad x_j \geqslant 0, j \in N.
\end{aligned} \tag{7.3}$$

其目标函数是违反非负约束的变量之负和，谓之"不可行和". 注意，该问题与原问题有等价的约束系统，不过非负性限制只加于非基本变量及可行基本变量. 显然，基本解 (7.1) 是辅助问题的一个可行解.

用初等变换消去目标行的基本变量可得其单纯形表. 简约目标函数为

$$-\sum_{i \in I} x_{j_i} = w_0 + \bar{z}_N^{\mathrm{T}} x_N, \tag{7.4}$$

其中

$$w_0 = -\sum_{i \in I} \bar{b}_i > 0, \quad \bar{z}_j = \sum_{i \in I} \bar{a}_{i,j}, \quad j \in N.$$

这里目标值 $w_0 > 0$ 由 (7.2) 推得.

定理 7.1.1(不可行性检验) 若辅助单纯形表的检验数全非负, 则原问题不可行.

证明 假设 $\bar{z}_N \geqslant 0$ 但原问题可行. 不妨设 $\tilde{x} \geqslant 0$ 是一个可行解. 将其代入 (7.4), 该式左端显然小于或等于 0; 另一方面, 由 $w_0 > 0$ 和检验数全非负则推出右端大于 0, 从而引出矛盾. 故若检验数全非负则原问题不可行. □

现假设存在负简约价格. 实施一次单纯形迭代, 以使不可行基本变量之和有所上升, 从而在总体上改进可行性. 对此, 通常的列主元规则显然适用. 设进基下标 q 已确定, 使得

$$\bar{z}_q = \sum_{i \in I} \bar{a}_{iq} < 0. \tag{7.5}$$

由于某些基本变量没有非负约束, 辅助问题可能无界, 即使原问题有界. 实际上, 当 $\bar{I} = \varnothing$ 或下列条件成立时即如此:

$$\bar{a}_{iq} \leqslant 0, \quad \forall i \in \bar{I}. \tag{7.6}$$

因而通常的行规则不能直接应用, 需修改如下.

规则 7.1.1(辅助行规则) 选取主元行标 p 使得

$$\alpha = \bar{b}_p / \bar{a}_{pq} = \begin{cases} \min\{\bar{b}_i/\bar{a}_{iq} | \bar{a}_{iq} > 0, i \in \bar{I}\}, & \text{若 } \{i \in \bar{I} | \bar{a}_{iq} > 0\} \neq \varnothing, \\ \max\{\bar{b}_i/\bar{a}_{iq} | \bar{a}_{iq} < 0, i \in I\}, & \text{否则}. \end{cases} \tag{7.7}$$

稍后会看到 (7.7) 第 1 式中符号 "max" 带来的好处.

引理 7.1.1 假设下标 q 满足 (7.5). 规则 7.1.1 总有定义, 而相应迭代产生的新基本解为辅助问题的可行解.

证明 首先可断言存在行标 $t \in I$ 使 $\bar{a}_{tq} < 0$; 因为如若不然, 由

$$\bar{a}_{iq} \geqslant 0, \quad \forall i \in I,$$

可推出

$$\sum_{i \in I} \bar{a}_{iq} \geqslant 0,$$

与假设 (7.5) 矛盾. 可见 (7.7) 第 1 式总有定义, 该规则总能确定 p.

以 $\bar{a}_{pq}$ 为主元所得新表的右端项可用旧表元素表出 (见 (3.13)):

$$\widehat{b}_i = \bar{b}_i - \alpha \bar{a}_{iq}, \quad i \in \bar{I}, \ i \neq p,$$

$$\widehat{b}_p = \alpha,$$

其中 α 由 (7.7) 确定. 不难验证, 这些分量均非负, 故新解仍为辅助问题的可行解. □

定理 7.1.2   *假设原问题有可行解. 若可行基本变量非退化, 则经有限次迭代, 不可行基本变量严格减少.*

证明   由引理 7.1.1 的证明可知, 若将 (7.7) 第 1 式的 "max" 换成 "min" 也总有定义:

$$\alpha_1 \triangleq \bar{b}_s/\bar{a}_{sq} = \min\{\bar{b}_i/\bar{a}_{iq}|\bar{a}_{iq} < 0, i \in I\} > 0. \tag{7.8}$$

如果某次迭代由 (7.7) 第 2 式确定的步长 α 满足 $\alpha \geqslant \alpha_1$, 则对新解显然有

$$\hat{x}_{j_s} = \bar{b}_s - \alpha\bar{a}_{sq} \geqslant 0.$$

表明至少有一个不可行基本变量变为可行.

其次, 如果某次迭代 (7.6) 成立而用 (7.7) 第 1 式确定 p, 则所得新解不但对行标 $i \in \bar{I}$ 基本分量可行, 且对所有

$$s \in \{i \in I|\bar{a}_{iq} < 0\}$$

基本分量都变为可行, 这当然是有利的.

于是只需证明经有限次迭代或者 (7.8) 成立或者 (7.6) 成立. 现假设都不成立. 可以断言所有迭代均由 (7.7) 第 2 式确定 p, 且 (7.8) 不成立; 又原问题有可行解, 每次迭代总有负检验数. 因而迭代会无限次进行下去. 而基的个数有限, 故必有若干个基重复出现, 即发生循环. 这是不可能的, 因为在可行基本变量非退化的假设下, 辅助目标函数值严格单调减小.   □

若在某次迭代后不可行基本变量个数减少但不为 0, 则建立一个新的辅助问题, 其目标函数为含变量更少的 "不可行和", 再进行下一次迭代. 如此继续直到判定原问题无可行解, 或者得到一个可行单纯形表. 该方法一般涉及一系列辅助目标函数, 故称为 "逐段不可行和" (piecewise sum of infeasibilities) 法.

上述求解过程可归纳如下.

算法 7.1.1(表格 I 阶段算法: 不可行和)   *初始: 形如 (3.25) 的单纯形表. 本算法通过处理形如 (7.3) 的辅助问题求可行单纯形表.*

1. 若 $\bar{b}_i \geqslant 0, \forall i = 1, \cdots, m$, 返回 (获得可行单纯形表).

2. 对 $j \in N$ 计算 $\bar{z}_j = \sum\limits_{i \in I} \bar{a}_{i,j}$, 其中 $I = \{i|\bar{b}_i < 0, i = 1, \cdots, m\}$.

3. 若 $\bar{z}_N \geqslant 0$, 返回 (原问题无可行解).

4. 构造辅助问题 (7.3) 的单纯形表.

5. 调用单纯形法 3.2.1 一次迭代, 其中用规则 7.1.1 确定主元行.

6. 转步 1.

例 7.1.1 求解下列问题, I 阶段用不可行和法:

$$\min \quad f = -x_1 + x_2 - 2x_3,$$
$$\text{s.t.} \quad x_1 - 3x_2 - 2x_3 + x_4 = -4,$$
$$x_1 - x_2 + 4x_3 - x_5 = 2,$$
$$-3x_1 + x_2 + x_3 + x_6 = 8,$$
$$x_j \geqslant 0, \quad j = 1, \cdots, 6.$$

解 I 阶段. 以 -1 乘第 2 个等式将 x_5 的系数化为 1. 以 $I = \{1,2\}$ 构成辅助目标函数 $-x_4 - x5$ 得到辅助问题:

$$\min \quad f = -x_4 - x_5,$$
$$\text{s.t.} \quad x_1 - 3x_2 - 2x_3 + x_4 = -4,$$
$$-x_1 + x_2 - 4x_3 + x_5 = -2,$$
$$-3x_1 + x_2 + x_3 + x_6 = 8,$$
$$x_j \geqslant 0, \quad j = 1,2,3,6.$$

其初始表如下.

x_1	x_2	x_3	x_4	x_5	x_6	RHS
1	-3	-2	1			-4
-1	1	-4		1		-2
-3	1	1			1	8
			-1	-1		

分别把第 1 行和第 2 行加到目标行消去位于基本列的元素, 得单纯形表:

x_1	x_2	x_3	x_4	x_5	x_6	RHS
1	-3	-2	1			-4
-1	1	-4		1		-2
-3	1	1*			1	8
		-2		-6		-6

第 1 次迭代: $q = 3$; $\min\{8/1\} = 8$, $p = 3$. 即选定 x_3 列第 3 行元素 1 为主元. 将第 3 行分别乘以 2, 4 和 6 加到第 1, 2 和目标行得

x_1	x_2	x_3	x_4	x_5	x_6	RHS
-5	-1		1		2	12
-13	5			1	4	30
-3	1	1			1	8
-18	4				6	42

该表右端项均已非负, 结束 1 阶段过程. 为转入第 2 阶段, 用原目标函数系数复盖目标行.

x_1	x_2	x_3	x_4	x_5	x_6	RHS
-5	-1		1		2	12
-13	5			1	4	30
-3	1	1			1	8
-1	1	-2				

把第 3 行乘以 2 加到目标行消去其中位于基本列的元素, 得到可行单纯形表.

x_1	x_2	x_3	x_4	x_5	x_6	RHS
-5	-1		1		2	12
-13	5			1	4	30
-3	1	1			1	8
-7	3				2	16

从其开始进行 II 阶段求解. 选定目标行最小元素所在 x_1 列为主元列. 该列元素全为负, 故判定原问题无界.

实际中通常使用算法 7.1.2 的修正形式.

算法 7.1.2(I 阶段算法: 不可行和)   初始: $(B, N), B^{-1}, \bar{x}_B = B^{-1}b$. 本算法通过处理形如 (7.3) 的辅助问题求基本可行解.

1. 若 $\bar{x}_B \geqslant 0$, 返回 (获得基本可行解).

2. 构造 c_B: $c_{j_i} = \begin{cases} -1, & \text{若 } \bar{x}_{j_i} < 0, \\ 0, & \text{若 } \bar{x}_{j_i} \geqslant 0, \end{cases} \quad i = 1, \cdots, m.$

3. 调用单纯形算法 3.7.1(或 3.7.2) 一次迭代, 用规则 7.1.1 确定主元行.

4. 若返回在步 3(成步 2), 返回 (原问题无可行解).

5. 转步 1.

7.2   单人工变量法

不可行和法虽不引入人工变量, 但其行主元规则比较冗繁. 本节给出的方法只引入一个人工变量而可用通常的行规则.

设 (B, N) 为标准问题 (1.4) 基和非基. 单人工变量法有如下两种方案.

方案 1. 基于原始数据构造辅助问题.

假设给定 m 维向量 $h \geqslant 0$ 满足 $b - Bh \neq 0$. 引入人工变量 x_{n+1} 和规范化向量

$$a_{n+1} = (b - Bh)/\|b - Bh\|, \tag{7.9}$$

构造辅助问题

$$\begin{aligned} \min \quad & x_{n+1}, \\ \text{s.t.} \quad & Ax + a_{n+1}x_{n+1} = b, \quad x, x_{n+1} \geqslant 0. \end{aligned} \tag{7.10}$$

易验证该问题有可行解

$$\bar{x}_B = h, \quad \bar{x}_N = 0, \quad \bar{x}_{n+1} = \|b - Bh\|.$$

不过它并非基本可行解. 例如, 取 $h = e > 0$ 有利于避免 0 步长, 但相应的 a_{n+1} 也可能失去稀疏性.

该辅助问题的约束系统等价于

$$x_B = \bar{b} - \bar{a}_{n+1}x_{n+1} - \bar{N}x_N, \tag{7.11}$$

其中

$$\bar{b} = B^{-1}b, \quad \bar{a}_{n+1} = B^{-1}a_{n+1}, \quad \bar{N} = B^{-1}N. \tag{7.12}$$

若 $\bar{b} \geqslant 0$, 则显然 x_{n+1} 可取 0 值, 于是消去这个人工变量即得原问题的基本可行解.

命题 7.2.1 若 $\bar{b} \ngeqslant 0$, 则行标集 $\{i | \bar{a}_{i,n+1} < 0, \bar{b}_i < 0, i = 1, \cdots, m\}$ 非空.

证明 只需证明若对某个 $i \in \{1, \cdots, m\}$ 有 $\bar{b}_i < 0$, 则 $\bar{a}_{i,n+1} < 0$. 如若不然有

$$\bar{a}_{i,n+1} \geqslant 0.$$

由上式及 (7.9) 和 (7.12) 知

$$0 \leqslant \bar{a}_{i,n+1} = e_i^{\mathrm{T}} B^{-1} a_{n+1} = e_i^{\mathrm{T}} B^{-1}(b - Bh)/\|b - Bh\| = (\bar{b}_i - h_i)/\|b - Bh\|,$$

从而 $\bar{b}_i \geqslant h_i \geqslant 0$, 引出矛盾. $\qquad\square$

现设 $\bar{b} \ngeqslant 0$. 若固定 $\bar{x}_N = 0$ 而让 $\bar{x}_{n+1}$ 的值由 $\|b - Bh\|$ 下降, 则 $\bar{x}_B$ 随之由 h 开始变化. 若对其个 $i \in \{1, \cdots, m\}$ 有 $\bar{b}_i < 0$, 则相应的不等式约束可能阻断 $\bar{x}_{n+1}$ 的值下降至 0. 实际上, 满足不等式系统

$$x_B = \bar{b} - \bar{a}_{n+1}x_{n+1} \geqslant 0, \quad x_{n+1} \geqslant 0,$$

的最小 x_{n+1} 值为

$$\alpha = \bar{b}_r/\bar{a}_{r,n+1} = \min\{\bar{b}_i/\bar{a}_{i,n+1} \,|\, \bar{a}_{i,n+1} < 0, \bar{b}_i < 0, i = 1, \cdots, m\} > 0. \tag{7.13}$$

随 $\bar{x}_{n+1}$ 的值下降, $\bar{x}_{j_r}$ 的值最先降至 0. 让 x_{j_r} 出基 x_{n+1} 进基, 则新基对应辅助问题的一个基本可行解, 且辅助目标值严格下降. 而由于辅助问题有下界, 用单纯形迭代可求得其最优解.

不难证明, 若辅助问题最优值为 $0(x_{n+1}$ 离基), 则可得原问题的可行基; 否则无可行解.

方案 2. 基于约束系统典式构造辅助问题.

假设已知对应基 B 的典式, 而 $\bar{b} = B^{-1}b \gneq 0$. 给定 m 维向量 $h \geqslant 0$ 并定义

$$\bar{a}_{n+1} = (\bar{b} - h)/\|\bar{b} - h\|, \tag{7.14}$$

构造辅助问题

$$\begin{aligned}
\min \quad & x_{n+1}, \\
\text{s.t.} \quad & x_B = \bar{b} - \bar{a}_{n+1}x_{n+1} - \bar{N}x_N, \\
& x, x_{n+1} \geqslant 0.
\end{aligned} \tag{7.15}$$

显然, 该问题有如下可行解:

$$\bar{x}_B = h, \quad \bar{x}_N = 0, \quad \bar{x}_{n+1} = \|\bar{b} - h\|.$$

于是确定列标 $q = n+1$, 选择行标 p 满足 (7.13), 进行一次基变换即可得到可行基. 注意, 命题 7.2.1 依然成立.

至于如何确定 h, 理论上仅要求 $h \geqslant 0$. 然而就实际而言, 使相应的 $\|\bar{a}_{n+1}\|$ 过大似乎并不可取. 一个简单的选择是 $h = e > 0$. 另一选择则给定

$$\delta_i \geqslant 0, \quad i = 1, \cdots, m.$$

并取

$$h_i = \begin{cases} \delta_i, & \text{若 } \bar{b}_i < \delta_i, \\ \bar{b}_i, & \text{否则}, \end{cases} \quad i = 1, \cdots, m.$$

其中 $\delta_i \geqslant 0, i = 1, \cdots, m$ 为一组等于或接近于 0 的常数. 于是 (7.14) 相应地化为

$$\bar{a}_{i,n+1} = \begin{cases} \bar{b}_i - \delta_i, & \text{若 } \bar{b}_i < \delta_i \\ 0, & \text{否则}, \end{cases} \quad i = 1, \cdots, m. \tag{7.16}$$

这里采用后者, 因其较利于保持 $\bar{a}_{n+1}$ 的稀疏性.

更具体些, 设原问题有形如 (3.25) 的单纯形表, 在该表中插入人工列 x_{n+1} 列将其改写为如下辅助单纯形表.

x_B^{T}	x_N^{T}	x_{n+1}	RHS
I	$\bar{N}$	$\bar{a}_{n+1}$	$\bar{b}$

$$\tag{7.17}$$

上表不包含原目标行. 按 (7.13) 确定行标 r, 并进行初等变换让 x_{j_r} 出基, 让 x_{n+1} 进基变为第 r 个基本变量后, 以第 r 行为辅助目标行用单纯形法求解. 若最优值为 0 则得原问题的简约可行表; 否则无可行表.

现将基于该方案的计算过程归纳如下.

算法 7.2.1(表格 I 阶段算法: 单人工变量)　初始: 形如 (7.17) 的单纯形表. 本算法求可行单纯形表.

1. 确定行标 $r \in \arg\min\{\bar{b}_i | i = 1, \cdots, m\}$.
2. 若 $\bar{b}_r \geqslant 0$, 返回 (无可行解).
3. 确定行标 $r \in \arg\min\{\bar{b}_i / \bar{a}_{i,n+1} | \bar{a}_{i,n+1} < 0, \bar{b}_i < 0, i = 1, \cdots, m\}$.
4. 进行初等变换, 将 $\bar{a}_{r,n+1}$ 化为 1 将该列其余非 0 元消去.
5. 确定列标 $q \in \arg\max_{j \in N} \bar{a}_{rj}$.
6. 若 $\bar{a}_{rj} \leqslant 0$, 则返回.
7. 确定行标 $p \in I = \arg\min\{\bar{b}_i / \bar{a}_{iq} | \bar{a}_{iq} > 0; i = 1, \cdots, m\}$.
8. 若 $r \in I$, 置 $p = r$.
9. 用初等变换将 $\bar{a}_{pq}$ 化为 1, 将该列其余非 0 元消去.
10. 若 $p = r$, 返回 (获得可行单纯形表).
11. 转步 5.

例 7.2.1　用上述算法求下列问题的可行单纯形表:

$$\begin{aligned}
\min \quad & f = x_1 + 3x_2 - 2x_3 + 6x_4, \\
\text{s.t.} \quad & -x_1 + x_2 - x_3 + x_5 = -1, \\
& -3x_1 + x_2 + 2x_3 + x_6 = 2, \\
& x_1 - 3x_2 - 3x_3 + x_4 = -4, \\
& x_j \geqslant 0, \quad j = 1, \cdots, 6.
\end{aligned}$$

解　其约束系统为一典式. 取 $\delta_1 = \delta_2 = 0$. 引入人工变量 x_7, 构造形如 (7.15) 的辅助问题

$$\begin{aligned}
\min \quad & x_7, \\
\text{s.t.} \quad & -x_1 + x_2 - x_3 + x_5 - x_7 = -1, \\
& -3x_1 + x_2 + 2x_3 + x_6 = 2, \\
& x_1 - 3x_2 - 3x_3 + x_4 - 4x_7 = -4, \\
& x_j \geqslant 0, \quad j = 1, \cdots, 7.
\end{aligned}$$

其初始表如下 (将原问题目标行作为底行以便于转入 II 阶段).

x_1	x_2	x_3	x_4	x_5	x_6	x_7	RHS
-1	1	-1		1		-1^*	-1
-3	1	2			1		2
1	-3	-3	1			-4	-4
1	3	-2	6				

第 1 次迭代:

1. $\min\{-1, 2, -4\} = -4 < 0$.
3. $\max\{-1/-1, -4/-4\} = 1, r = 1$.

4. 将第 1 行乘以 -1, 再乘以 4 加到第 3 行,

x_1	x_2	x_3	x_4	x_5	x_6	x_7	RHS
1	-1	1		-1		1	1
-3	1	2			1		2
5*	-7	1	1	-4			
1	3	-2	6				

5. $\max\{1, -1, 1, -1\} = 1 > 0$, $q = 1$.

7. $\min\{1/1, 0/5\} = 0$, $p = 3$.

8. $p \neq 1$.

9. 将第 3 行乘以 $1/5$, 再分别乘以 $-1, 3, -1$ 加到第 1,2,4 行,

x_1	x_2	x_3	x_4	x_5	x_6	x_7	RHS
	$2/5$	$4/5$	$-1/5$	$-1/5$		1	1
	$-16/5$	$13/5$	$3/5$	$-12/5$	1		2
1	$-7/5$	$1/5$*	$1/5$	$-4/5$			
	$22/5$	$-11/5$	$29/5$	$4/5$			

第 2 次迭代:

5. $\max\{2/5, 4/5, -1/5, 1/5\} = 4/5 > 0$, $q = 3$.

7. $\min\{1/(4/5), 2/(13/5), 0/(1/5)\} = 0$, $p = 3$.

8. $p \neq 1$.

9. 将第 3 行乘以 5, 再分别乘以 $-4/5, -13/5, 11/5$ 加到第 1,2,4 行,

x_1	x_2	x_3	x_4	x_5	x_6	x_7	RHS
-4	6		-1	3		1	1
-13	15*		-2	8	1		2
5	-7	1	1	-4			
11	-11		8	-8			

第 3 次迭代:

5. $\max\{-4, 6, -1, 3\} = 6 > 0$, $q = 2$.

7. $\min\{1/6, 2/15\} = 2/15$, $p = 2$.

8. $p \neq 1$.

9. 将第 2 行乘以 $1/15$, 再分别乘以 $-6, 7, 11$ 加到第 1,3,4 行,

x_1	x_2	x_3	x_4	x_5	x_6	x_7	RHS
6/5*			−1/5	−1/5	−2/5	1	1/5
−13/15	1		−2/15	8/15	1/15		2/15
−16/15		1	1/15	−4/15	7/15		14/15
22/15			95/15	−32/15	11/15		22/15

第 4 次迭代:

5. $\max\{5/6, -1/5, -1/5, -2/5\} = 5/6 > 0, q = 1$.

7. $\min\{(1/5)/(11/5)\} = 1/11,\ p = 1$.

8. $p = 1$.

9. 将第 1 行乘以 5/6, 再分别乘以 $13/15, 16/15, -6/5, -22/15$ 加到第 2,3,4 行.

x_1	x_2	x_3	x_4	x_5	x_6	x_7	RHS
1			−1/6	−1/6	−1/3	5/6	1/6
	1		−5/18	7/18	−2/9	13/18	5/18
		1	−1/9	−4/9	1/9	8/9	10/9
			61/9	−17/9	11/9	−11/9	11/9

人工变量 x_7 已出基, 得到原问题的可行单纯形表, 可以启动 II 阶段过程.

上面 δ_1 和 δ_2 均取了 0 值, 导致开头 3 次迭代因退化而停顿. 虽然理论上这里只要求参数 $\delta_i, i = 1, \cdots, m$ 非负; 然而为减少退化的影响应取正值; 同时, 为使 $\|\bar{a}_{n+1}\|$ 不至于过大, 似应取 $\delta_i \ll 1$.

不难将表格算法 7.2.1 改写为修正形式, 此处从略. 实际上, 单人工变量辅助问题用简约单纯形法求解更为适宜和有利 (见下卷).

7.3 最钝角列规则

出人意料的是, 对偶主元规则可直接用于达成原始可行, 且在初步数值试验中有良好表现 (Pan, 1994a). 也就是说, 无论简约价格是否非负, 都可用 (4.16) 确定主元列. 作为其变形, 本节介绍的规则不用最小比检验, 也不涉及简约价格, 比前面介绍的 I 阶段方法简单得多.

假设单纯形表 (3.25) 不可行, 并已确定主元行标

$$p \in \arg\min\{\bar{b}_i \mid i = 1, \cdots, m\}. \tag{7.18}$$

于是 $\bar{b}_p < 0$. 该方法用如下规则确定主元列.

规则 7.3.1(最钝角列规则) 选定主元列标 q, 使

$$q \in \arg\min_{j \in N} \bar{a}_{pj}. \tag{7.19}$$

若 $\bar{a}_{pq} < 0$, 以 $\bar{a}_{pq}$ 为主元进行初等变换. 于是不可行基本变量 x_p 变为非基本变量, 从而可行. 而单纯形表第 p 行右端项则由负变正, 即 $\hat{b}_p = \bar{b}_p / \bar{a}_{pq} > 0$.

这个过程可归纳如下.

算法 7.3.1(表格 I 阶段算法: 最钝角列规则)　*初始: 形如 (3.25) 的单纯形表. 本算法求可行单纯形表.*

1. 确定行标 $p \in \arg\min\{\bar{b}_i \,|\, i = 1, \cdots, m\}$.
2. 若 $\bar{b}_p \geqslant 0$, 则返回.
3. 确定列标 $q \in \arg\min_{j \in N} \bar{a}_{pj}$.
4. 如果 $\bar{a}_{pq} \geqslant 0$, 则返回.
5. 用初等变换将 $\bar{a}_{pq}$ 化为 1, 将该列其余非 0 元消去.
6. 转步 1.

定理 7.3.1　*算法 7.3.1 若终止在*

(i) *步 2, 获得基本可行解; 在*

(ii) *步 4, 判定无可行解.*

证明　若算法终止在步 2, 则显然 $\bar{b} \geqslant 0$, 故对应基本可行解. 设终止在步 4. 此时有 $\bar{b}_p < 0$ 且 $\bar{a}_{pj} \geqslant 0, \forall j \in N$, 由引理 4.4.1 判定无可行解.　□

该算法不是单调性算法, 目标值在求解过程中不一定单调变化, 即使有非退化假设也不能保证有限性. Guerrero-Garcia and Santos-Palomo (2005) 曾构造了一个循环例子. 然而仍可预期实际中几乎不发生循环.

例 7.3.1　*用上述算法求下列问题的可行单纯形表:*

$$\begin{aligned}
\min \quad & f = 2x_1 - x_2, \\
\text{s.t.} \quad & 2x_1 - x_2 + x_3 = -2, \\
& x_1 + 2x_2 + x_4 = 3, \\
& -8x_1 + x_2 - x_4 + x_5 = -4, \\
& x_j \geqslant 0, \quad j = 1, \cdots, 5.
\end{aligned}$$

解　初始步: 为了获得初始基, 将第 2 个等式约束加到第 3 个上消去 x_4, 得如下初始单纯形表.

x_1	x_2	x_3	x_4	x_5	RHS
2	-1^*	1			-2
1	2		1		3
-7	3			1	-1
2	-1				

第 1 次迭代:

1. $\min\{-2, 3, -1\} = -2 < 0$, $p = 1$.

3. $\min\{2, -1\} = -1 < 0, q = 2$.

5. 将第 1 行乘以 -1. 然后分别乘以 $-2, -3, 1$ 加到第 2,3,4 行得

x_1	x_2	x_3	x_4	x_5	RHS
-2	1	-1			2
5		2	1		-1
-1^*		3		1	-7
		-1			2

第 2 次迭代:

1. $\min\{2, -1, -7\} = -7 < 0, \ p = 3$.

3. $\min\{-1, 3\} = -1 < 0, \ q = 1$.

5. 将第 3 行分别乘以 $2, 5$ 加到第 1, 2 行得

x_1	x_2	x_3	x_4	x_5	RHS
	1	-7			16
		17	1		34
1		-3		-1	7
		-1			2

该表右端全部非负, 故得到可行单纯形表, 可启动 II 阶段过程.

注意, 该算法每次迭代仅用到单纯形表的右端列和主元行. 实际中应使用算法的修正形式.

算法 7.3.2(I 阶段算法: 最钝角列规则) 初始: $(B, N), B^{-1}, \bar{x}_B = B^{-1}b$. 本过程求基本可行解.

1. 确定主元行标 $p \in \arg\min\{\bar{x}_{j_i} | i = 1, \cdots, m\}$.

2. 若 $\bar{x}_{j_p} \geqslant 0$ 成立, 则返回 (获得基本可行解).

3. 计算 $h = B^{-T}e_p, \sigma_N = N^T h$.

4. 确定主元列标 $q \in = \arg\min_{j \in N} \sigma_j$.

5. 若 $\sigma_q \geqslant 0$ 成立, 则返回 (原问题无可行解).

6. 计算 $\bar{a}_q = B^{-1}a_q$.

7. 更新: $\bar{x}_B = \bar{x}_B - \alpha\bar{a}_q, \bar{x}_q = \alpha$, 其中 $\alpha = \bar{x}_{j_p}/\sigma_q$.

8. 按 (3.29) 更新 B^{-1}.

9. 交换 j_p 和 q 以更新 (B, N), 并转 1.

最钝角列规则有如下几何意义. 在对偶空间中考察. 设 $(\bar{y}, \bar{z})$ 为当前对偶基本解. 则 $m + n$ 维向量

$$d \triangleq \begin{pmatrix} h \\ \sigma_N \\ \sigma_B \end{pmatrix} = \begin{pmatrix} -B^{-T} \\ N^T B^{-T} \\ I \end{pmatrix} e_p \tag{7.20}$$

为上升方向. 实际上, 易验证 d 在对偶约束等式的 0 空间中, 即

$$A^{\mathrm{T}}d + \sigma = 0,$$

且与对偶目标梯度夹成锐角, 即

$$(b^{\mathrm{T}}, 0, 0)d = b^{\mathrm{T}}h = -\bar{x}_{j_p} > 0.$$

而 $\sigma_q < 0$ 表明 d 与对偶非负约束 $z_q \geqslant 0$ 的梯度 e_{m+q} 形成可能的最大钝角. 因而, 如果该上升方向接近于目标梯度, 那么梯度 e_{m+q} 就有与目标梯度夹成最钝角的趋向. 按最优基的启发式特征 (见 2.4 节), 让对偶约束 $z_q \geqslant 0$ 作为等式成立, 或让变量 x_q 变为基本变量应该较为有利.

应该强调的是, 步 1 使用对偶 Dantzig 规则仅为了方便, 并非意味着其为最佳选择. 实际上, 第 6 章介绍的规则应该有更好的效果. 从几何角度看, 最钝角列规则的最佳匹配应该是对偶最陡边规则 II.

然而规则 7.3.1 完全没有利用目标函数的信息. 如果考虑到当前顶点违反对偶约束的程度, 则可得到如下规则.

规则 7.3.2(最钝角列规则变形)　给定常数 $0 < \tau \leqslant 1$. 选定主元列标

$$q \in \arg\min\{\bar{z}_j | \bar{a}_{pj} \leqslant \tau\theta, \ j \in N\},$$

其中 $\theta = \min_{j \in N} \ \bar{a}_{pj} < 0$.

为扩大选择范围, τ 应取接近于 1 的值, 使在 $\bar{z}_N$ 有负分量的情形, 能让被违反最甚的对偶约束不等式作为等式成立. 一般取 $\sigma = 0.95$ 左右比较适当.

最钝角列规则的优越之处在于其很好的数值稳定性和较小的运算量. 尽管目前尚无数值结果可以报告, 似乎仍有看好这个规则的理由, 因为其对偶变形在求解大规模问题的数值试验中有十分卓越的表现 (见 8.3 节).

7.4　简约价格摄动法

由于完全不涉及简约价格, 最钝角列规则所获得的可行解有可能离对偶可行相去甚远, 从而增加 II 阶段的迭代次数. 本节介绍的 I 阶段方法求解一个摄动后的问题, 利用了简约价格的信息 (Pan, 2000).

设 (3.25) 为不可行单纯形表. 取定摄动参数 $\delta_j \geqslant 0$, $j \in N$. 该法先摄动简约价格, 使之均为非负; 更确切些, 引入下标集

$$J = \{j \in N | \bar{z}_j < \delta_j\}, \quad \bar{J} = N \backslash J \tag{7.21}$$

并用

$$\bar{z}'_j = \begin{cases} \delta_j, & \text{若 } j \in J, \\ \bar{z}_j, & \text{若 } j \in N/J \end{cases} \tag{7.22}$$

代替 $\bar{z}_j$ 得到一个对偶可行表. 其对应的问题称为摄动问题. 于是可以启动对偶单纯形迭代解之, 直到达成最优或判定对偶无界为止.

定理 7.4.1 如果摄动问题对偶无界, 则原问题不可行.

证明 摄动问题和原问题有相同的约束条件. 前者对偶无界意味着前者无可行解, 从而后者也无可行解. □

假设摄动问题达到最优, 不妨仍设 (3.25) 为所得最终表, 对应基 B. 由于右端已非负, 故计算 $\hat{z}_N = c_N - N^{\mathrm{T}} B^{-1} c_B$ (恢复简约价格) 覆盖 $\bar{z}_N$, 即获得原问题的可行单纯形表.

算法 7.4.1(表格 I 阶段算法: 简约价格摄动) 给定摄动参数 $\delta_j \geqslant 0$, $j \in N$. *初始*: 形如 (3.25) 的单纯形表. 本过程求可行单纯形表.

1. 摄动 $\bar{z}_j = \delta_j$, $\forall j \in \{j \in N | \bar{z}_j < \delta_j\}$.
2. 调用对偶单纯形算法 4.4.1.
3. 若停止在步 3, 返回 (无可行解).
4. 若停止在步 2, 计算 $\bar{z}_N = c_N - N^{\mathrm{T}} B^{-1} c_B$.
5. 返回 (获得基本可行解).

注 该算法的一个变形是不摄动简约价格, 每次迭代用 (7.22) 所确定的 $\bar{z}'_N$ 代替 $\bar{z}_N$ 作最小比检验, 由此省去恢复简约价格的计算.

例 7.4.1 用两阶段算法求解下列问题, I 阶段用简约价格摄动法.

$$\begin{aligned} \min \quad & f = x_1 + x_2 - 3x_3, \\ \text{s.t.} \quad & -2x_1 - x_2 + 4x_3 + x_5 = -4, \\ & x_1 - 2x_2 + x_3 + x_6 = 5, \\ & -x_1 + 2x_3 + x_4 = -3, \\ & x_j \geqslant 0, \quad j = 1, \cdots, 6. \end{aligned}$$

解 初始: 该问题有明显的单纯形表 ($B = \{5, 6, 4\}$). 将该表负简约价格 -3 摄动到 0, 使其变为对偶可行表. 作为一种实施方式, 把摄动后的简约价格增列为表的最后一行 (取 $\delta_3 = 0$).

x_1	x_2	x_3	x_4	x_5	x_6	RHS
-2^*	-1	4		1		-4
1	-2	1			1	5
-1		2	1			-3
1	1	-3				
1	1					

以最后一行作为目标行执行对偶单纯形算法 4.4.1. 倒数第 2 行仅在进行初等变换时才参加运算.

第 1 次迭代:

1. $\min\{-4, 5, -3\} = -4 < 0$, $p = 1$.

3. $J = \{1, 2\} \neq \varnothing$.

4. $\min\{-1/(-2), -1/(-1)\} = 1/2$, $q = 1$.

5. 将第 1 行乘以 $-1/2$, 再分别乘以 $-1, 1, -1, -1$ 加到第 2,3,4,5 行得

x_1	x_2	x_3	x_4	x_5	x_6	RHS
1	$1/2$	-2		$-1/2$		2
	$-5/2$	3		$1/2$	1	3
	$1/2$		1	$-1/2$*		-1
	$1/2$	-1		$1/2$		-2
	$1/2$	2		$1/2$		-2

第 2 次迭代:

选第 3 行为主元行 x_5 列为主元列,

1. $\min\{2, 3, -1\} = -1 < 0$, $p = 3$.

3. $J = \{5\} \neq \varnothing$.

4. $\min\{-(1/2)/(-1/2)\} = 1$, $q = 5$.

5. 将第 3 行乘以 -2. 再分别乘以 $1/2, -1/2, -1/2, -1/2$ 加到第 1, 2, 4, 5 行得

x_1	x_2	x_3	x_4	x_5	x_6	RHS
1		-2	-1			3
	-2	3*	1		1	2
	-1		-2	1		2
	1	-1	1			-3
	1	2	1			-3

摄动表已达最优. 去掉其摄动行即得原问题的可行单纯形表.

II 阶段.

第 1 次迭代:

用单纯形算法 3.2.1 进行 II 阶段迭代. 选 x_3 列为主元列第 2 行为主元行. 将第 2 行乘以 $1/3$. 再分别乘以 $2, 1, -2$ 加到第 1,4,5 行得

x_1	x_2	x_3	x_4	x_5	x_6	RHS
1	$-4/3$		$-1/3$		$2/3$	$13/3$
	$-2/3$	1	$1/3$		$1/3$	$2/3$
	-1		-2	1		2
	$1/3$		$4/3$		$1/3$	$-7/3$

检验数已全部非负, 故达到最优. 最优解 $\bar{x} = (13/3, 0, 2/3, 0, 2, 0)^{\mathrm{T}}$, 最优值 $\bar{f} = 7/3$.

上例中摄动参数取为 0 值. 为了减少退化的影响, 实际使用时应取 $\delta_j \geqslant \epsilon > 0$, 其中 ϵ 为可行性容限, 大约以 10^{-6} 左右为宜, 已有经验表明, 该方法对 δ_j 的大小并不敏感, 但似乎也不宜超过 10^{-1}.

在初步的试验中摄动算法有很好的表现 (Pan, 2000). 其原因之一是并非每个摄动都会改变问题的解. 在某些时候, 甚至算法 7.3.2 步 4 恢复所得的简约价格就满足非负性条件, 从而无需 II 阶段过程. 实际上, 不难验证步 2 所求解的是如下问题:

$$\min \quad b^{\mathrm{T}}y,$$
$$\text{s.t.} \quad A^{\mathrm{T}}y \leqslant \hat{c}.$$

其中

$$\hat{c}_j = \begin{cases} a_j^{\mathrm{T}}B^{-\mathrm{T}}c_B + \delta_j, & \text{若 } j \in J, \\ \bar{z}_j, & \text{若 } j \in N/J. \end{cases}$$

也就是说, 把 $\bar{z}_j < \delta_j$ 摄动到 $\bar{z}_j = \delta_j$ 相当于把对偶约束条件 $a_j^{\mathrm{T}}y \leqslant c_j$ 放松到

$$a_j^{\mathrm{T}}y \leqslant a_j^{\mathrm{T}}B^{-\mathrm{T}}c_B + \delta_j = c_j + (\delta_j - c_j + a_j^{\mathrm{T}}B^{-\mathrm{T}}c_B) = c_j + (\delta_j - \bar{z}_j).$$

如果被放松的约束都是对偶最优解的非积极约束; 或者说, 摄动简约价格对应的原始变量非负约束都为原始最优解的积极约束, 就不会改变原始和对偶最优解 (详尽分析参见 Pan, 2000).

第8章　对偶 I 阶段法

对偶单纯形法需要对偶 I 阶段过程为其提供初始对偶可行基或单纯形表, 以求解一般线性规划问题.

类似于原始情形, 这里也可引入对偶人工变量; 或者在对偶目标函数中加入惩罚项, 其中使用一个充分大的惩罚因子 M, 相当于在原始问题里增加一个形如 $\sum x_j \leqslant M$ 的约束条件 (从而增加一个松弛变量). 不过与原始人工变量法一样, 它们并不实用, 这里将不涉及. 有兴趣的读者可参看有关文献 (如 Padberg, 1995; 张建中, 许绍吉, 1997).

本章介绍实用的对偶 I 阶段法, 它们可视为上一章 I 阶段法的对偶变形.

8.1　对偶不可行和法

本节介绍不可行和法的对偶变形, 其基本思想早已产生, 近年来又得到新的关注, 由于效果很好而被付诸实用 (如 Maros,2003; Koberstain and Suhl, 2007).

假设对偶基本解

$$\bar{y} = B^{-\mathrm{T}} c_B; \quad \bar{z}_N = c_N - N^{\mathrm{T}} \bar{y}, \quad \bar{z}_B = 0 \tag{8.1}$$

不可行, 即 $\bar{z}_N \not\geqslant 0$. 引入记号

$$J = \{ j \in N | \bar{z}_j < 0 \}, \tag{8.2}$$

考虑对偶不可行分量之和

$$\sum_{j \in J} z_j = \sum_{j \in J} c_j - \left(\sum_{j \in J} a_j \right)^{\mathrm{T}} y.$$

以其第二项为目标函数构造如下辅助问题:

$$
\begin{aligned}
\max \quad & -\left(\sum_{j \in J} a_j \right)^{\mathrm{T}} y, \\
\text{s.t.} \quad & B^{\mathrm{T}} y + z_B = c_B, \\
& N^{\mathrm{T}} y + z_N = c_N, \\
& z_B \geqslant 0; \quad z_j \geqslant 0, \quad j \in N/J.
\end{aligned} \tag{8.3}
$$

与原对偶问题约束条件不同仅在于不可行对偶变量无符号限制.

显然, 辅助问题的原始问题有基本解

$$\bar{x}_B = -B^{-1}\sum_{j\in J} a_j, \quad \bar{x}_N = 0. \tag{8.4}$$

其中 $\bar{x}_B$ 称为"辅助右端列".

定理 8.1.1(对偶不可行性检验) 若 $\bar{x}_B \geqslant 0$, 则对偶问题无可行解.

证明 设 y' 为对偶问题可行解, 则满足

$$z' = c_N - N^{\mathrm{T}} y' \geqslant 0.$$

于是有

$$\sum_{j\in J} z'_j = \sum_{j\in J} c_j - \Big(\sum_{j\in J} a_j\Big)^{\mathrm{T}} y' \geqslant 0. \tag{8.5}$$

另一方面, 由定理假设知 (8.4) 给出 (8.3) 原始问题的基本可行解, 而 (8.1) 给出 (8.3) 与之互补的可行解, 从而亦为最优解. 而 (y', z') 显然是 (8.3) 的可行解, 其目标值不超过最优值, 从而有

$$\sum_{j\in J} z'_j \leqslant \sum_{j\in J} \bar{z}_j < 0,$$

其中后一个不等式由 (8.2) 而来. 这与 (8.5) 矛盾. 故 $\bar{x}_B \geqslant 0$ 成立时, 对偶问题无可行解. □

若 $\bar{x}_B \ngeqslant 0$, 则进行一次对偶单纯形迭代, 不过需修改列主元规则. 设已确定 p 使

$$\bar{x}_{j_p} < 0. \tag{8.6}$$

用如下迭代格式确定新对偶解:

$$\hat{y} = \bar{y} - \beta B^{-\mathrm{T}} e_p, \quad \hat{z} = \bar{z} + \beta v, \quad v = A^{\mathrm{T}} B^{-\mathrm{T}} e_p. \tag{8.7}$$

其中步长 β 的取值按如下规则.

规则 8.1.1(辅助列主元规则) 选取主元列标 q, 使得

$$\beta = -\bar{z}_q/v_q = \begin{cases} \min\{-\bar{z}_j/v_j | v_j < 0, j\in \bar{J}\}, & 若\ \{j\in N\backslash J | v_j < 0\} \neq \varnothing, \\ \max\{-\bar{z}_j/v_j | v_j > 0, j\in J\}, & 否则. \end{cases} \tag{8.8}$$

下列结果与 7.1 节的相关内容类似, 故只陈述而略去证明.

引理 8.1.1 假设行标 p 满足 (8.6). 则 (8.8) 有意义, 且相应的 (8.7) 给出辅助对偶问题的新基本可行解.

定理 8.1.2 假设对偶问题有可行解. 若对偶可行变量非退化, 则经有限次迭代对偶不可行变量严格减少.

若迭代后不可行变量个数减少但不为 0, 则建立新辅助对偶问题进行下一次迭代. 如此继续直到达成对偶可行, 或判定原对偶问题无可行解 (原问题无可行解或无界) 为止.

上述求解过程可归纳如下.

算法 8.1.1(对偶 I 阶段算法: 对偶不可行和)   初始: $(B,N), B^{-1}, \bar{y}, \bar{z}$. 本算法通过处理形如 (8.3) 的辅助问题求对偶基本可行解.

1. 若 $\bar{z} \geqslant 0$, 计算 $\bar{x}_B = B^{-1}b$ 并返回 (达到对偶可行).

2. 计算 $\bar{x}_B = -B^{-1} \sum_{j \in J} a_j$, 其中 $J = \{j \in N | \bar{z}_j < 0\}$.

3. 若 $\bar{x}_B \geqslant 0$, 返回 (原问题无可行解或无界).

4. 调用对偶单纯形算法 4.5.1 一次迭代, 其中用规则 8.1.1 确定主元列.

5. 转 1.

例 8.1.1   用上述算法求下列问题的对偶基本可行解:

$$\begin{aligned}
\min \quad & f = -x_1 + x_2 - 2x_3, \\
\text{s.t.} \quad & x_1 - 3x_2 - 2x_3 + x_4 = -4, \\
& -x_1 + x_2 - 4x_3 + x_5 = -2, \\
& -3x_1 + x_2 + x_3 + x_6 = 8, \\
& x_j \geqslant 0, \quad j = 1, \cdots, 6.
\end{aligned}$$

解   以 $J = \{1,3\}$ 构造辅助右端列 $\bar{x}_B = -(-1,-5,-2)^{\mathrm{T}}$. 因其各分量均非负, 故即可判定原问题无可行解或无界. 其实该问题与例 7.1.1 相同, 但后者直到 II 阶段才能判定原问题无界. 可见同一问题用不同方法求解效果很不同.

例 8.1.2   用上述算法求对偶基本可行基:

$$\begin{aligned}
\min \quad & f = -5x_1 - 7x_2 + x_4, \\
\text{s.t.} \quad & x_1 + 2x_2 + x_3 = 3, \\
& 2x_1 + x_2 - x_4 + x_5 = -2, \\
& -x_1 + x_2 + x_4 + x_6 = -1, \\
& x_j \geqslant 0, \quad j = 1, \cdots, 6.
\end{aligned}$$

解   以 $J = \{1,2\}, N\backslash J = \{3,4,5,6\}$ 构造辅助问题. $B = \{3,5,6\}, N = \{1,2,4\}, B^{-1} = I, \bar{z}_N = (-5,-7,1)^{\mathrm{T}}$, 而辅助右端列为 $\bar{x}_B = (-3,-3,0)^{\mathrm{T}}$.

第 1 次迭代 (主元列规则用 (8.8)):

2. $1 = p \in \arg\min\{\bar{x}_{j_i} | i = 1,2,3\} \arg\min\{-3,-3,0\}$, 故 x_3 出基.

3. $\sigma_N = N^{\mathrm{T}} B^{-\mathrm{T}} e_p = (1,2,0)^{\mathrm{T}}$.

5. $\beta = \max\{-\bar{z}_j/\sigma_j | \sigma_j < 0, j = 1,2,3\} = \max\{5/1, 7/2\} = 5, q = 1$, 于是 x_1 进基.

6. $\bar{z}_N = z_N + \beta\sigma_N = (-5, -7, 1)^T + 5 \times (1, 2, 0)^T = (0, 3, 1)^T, \bar{z}_{j_p} = 5.$

7. $\bar{a}_q = B^{-1}a_q = (1, 2, -1)^T.$

8. $\alpha = \bar{x}_{j_p}/\sigma_q = -3/1 = -3,$

$\bar{x}_B = \bar{x}_B - \alpha\bar{a}_q = (-3, -3, 0)^T - (-3) \times (1, 2, -1)^T = (0, 3, -3)^T, \quad \bar{x}_1 = \alpha = -3.$

9. $B^{-1} = \begin{pmatrix} 1 & & \\ -2 & 1 & \\ 1 & & 1 \end{pmatrix}.$

10. $B = \{1, 5, 6\}, N = \{3, 2, 4\}, \bar{z}_N = (5, 3, 1)^T, J = \varnothing, \bar{x}_B = B^{-1}b = (3, -8, 2)^T.$ 已达对偶可行.

算法 8.1.1 容易用单纯形表加以实现, 只要注意单纯形表第 p 行为 $v^T = e_p^T B^{-1}A$, x_j 列等于 $B^{-1}a_j$, 而步 2 改用如下公式计算:

$$\bar{x}_B = -\sum_{j \in J} \bar{a}_j, \quad J = \{j \in N | \bar{z}_j < 0\}.$$

下面用例子说明.

例 8.1.3 用算法 8.1.1 的表格形式求例 8.1.2 的对偶可行表.

解 初始步: 该问题有明显的单纯形表.

x_1	x_2	x_3	x_4	x_5	x_6	RHS
1*	2	1				3
2	1		-1	1		-2
-1	1		1		1	-1
-5	-7		1			

第 1 次迭代:

$J = \{1, 2\}, \bar{J} = \{4\}, \bar{x}_B = -((1, 2, -1)^T + (2, 1, 1)^T) = (-3, -3, 0)^T, p = 1; \beta = \max\{-(-5)/1, -(-7)/2\} = 5, q = 1.$

将第 1 行分别乘以 $-2, 1, 5$ 加到第 2,3,4 行得对偶可行表.

x_1	x_2	x_3	x_4	x_5	x_6	RHS
1*	2	1				3
	-3	-2	-1	1		-8
	3	1	1		1	2
	3	5	1			15

8.2 对偶单人工变量法

本节把 7.2 节描述的单人工变量法的基本思想用于对偶问题. 引入单个人工变量构造辅助问题, 用对偶单纯形法求解获得原问题的对偶基本可行解. 该方法曾用作对偶投影主元法的 I 阶段过程 (Pan, 2005).

与原始的情形类似, 对偶单人工变量法也两种方案.

方案 1. 基于原始数据构造对偶辅助问题.

任意给定向量 $v \geqslant 0$. 引入人工变量 y_{m+1}, 可由对偶问题 (4.2) 的约束条件构造如下辅助问题:

$$\max \quad y_{m+1},$$
$$\text{s.t.} \quad \begin{pmatrix} A^{\mathrm{T}} & v-c \\ 0 & 1 \end{pmatrix} \begin{pmatrix} y \\ y_{m+1} \end{pmatrix} + \begin{pmatrix} z \\ z_{n+1} \end{pmatrix} = \begin{pmatrix} c \\ 0 \end{pmatrix}, \quad z, z_{n+1} \geqslant 0. \tag{8.9}$$

显然, 该问题有可行解

$$\begin{pmatrix} \widehat{y} \\ \widehat{y}_{m+1} \end{pmatrix} = \begin{pmatrix} 0 \\ -1 \end{pmatrix}, \quad \begin{pmatrix} \widehat{z} \\ \widehat{z}_{n+1} \end{pmatrix} = \begin{pmatrix} v \\ 1 \end{pmatrix}.$$

定理 8.2.1　辅助问题 (8.9) 有最优值非正的最优解. 若最优值等于 0, 则其基本最优解的 (y, z) 部分为原对偶问题的基本可行解; 否则后者无可行解.

证明　辅助问题 (8.9) 有可行解且显然可行目标值有上界 0, 故其有最优值非正的最优解. 设 $(y', y'_{m+1}, z', z'_{n+1})$ 为其最优解, 其中 $\bar{z}'_B, \bar{z}'_N \geqslant 0$. 若最优值等于 0, 即有 $y'_{m+1} = 0$, 则由该解满足 (8.9) 的等式约束得

$$\begin{pmatrix} B^{\mathrm{T}} \\ N^{\mathrm{T}} \\ 0 \end{pmatrix} y' + \begin{pmatrix} z'_B \\ z'_N \\ z'_{n+1} \end{pmatrix} = \begin{pmatrix} c_B \\ c_N \\ 0 \end{pmatrix},$$

故 (y', z') 为原对偶问题的基本可行解.

现设其最优值小于 0, 即 $y'_{m+1} < 0$. 若原对偶问题有可行解 (y'', z''), 则 (y'', z'') 和 $y''_{m+1} = z''_{n+1} = 0$ 为 (8.9) 的可行解, 于是推出 $y'_{m+1} \geqslant y''_{m+1} = 0$, 与 $y'_{m+1} < 0$ 矛盾. 故 (8.9) 最优值小于 0 时, 原对偶问题无可行解. □

按上述定理, 用对偶单纯形法求解辅助问题可得到对偶基本可行解, 如果后者存在的话. 注意, 当 $c \geqslant 0$ 时, 有现成对偶可行解 (见 4.1 节), 处理就简单得多.

方案 2. 基于单纯形表构造对偶辅助问题.

设 (B, N) 为标准问题的基和非基, 对应单纯形表 (3.25). 对任意给定 $\widehat{z}_N \geqslant 0$, 引入人工变量 x_{n+1}, 构造如下辅助问题:

$$\min \quad f = \bar{f} + \bar{z}_N^{\mathrm{T}} x_N,$$
$$\text{s.t.} \quad \begin{pmatrix} I & \bar{N} & 0 \\ 0 & (\widehat{z}_N - \bar{z}_N)^{\mathrm{T}} & 1 \end{pmatrix} \begin{pmatrix} x_B \\ x_N \\ x_{n+1} \end{pmatrix} = \begin{pmatrix} 0 \\ 1 \end{pmatrix}, \quad x \geqslant 0, \; x_{n+1} \geqslant 1. \tag{8.10}$$

这里 $\bar{N} = B^{-1}N$, $\bar{z}_N = c_N - N^{\mathrm{T}}B^{-\mathrm{T}}c_B$, $\bar{f} = b^{\mathrm{T}}B^{-\mathrm{T}}c_B$. 显然，该问题有解 $\bar{x} = 0$, $\bar{x}_{n+1} = 1$. 现考虑其对偶问题：

$$
\begin{aligned}
\max \quad & w = \bar{f} + y_{m+1}, \\
\text{s.t.} \quad & \begin{pmatrix} z_B \\ z_N \\ z_{n+1} \end{pmatrix} = \begin{pmatrix} 0 \\ \bar{z}_N \\ 0 \end{pmatrix} - \begin{pmatrix} I & 0 \\ \bar{N}^{\mathrm{T}} & \hat{z}_N - \bar{z}_N \\ 0 & 1 \end{pmatrix} \begin{pmatrix} y \\ y_{m+1} \end{pmatrix}, \quad z, z_{n+1} \geqslant 0.
\end{aligned}
\tag{8.11}
$$

该辅助对偶问题正符合需要，比 (8.9) 简单得多，有可行解

$$
\begin{pmatrix} \widehat{y} \\ \widehat{y}_{m+1} \end{pmatrix} = \begin{pmatrix} 0 \\ -1 \end{pmatrix}, \quad \begin{pmatrix} \widehat{z}_B \\ \widehat{z}_N \\ \widehat{z}_{n+1} \end{pmatrix} = \begin{pmatrix} 0 \\ \widehat{z}_N \\ 1 \end{pmatrix} \geqslant 0.
\tag{8.12}
$$

可类似于定理 8.2.1 证明，若求得 (8.11) 的最优值为 0，即得到原问题的对偶基本可行解，否则判定无对偶可行解. 注意，由 (8.11) 的最后一个等式约束 $z_{n+1} = -y_{m+1}$ 可知，这里求 $\max y_{m+1}$ 等同于求 $\min z_{n+1}$.

　　和对偶单纯形法一样，也可借助原始单纯形表求解 (8.11). 其原始问题 (8.10) 有如下单纯形表：

x_B^{T}	x_N^{T}	x_{n+1}	f	RHS
I	$\bar{N}$			
	$(\widehat{z}_N - \bar{z}_N)^{\mathrm{T}}$	1		1
	$\bar{z}_N^{\mathrm{T}}$		-1	$-\bar{f}$

然而该表并不对偶可行. 将其第 $m+1$ 行加到底行得

x_B^{T}	x_N^{T}	x_{n+1}	f	RHS
I	$\bar{N}$			
	$(\widehat{z}_N - \bar{z}_N)^{\mathrm{T}}$	1		1
	$\widehat{z}_N^{\mathrm{T}}$	$\widehat{z}_{n+1}$	-1	$-\bar{f}+1$

$$\tag{8.13}$$

其中 $\widehat{z}_{n+1} = 1$. 上表对应对偶可行解 (8.12)，称之为辅助初始表. 不过它并非单纯形表，化为单纯形表需要增加一个基本变量. 为此，确定对偶步长 β，使得

$$
\beta = \widehat{z}_q/(\widehat{z}_q - \bar{z}_q) = \min\{\widehat{z}_j/(\widehat{z}_j - \bar{z}_j) | \widehat{z}_j - \bar{z}_j > 0, \ j \in N\}.
\tag{8.14}
$$

若 $\beta \geqslant 1$，置 $\beta = 1$, $q = n+1$. 再用初等变换将第 $m+1$ 行 q 列分量化为 1，将该列其他非 0 元消去，q 列就变为基本列. 如果正好 $q = n+1$，则删去第 $m+1$ 行和 x_{n+1} 列，并在 RHS 栏填入 $\bar{b}$，即得原问题的对偶可行表. 一般情形 $q \neq n+1$，所得仅为辅助问题的对偶可行表，可用对偶单纯形算法求解.

理论上, 可任意选取非负向量 $\widehat{z}_N$ 构造辅助问题. 一个明显方案是取其所有分量为 1. 而更适合稀疏计算的方案是给定 $\delta_j \geqslant 0, j \in N$, 并用下式确定:

$$\widehat{z}_j = \begin{cases} \delta_j, & \text{若 } \bar{z}_j < \delta_j, \\ 0, & \text{否则,} \end{cases} \quad j \in N.$$

上述过程可归纳如下.

算法 8.2.1(表格对偶 I 阶段: 单人工变量)   *初始: 形如* (8.13) *的辅助初始表. 本算法求对偶可行表.*

1. 确定 β 和 q 使得 $\beta = \widehat{z}_q/(\widehat{z}_q - \bar{z}_q) = \min\{\widehat{z}_j/(\widehat{z}_j - \bar{z}_j) | \widehat{z}_j - \bar{z}_j > 0, \ j \in N\}$.
2. 若 $\beta \geqslant 1$ 置 $\beta = 1$, $q = n+1$.
3. 用初等变换将第 $m+1$ 行 q 列分量化为 1, 将该列其他非 0 元消去.
4. 若 $q = n+1$, 删去第 $m+1$ 行和 x_{n+1} 列, 停止 (获得对偶可行表).
5. 调用对偶单纯形算法 4.4.1(启动时人工变量 x_{n+1} 列为非基本列).

注   初始表 x_{n+1} 和 RHS 列前 $m+1$ 个分量完全相同. 执行上述算法时, 可将 x_{n+1} 列也视为辅助右端列, 而将原问题右端 $\bar{b}$ 填入 RHS 栏 (不参加主元的确定). 这样, 一旦 $n+1$ 列进基, 消去第 $m+1$ 行和 x_{n+1} 列即得原问题的对偶可行表. f 列不发生变化可略去.

例 8.2.1   用两阶段对偶单纯形算法求解下列问题:

$$\begin{aligned} \min \quad & f = 5x_1 - 2x_2 - x_3 + x_4, \\ \text{s.t.} \quad & 2x_1 - x_2 + x_3 + x_4 = 5, \\ & -5x_1 + 3x_2 + 2x_3 + x_5 = -2, \\ & -x_1 + 2x_2 - x_3 + x_6 = -1, \\ & x_j \geqslant 0, \quad j = 1, \cdots, 6 \end{aligned}$$

解   原始问题不对应单纯形表. 为此, 由第 1 个等式得

$$x_4 = 5 - 2x_1 + x_2 - x_3,$$

将其代入目标函数消去 x_4 得

$$f = 5 + 3x_1 - x_2 - 2x_3.$$

取 $\widehat{z}_1 = 0, \widehat{z}_2 = \widehat{z}_3 = 1$. 构造形如 (8.13) 的辅助初始表.

x_1	x_2	x_3	x_4	x_5	x_6	x_7	RHS
2	-1	1	1				5
-5	3	2		1			-2
-1	2	-1			1		-1
-3	$1+1$	$1+2^*$				1	1
	1	1				1	$-5+1$

I 阶段：调用算法 8.2.1, $m+1=4$.

第 1 次迭代：

1. $\beta = \min\{1/(1+1), 1/(1+2),\} = 1/3 < 1, q = 3$.

3. 将第 4 行乘以 $1/3$, 再分别乘以 $-1, -2, 1, -1$ 加到第 $1, 2, 3, 5$ 行.

x_1	x_2	x_3	x_4	x_5	x_6	x_7	RHS
3	$-5/3$		1			$-1/3$	$14/3$
$-3*$	$5/3$			1		$-2/3$	$-8/3$
-2	$8/3$				1	$1/3$	$-2/3$
-1	$2/3$	1				$1/3$	$1/3$
1	$1/3$					$2/3$	$-13/3$

5. 调用算法 4.4.1. 注意，x_7 列同时还代表辅助右端列.

第 2 次迭代：

1. $\min\{-1/3, -2/3, 1/3, 1/3\} = -2/3 < 0, p = 2$.

4. $\min\{-1/(-3), (-2/3)/(-2/3)\} = 1/3, q = 1$.

5. 将第 2 行乘以 $-1/3$, 再分别乘以 $-3, 2, 1, -1$ 加到第 $1, 3, 4, 5$ 行得

x_1	x_2	x_3	x_4	x_5	x_6	x_7	RHS
			1	1		$-1*$	2
1	$-5/9$			$-1/3$		$2/9$	$8/9$
	$14/9$			$-2/3$	1	$7/9$	$10/9$
	$1/9$	1		$-1/3$		$5/9$	$11/9$
	$8/9$			$1/3$		$4/9$	$-47/9$

第 3 次迭代：

1. $\min\{-1, 2/9, 7/9, 5/9\} = -1 < 0, p = 1$.

4. $\min\{-(4/9)/(-1)\} = 4/9, q = 7$.

5. 将第 1 行乘以 -1, 再分别乘以 $-2/9, -7/9, -5/9, -4/9$ 加到第 $2, 3, 4, 5$ 行得表.

x_1	x_2	x_3	x_4	x_5	x_6	x_7	RHS
			-1	-1		1	-2
1	$-5/9$		$2/9$	$-1/9$			$4/3$
	$14/9$		$7/9$	$1/9$	1		$8/3$
	$1/9$	1	$5/9$	$2/9$			$7/3$
	$8/9$		$4/9$	$7/9$			$-13/3$

辅助问题已达最优且人工变量 x_7 进基，消去第 1 行第 7 列，得到原问题的对偶可行表.

x_1	x_2	x_3	x_4	x_5	x_6	RHS
1	$-5/9$		$2/9$	$-1/9$		$4/3$
	$14/9$		$7/9$	$1/9$	1	$8/3$
	$1/9$	1	$5/9$	$2/9$		$7/3$
	$8/9$		$4/9$	$7/9$		$-13/3$

$\min\{4/3, 8/3, 7/3\} \geqslant 0$, 已达最优, 无需对偶 II 阶段. 基本最优解和最优值为

$$\bar{x} = (4/3, 0, 7/3, 0, 0, 8/3)^{\mathrm{T}}, \quad \bar{f} = 13/3.$$

不难将算法 8.2.1 改写为修正形式, 这里从略.

8.3   最钝角行规则

辅助问题或人工变量的引入并非必须. Pan (1996b) 把传统主元规则直接用于对偶 I 阶段, 在初步的数值试验中取得成功. 具体地说, 无论右端列是否非负, 都使用 (3.10) 确定主元行, 以达成对偶可行. 本节介绍的规则进一步去掉了最小比检验, 甚至不涉及简约价格.

假设非对偶可行, 且已确定主元列标 $q \in N$(例如用 Dantzig 规则) 使

$$\bar{z}_q = c_q - c_B^{\mathrm{T}} B^{-1} a_q < 0. \tag{8.15}$$

引理 8.3.1   若 (8.15) 成立, 且 $B^{-1} a_q \leqslant 0$, 则原问题无可行解或有可行解而无下界.

证明   假设 $\bar{x}$ 为可行解. 定义

$$d_B = -B^{-1} a_q; \quad d_q = 1; \quad d_j = 0, \quad j \in N, \, j \neq q. \tag{8.16}$$

则对任何 $\alpha \geqslant 0$, 向量

$$\widehat{x} = \bar{x} + \alpha d$$

都是可行解; 实际上,

$$A\widehat{x} = A\bar{x} + \alpha(Bd_B + Nd_N) = b.$$

且因 $\bar{x} \geqslant 0$ 和 $d \geqslant 0$, 还有 $\widehat{x} \geqslant 0$. 而由 (8.15) 知, 向量 d 满足

$$c^{\mathrm{T}} d = (c_B^{\mathrm{T}} d_B + c_N^{\mathrm{T}} d_N) = c_q - c_B^{\mathrm{T}} \bar{a}_q = \bar{z}_q < 0. \tag{8.17}$$

故当 α 趋于无穷时, 相应的可行值趋于负无穷:

$$c^{\mathrm{T}} \widehat{x} = c^{\mathrm{T}} \bar{x} + \alpha c^{\mathrm{T}} d \to -\infty, \quad \alpha \to \infty,$$

这表明原问题无下界. □

该方法用如下规则确定主元行 (Pan，1994a,1997).

规则 8.3.1(最钝角行规则) 选定主元行标

$$p \in \arg\max\{\bar{a}_{iq}|i = 1, \cdots, m\}. \tag{8.18}$$

如果 $\bar{a}_{pq} > 0$, 则以 $\bar{a}_{pq}$ 为主元进行初等变换. 于是下标 q 对应的简约价格由负变为 0, 而第 j_p 对应的简约价格由 0 变为正, 即 $-\bar{z}_q/\bar{a}_{p,q} > 0$(见 (3.12)).

该过程可归结为如下形式.

算法 8.3.1(对偶 I 阶段：最钝角行规则) *初始*：$(B, N), B^{-1}$. **本算法求对偶基本可行解.**

1. 计算 $\bar{z}_N = c_N - N^T B^{-T} c_B$.
2. 确定主元列标 q, 使 $q \in \arg\min_{j \in N} \bar{z}_j$.
3. 若 $\bar{z}_q \geqslant 0$, 则计算 $\bar{x}_B = B^{-1}b, \bar{x}_N = 0$ 并返回.
4. 计算 $\bar{a}_q = B^{-1}a_q$.
5. 若 $\bar{a}_q \leqslant 0$, 返回.
6. 确定行标 $p \in \arg\max\{\bar{a}_{iq}|i = 1, \cdots, m.\}$.
7. 按 (3.29) 更新 B^{-1}.
8. 交换 j_p 和 q 以更新 (B, N), 并转 1.

定理 8.3.1 算法 8.3.1 若返回于

(i) 步 3, 获得对偶基本可行解; 于

(ii) 步 5, 判定无可行解或无下界.

证明 返回于步 3 显然得到对偶基本可行解. 返回于步 5, 则有 $\bar{z}_N < 0$ 而 $\bar{a}_q \leqslant 0$, 按引理 8.3.1 判定无可行解或无下界. □

与最钝角列规则一样, 求解过程中目标值也不一定单调变化, 即使有非退化假设也不能保证有限性. Guerrero-Garcia 和 Santos-Palomo (2005) 也给出一个他们构造的循环例子. 尽管如此, 实际中尚未见过循环.

例 8.3.1 用上述算法求下列问题的对偶可行基:

$$\begin{aligned} \min \quad & f = -5x_1 - 7x_2 + x_4, \\ \text{s.t.} \quad & x_1 + 2x_2 + x_3 = 3, \\ & 2x_1 + x_2 - x_4 + x_5 = -2, \\ & -x_1 + x_2 + x_4 + x_6 = -1, \\ & x_j \geqslant 0, \quad j = 1, \cdots, 6. \end{aligned}$$

解 初始：$B = \{3, 5, 6\}, N = \{1, 2, 4\}, B^{-1} = I$.

第 1 次迭代:

1. $\bar{y} = B^{-\mathrm{T}}c_B = (0,0,0)^{\mathrm{T}}$, $\bar{z}_N = c_N - N^{\mathrm{T}}y = (-5,-7,1)^{\mathrm{T}}$.

2. $2 = q \in \arg\min\{\bar{z}_j | j = 1,2,4\} = \arg\min\{-5,-7,1\}$, 故 x_2 进基.

4. $\bar{a}_2 = B^{-1}a_2 = (2,1,1)^{\mathrm{T}}$.

6. $1 = p \in \arg\max\{\bar{a}_{i\,2} | i = 1,2,3\} = \arg\max\{2,1,1\}$, 于是 x_3 出基.

7. 更新 $B^{-1} = \begin{pmatrix} 1/2 & & \\ -1/2 & 1 & \\ -1/2 & & 1 \end{pmatrix}$.

8. $B = \{2,5,6\}$, $N = \{1,3,4\}$.

第 2 次迭代:

1. $\bar{y} = (-7/2,0,0)^{\mathrm{T}}$, $\bar{z}_N = (-5,0,1)^{\mathrm{T}} - (-7/2,-7/2,0)^{\mathrm{T}} = (-3/2,7/2,1)^{\mathrm{T}}$.

2. $1 = q \in \arg\min\{-3/2,7/2,1\}$, 故 x_1 进基.

4. $\bar{a}_1 = (1/2,3/2,-3/2)^{\mathrm{T}}$.

6. $2 = p \in \arg\max\{1/2,3/2,-3/2\} = 2$, 即 x_5 出基.

7. 更新 $B^{-1} = \begin{pmatrix} 1 & -1/3 & \\ 0 & 2/3 & \\ 0 & 1 & 1 \end{pmatrix} \begin{pmatrix} 1/2 & & \\ -1/2 & 1 & \\ -1/2 & & 1 \end{pmatrix} = \begin{pmatrix} 2/3 & -1/3 & \\ -1/3 & 2/3 & \\ -1 & 1 & 1 \end{pmatrix}$.

8. $B = \{2,1,6\}$, $N = \{5,3,4\}$.

第 3 次迭代:

1. $\bar{y} = (-3,-1,0)^{\mathrm{T}}$, $\bar{z}_N = (0,0,1)^{\mathrm{T}} - (-1,-3,1)^{\mathrm{T}} = (1,3,0)^{\mathrm{T}}$.

2. $3 = q \in \arg\min\{1,3,0\}$.

3. $\bar{z}_{j_3} = 0$, 已达对偶可行: $\bar{x}_B = B^{-1}b = (4/3,1/3,-2)^{\mathrm{T}}$, $\bar{x}_N = (0,0,0)^{\mathrm{T}}$.

算法 8.3.1 有简单的表格形式.

算法 8.3.2(表格对偶 I 阶段: 最钝角行规则)　*初始: 形如 (3.25) 的单纯形表.*
本算法求对偶可行单纯形表.

1. 确定主元列标 q 使 $q \in \arg\min_{j \in N} \bar{z}_j$.

2. 若 $\bar{z}_q \geqslant 0$, 返回 (获得对偶可行表).

3. 若 $\bar{a}_q \leqslant 0$, 返回 (无可行解或无下界).

4. 确定行标 $p \in \arg\max\{\bar{a}_{i\,q} | i = 1,\cdots,m\}$.

5. 用初等变换将 $\bar{a}_{pq}$ 化为 1, 将该列其余非 0 元消去.

6. 转 1.

最钝角行规则有如下几何意义. 在该规则下, 对 (8.16) 定义的向量 d 有 $-\bar{a}_{pq} < 0$, 故 d 与约束 $x_{j_p} \geqslant 0$ 的梯度 e_p 加成可能的最大钝角. 又 (8.17) 表明 d 是目标函数 $c^{\mathrm{T}}x$ 的下降方向, 而如果 d 接近于目标负梯度 $-c$, 那么约束梯度 e_p 就与 $-c$ 趋

于形成最钝夹角. 按最优基的启发式特征 (2.4 节), 让约束 $x_{j_p} \geqslant 0$ 作为等式成立, 即让变量 x_{j_p} 变为非基本变量较为有利.

该规则既简单又有很好的数值稳定性, 最初在求解小问题上有很好表现 (Pan, 1994a); 后来, 以 MINOS 5.3 (Murtagh and Saunders, 1998) 为平台编制软件进行数值试验, 胜过 MINOS5.3(默认选项): 用 MINOS 和新软件求解 48 个 Netlib 问题所需总 CPU 时间比达到 1.37 (Pan,1997).

Koberstein 和 Suhl(2007) 把该规则推广到求解更一般线性规划问题, 报告了十分有力的数值试验结果, 证明了其巨大的优越性. 不过也发现, 对极少数最困难问题的表现不尽如人意. 这可能与忽略基本解信息有关. 有鉴于此, 把当前顶点违反非负约束的程度加以考虑, 给出如下变形.

规则 8.3.2(最钝角行规则变形) 给定常数 $0 < \tau \leqslant 1$. 选定主元行标 p, 使

$$p \in \arg\min\{\bar{x}_{j_i} | \bar{a}_{iq} \geqslant \tau\theta, i = 1, \cdots, m\}, \quad \theta = \max\{\bar{a}_{iq} | i = 1, \cdots, m\} > 0.$$

当 $\tau = 1$ 时, 此即规则 8.3.1. 实际中应取接近于 1 的值以扩大选择范围, 使在 $\bar{x}_B$ 有负分量的情形下, 让被违反最甚的非负约束作为等式成立. 一般取 $\sigma = 0.95$ 左右为宜.

应该强调, 尽管上述算法中用 Dantzig 规则确定主元列, 第 4 章介绍的任何列规则也都适用, 至于如何匹配更好, 则需进一步考察. 鉴于最钝角行规则的几何背景, 以最陡边列规则似乎是与之匹配似乎是适当的, 然而目前这方面尚无数值经验可以报告.

8.4 右端列摄动法

右端列摄动法的基本思想很简单, 即摄动单纯形表右端使之变为一个可行表, 启动单纯形迭代求解后再恢复原问题 (Pan, 1999).

设有初始单纯形表 (3.25). 给定摄动参数

$$\delta_i \geqslant 0, \quad i = 1, \cdots, m.$$

为了减少退化的影响, 应对 $i = 1, \cdots, m$ 取不同值 $\delta_i > 0$. 该方法以

$$\bar{b}_i' = \begin{cases} \delta_i, & \text{若 } \bar{b}_i \leqslant \delta_i, \\ \bar{b}_i, & \text{否则}, \end{cases} \quad i = 1, \cdots, m \tag{8.19}$$

取代 $\bar{b}$, 使单纯形表可行, 再启动单纯形迭代达成该摄动问题最优或判定无界.

不妨仍设 (3.25) 为所得摄动问题的最终表, 相应的基矩阵为 B.

定理 8.4.1 若摄动问题无界, 则原问题不可行或无界.

证明　与定理 8.3.1 的证明类似, 故从略.　　　　　　　　　　　　　　　　□

设摄动问题最终表达成最优, 即 $\bar{z}_j \geqslant 0, j \in N$. 要获得原问题的单纯形表, 重置 $\bar{b} = B^{-1}b$ 和 $\bar{f} = -c_B^{\mathrm{T}}\bar{b}$, 并用之分别代替 $\bar{b}$ 和 $\bar{f}$, 得到

$$\begin{array}{c|c} \bar{A} & \bar{b} \\ \hline \bar{z}^{\mathrm{T}} & -\bar{f} \end{array}$$

该表显然是原问题的对偶可行表.

该过程可归纳如下.

算法 8.4.1(表格对偶 I 阶段: 右端项摄动)　给定摄动参数 $\delta_i > 0, i = 1, \cdots, m$. 形如 (3.25) 的单纯形表. 本过程求对偶可行单纯形表.

1. 摄动 $\bar{b}_i = \delta_i, \forall i \in \{i|\bar{b}_i \leqslant \delta_i, i = 1, \cdots, m\}$.

2. 调用单纯形算法 3.2.1.

3. 若返回在步 3, 则返回 (无可行解或无界).

4. 若停止在步 2, 计算 $\bar{b} = B^{-1}b$.

5. 返回 (获得可行表).

注　该算法的一个变形是不摄动右端项, 每次迭代直接用 (8.19) 所确定的 $\bar{b}'$ 代替 $\bar{b}$ 作最小比检验, 借此省去恢复右端项的计算.

例 8.4.1　用上述算法求下列问题的对偶可行表:

$$\begin{aligned} \min \quad & f = -5x_1 - 7x_2 + x_4, \\ \text{s.t.} \quad & x_1 + 2x_2 + x_3 = 3, \\ & 2x_1 + x_2 - x_4 + x_5 = -2, \\ & -x_1 + x_2 + x_4 + x_6 = -1, \\ & x_j \geqslant 0, \quad j = 1, \cdots, 6. \end{aligned}$$

解　初始: 由上述问题可直接得单纯形表. 取 $\delta_2 = 1/6$, $\delta_3 = 1/12$, 将摄动后右端向量排在最后, 作为辅助右端项.

x_1	x_2	x_3	x_4	x_5	x_6	RHS	RHS1
1	2	1				3	3
2	1		-1	1		-2	1/6
-1	1*		1		1	-1	1/12
-5	-7		1				

调用单纯形算法 3.2.1.

第 1 次迭代:

1. $\min\{-5, -7, 1\} = -7 < 0$, $q = 2$.

3. $I = \{1, 2, 3\} \neq \varnothing$.

4. $\min\{3/2, (1/6)/1, (1/12)/1\} = 1/12$, $p = 3$.

5. 将第 3 行分别乘以 $-2, -1, 7$ 加到第 1,2,4 行得

x_1	x_2	x_3	x_4	x_5	x_6	RHS	RHS1
3		1	-2		-2	5	17/6
3*			-2	1	-1	-1	1/12
-1	1		1		1	-1	1/12
-12			8		7	-7	$-$

第 2 次迭代：

1. $\min\{-12, 8, 7\} = -12 < 0$, $q = 1$.

3. $I = \{1, 2\} \neq \varnothing$.

4. $\min\{(17/6)/3, (1/12)/3\} = 1/36$, $p = 2$.

5. 将第 2 行乘以 $1/3$；并分别将其乘以 $-3, 1, 12$ 加到第 1,3,4 行得单纯形表.

x_1	x_2	x_3	x_4	x_5	x_6	RHS	RHS1
		1		-1	-1	6	11/4
1			$-2/3$	1/3	$-1/3$	$-1/3$	1/36
	1		1/3	1/3	2/3	$-4/3$	1/9
				4	3	-11	$-$

该表简约价格全部非负. 去掉最后 1 列即为所求对偶可行表.

几何上，右端项摄动相当于放松了一些基本变量的非负约束. 如果这些约束不是最优解处的"积极约束"(即在最优解处作为严格不等式成立)，则放松这些约束不会影响最优解的确定. 因而某些时候，单用本节的算法就能求解线性规划问题而无需对偶 II 阶段.

实际上，有如下结果 (证明见 Pan, 1999).

定理 8.4.2 设原问题最优解对偶非退化. 若摄动基本变量为最优解的基本变量，则算法 8.4.1 给出的对偶基本可行解为其最优解.

第9章　单纯形法的实现

本书迄今介绍的均为理论性算法, 是不能直接编程付诸实用的. 用此类程序在计算机上只能求解教科书上的少量例题 (仅涉及几个变量或约束而已), 不能处理实际问题, 特别是大规模问题. 这些算法只能作为解决问题的基础, 要借助一些实现技术才能变为实用算法. 鉴于表格算法的缺点 (见 3.8 节关于计算复杂性的讨论), 本章将介绍基于修正单纯形法的数值技术. 应该指出, 本章内容具普遍意义, 稍加修改即适应其他单纯形或主元类算法.

9.1　概　述

前面已经讨论过舍入误差的来源 (见 1.6 节), 并了解其对计算过程和结果可能产生极大影响. 实现单纯形算法的一个重要方面是限制舍入误差的影响, 提高其稳定性.

首先, 理论上涉及的 0 或无穷大须按机器精度界定容限 (tolerance). 参考著名优化软件 MINOS[①] (Murtagh and Saunders,1998), 几个主要的参数可采用如下设定. 为确定起见, 下面均假设机器精度为 $\epsilon = 2^{-52} \approx 2.22 \times 10^{-16}$.

引入记号

$$\epsilon_0 = \epsilon^{0.8} \approx 3.00 \times 10^{-13},$$
$$\epsilon_1 = \epsilon^{0.67} \approx 3.25 \times 10^{-11},$$
$$\text{featol} = 10^{-6},$$
$$\text{plinfy} = 10^{20},$$

- ϵ_0 用于界定数值 0: 计算中凡绝对值不超过 ϵ_0 的数据 (如矩阵元素) 均置于 0.
- 当绝对值超过 plinfy 时视其为无穷大量.
- tolpiv $= \epsilon_1$ 用于避免过小主元. 如用下式代替最小比检验 (3.10):

$$\alpha = \bar{b}_p / \bar{a}_{pq} = \min\{\bar{b}_i / \bar{a}_{iq} \mid \bar{a}_{iq} > \text{tolpiv}, \ i = 1, \cdots, m\} \geqslant 0. \tag{9.1}$$

于是所选定的主元满足 $\bar{a}_{pq} > \text{tolpiv}$. 若找不到这样的主元, 则视其为无界问题.

---

① MINOS 为斯坦福大学工程经济系统和运筹系 Murtagh 和 Saunders 等开发的优化软件.

主元的大小对算法的稳定性影响很大. 非 0 主元的数值界定不仅依赖机器精度, 还依赖所求解问题本身, 很难给出一个普遍适用的 "最佳" 值. 一般 tolpiv 取介于 ϵ_1 至 10^{-7} 之间的值是适当的, 上式中采用了其下限 (进一步的讨论见 9.6 节).

• 以 featol 作为原始和对偶可行性容限. 对 $j = 1, \cdots, n$, 用 $x_j \geqslant -\text{featol}$ 代替非负性条件 $x_j \geqslant 0$ (原始可行); 对 $i \in N$, 用 $\bar{z}_i \geqslant -\text{featol}$ 代替 $\bar{z}_i \geqslant 0$ 进行最优性检验 (对偶可行). 相应地, 在 Dantzig 规则中用下式代替 (3.11) 确定主元列:

$$q \in \arg\min\{\bar{z}_j \mid \bar{z}_j < -\text{featol}, \ j \in N\}. \tag{9.2}$$

如果不存在这样的 q, 即 $\bar{z}_j \geqslant -\text{featol}, \ \forall \, j \in N$, 则视为已达成最优.

在实际计算中, 保证每次迭代的结果都在可行性容限内并非易事, 况且该问题还和退化纠结在一起. 这将留待 9.6 节进一步讨论.

求解大规模问题通常需要大量迭代. 多次迭代后, 误差的积累可使中间结果精度太低而不能继续使用. 此时需采取再开始策略. 如重新由原始数据确定当前基的逆阵 B^{-1}. 一般大约每经过 100 次迭代再开始为宜. 另外, 需要监控约束系统被满足的情况, 一旦超出所容许的范围立即再开始. 最后, 为了控制求解时间, 一般规定某个迭代次数上限, 当超过上限时即强行终止, 并记录最终基的信息, 以便作为以后再次求解时的初始基 (热启动) (见 10.4 节).

求解大规模问题的实际需要是算法实用化的强大推力. 目前, 实际中产生的线性规划模型越来越大, 包含成千上万个变量和约束条件已属平常, 有数十万甚至数百万以上变量和约束条件也屡见不鲜. 这类模型的求解极具挑战性, 数据存储量需求可能太大; 而即使有足够的计算机内存, 计算过程耗费时间也可能太多.

幸运的是, 和许多其他数学模型一样, 大多数大规模线性规划模型具有稀疏结构: A, b, c 中包含大量 0 元素. 矩阵 A 的非 0 元素通常不超过 1%, 极少超过 5%. 这是由于大系统所涉及的变量分属于许多组 (对应不同的地域、部门或属性), 而约束条件主要是反映各组内部相互的依赖关系, 因而每个变量只在很少约束关系式中出现. 采用目前已相当成熟的稀疏矩阵技术, 使 0 元素既不存储也不参加运算, 就可能极大地提高求解大规模问题的能力. 原始非 0 数据在优化软件的输入文件中通常以 MPS 格式表达 (参看附录 A).

9.2 预处理: 调比

求解问题前一般需对数据进行预处理. 经验表明, 数据的量级相差过大会影响计算效果, 与引入较大舍入误差有关. 用所谓调比 (scaling) 尽可能缩小这种差距是有利的 (Hamming, 1971).

调整变量的计量单位 (或尺度) 是调比的常用方法. 这相当于进行变量变换

$x = D_1 x'$, 其中 D 是一个对角矩阵, 它的对角元全为正值, 称之为调比因子. 例如, 简单地取

$$D_1 = \begin{pmatrix} 1/\|a_1\| & & & \\ & 1/\|a_2\| & & \\ & & \ddots & \\ & & & 1/\|a_n\| \end{pmatrix} \tag{9.3}$$

进行变换, 可将标准线性规划问题化为

$$\begin{aligned} \min \quad & f = (c^{\mathrm{T}} D_1) x', \\ \text{s.t.} \quad & (A D_1) x' = b, \quad x' \geqslant 0. \end{aligned} \tag{9.4}$$

其中系数矩阵 AD_1 的每个列向量的模均为 1, 从而就均衡了系数矩阵各列向量的大小. 在求得 (9.4) 的最优解 $\bar{x}'$ 后, 即可得原问题的最优解 $\bar{x} = D_1 \bar{x}'$. 与其对应的一个调比是均衡各行向量的大小. 如果用 d_i^{T} 表示 A 的第 i 个行向量, 并令

$$D_2 = \begin{pmatrix} 1/\|d_1\| & & & \\ & 1/\|d_2\| & & \\ & & \ddots & \\ & & & 1/\|d_m\| \end{pmatrix}, \tag{9.5}$$

则标准问题等价于

$$\begin{aligned} \min \quad & f = c^{\mathrm{T}} x, \\ \text{s.t.} \quad & (D_2 A) x = D_2 b, \quad x \geqslant 0. \end{aligned} \tag{9.6}$$

其中系数矩阵 $D_2 A$ 的每个行向量的模均为 1. 这两个经过调比的问题通常比不作调比更适宜求解. 我们还会看到, 将系数矩阵各列规范化会大大改善列主元的选取, 从而显著减少求解问题所需迭代次数 (见 5.4 节).

求解大规模稀疏问题的软件通常采用基于非 0 数据的调比方法. MINOS 使用一个基于 Fourer (1979) 程序的迭代过程, 交替地均衡各行和各列的非 0 元, 并使用几何均值获得调比因子; 求得调比问题的最优解后, 再进行相应的变换得到原问题的最优解. 其主要步骤如下.

算法 9.2.1(调比过程) 给定调比容限 scltol< 1. 以下 $a_{i,j}$ 为 A 的非 0 元.

1. 计算 aratio $= \max_j \{ \max_i |a_{i,j}| / \min_i |a_{i,j}| \}$.

2. 用 $\sqrt{\min_j |a_{i,j}| \times \max_j |a_{i,j}|}$ 除 $Ax = b$ 的第 $i = 1, \cdots, m$ 行.

3. 用 $\sqrt{\min_i |a_{i,j}| \times \max_i |a_{i,j}|}$ 除 $\begin{pmatrix} A \\ c^{\mathrm{T}} \end{pmatrix}$ 的第 $j = 1, \cdots, n$ 列.

4. 按步 1) 计算 sratio.

5. 若 sratio $\geqslant$ scltol*aratio 返回; 否则转步 1.

涉及更一般的线性规划问题，对于有界变量 (即变量有一般的上下界: $l_j \leqslant x_j \leqslant u_j$)、自由变量和固定变量，调比因子的确定则有所不同，这里将不赘述.

调比实际影响依赖于具体问题，很难进行一般的理论分析，也不清楚何种方法"最好". 但可以肯定的是，调比对于实际应用是不可或缺的，即使简单的调比一般也会改善程序的性能. 事实上，调比的作用如此之大，以至于不经这种预处理根本无法求解一些实际问题.

应该指出，单纯形算法对于调比不具有不变性.

9.3 稀疏 LU 分解

大规模稀疏计算的关键在于利用稀疏性减少存储和运算量. 由于理论上等价的方法在保持稀疏方面可能很不相同，考察其在计算过程中保持稀疏的性能就至关重要.

修正单纯形算法 3.7.1 或 3.7.2 使用基矩阵之逆的显式表示，每次迭代要予以更新. 这种方法对稀疏计算是不适宜的，因为即使矩阵本身稀疏其逆也可能稠密. Orchard-Hays(1971) 给出的以下例子就是如此.

例 9.3.1 可以验证矩阵

$$B = \begin{pmatrix} 1 & & & & 1 \\ 1 & 1 & & & \\ & 1 & 1 & & \\ & & 1 & 1 & \\ & & & 1 & 1 \end{pmatrix}$$

的逆矩阵为

$$B^{-1} = \begin{pmatrix} 1 & 1 & -1 & 1 & -1 \\ -1 & 1 & 1 & -1 & 1 \\ 1 & -1 & 1 & 1 & -1 \\ -1 & 1 & -1 & 1 & 1 \\ 1 & -1 & 1 & -1 & 1 \end{pmatrix},$$

而其所有元素均为非 0.

原先的 0 元素变为非 0 称之为"填充 (fill-in)". 如此大量的填充使逆矩阵完全失去稀疏性.

绕过这个困难的一个方法是将其表示为初等矩阵之积. 设初等矩阵 $E_1, \cdots, E_m$ 依次左乘初始基矩阵 B，将其化为单位阵:

$$E_m \cdots E_1 B = I,$$

则

$$B^{-1} = E_m \cdots E_1.$$

此后每次迭代对其更新只增加一个初等矩阵因子 (见 (3.29)), 而 B^{-1} 则以因子的形式存储和参加运算. 这是比较早期的处理方法. 本节介绍目前单纯形法通常采用的 LU 分解方法.

就单纯形算法的计算步骤而言, 逆矩阵本身并非目的. 真正需要的只是向量 $\bar{a}_q = B^{-1}a_q$ 和 $\bar{y} = B^{-T}c_B$, 而它们可通过求解如下线性系统获得

$$B\bar{a}_q = a_q, \quad B^{\mathrm{T}}\bar{y} = c_B. \tag{9.7}$$

将系数矩阵进行 LU 分解是求解线性系统的有效方法, 可利用成熟的稀疏矩阵技术求解很大规模的问题.

设基矩阵的 LU 分解为 $B = LU$, 其中 L 为单位下三角矩阵 (对角元素均为 1), U 为上三角矩阵. 于是 (9.7) 的第 1 个系统化为如下两个三角系统:

$$Lu = a_q, \quad U\bar{a}_q = u. \tag{9.8}$$

而第 2 个则化为求解另外两个三角系统:

$$U^{\mathrm{T}}v = c_B, \quad L^{\mathrm{T}}\bar{y} = v. \tag{9.9}$$

求解三角系统很容易, 只需 $m^2/2$ 次乘法运算.

矩阵分解与消去法有紧密联系. 后者用初等变换在矩阵的特定位置引入 0 元素. 如高斯–若尔当消去法顺序以 (主) 对角元素为主元, 每步用初等变换把一列化为主元位置为 1 的单位向量 (见 1.5 节). 高斯消去法的不同仅在于每步把一列主元以下非 0 元消去, 相当于用一个初等矩阵左乘该矩阵. 此类初等矩阵也称为高斯变换阵. 可以通过高斯消去法获得矩阵的 LU 分解.

假设对基矩阵 B 已确定高斯变换阵 $G_1, \cdots, G_{k-1}$, 使得前 $k-1(k<m)$ 列对角线以下均为 0:

$$B^{(k-1)} = G_{k-1}\cdots G_1 B = \begin{pmatrix} B_{11}^{(k-1)} & B_{12}^{(k-1)} \\ & B_{22}^{(k-1)} \end{pmatrix}, \tag{9.10}$$

其中 $B_{11}^{(k-1)}$ 为 $k-1$ 阶上三角阵. 若

$$B_{22}^{(k-1)} = \begin{pmatrix} b_{kk}^{(k-1)} & \cdots & b_{km}^{(k-1)} \\ \vdots & & \vdots \\ b_{mk}^{(k-1)} & \cdots & b_{mm}^{(k-1)} \end{pmatrix}, \tag{9.11}$$

且主元 $b_{kk}^{(k-1)} \neq 0$, 则如下乘子有定义:

$$l_{ik} = b_{ik}^{(k-1)}/b_{kk}^{(k-1)}, \quad i = k+1, \cdots, m. \tag{9.12}$$

于是高斯变换阵

$$G_k = I - h^{(k)} e_k^{\mathrm{T}}, \quad h^{(k)} = (\underbrace{0, \cdots, 0}_{k}, l_{k+1,k}, \cdots, l_{m,k})^{\mathrm{T}} \tag{9.13}$$

就满足

$$B^{(k)} = G_k B^{(k-1)} = \begin{pmatrix} B_{11}^{(k)} & B_{12}^{(k)} \\ & B_{22}^{(k)} \end{pmatrix},$$

其中 $B_{11}^{(k)}$ 为 k 阶上三角阵. 这就完成了高斯变换的第 k 步, 前提是作为主元的第 k 个对角元非 0. 若始终如此的话, 则可确定一系列高斯变换阵 $G_1, \cdots, G_{m-1}$, 使

$$B^{(m-1)} = G_{m-1} \cdots G_1 B \overset{\triangle}{=} U$$

为对角元非 0 的上三角阵.

易验证 $G_k^{-1} = I + h^{(k)} e_k^{\mathrm{T}}$, 从而得到 LU 分解

$$B = LU,$$

其中

$$L = G_1^{-1} \cdots G_{m-1}^{-1} = \prod_{k=1}^{m-1} (I + h^{(k)} e_k^{\mathrm{T}}) = I + \sum_{k=1}^{m-1} h^{(k)} e_k^{\mathrm{T}} = I + (h^{(1)} \cdots, h^{(m-1)}, 0)$$

为单位下三角阵. 实际上, 将 B 的 LU 分解表示为

$$L^{-1} B = U, \quad L^{-1} = G_{m-1} \cdots G_1 \tag{9.14}$$

更实用. 由此, (9.8) 可化为

$$U \bar{a}_q = G_{m-1} \cdots G_1 a_q. \tag{9.15}$$

而 (9.9) 化为

$$U^{\mathrm{T}} v = c_B, \quad \bar{y} = G_1^{\mathrm{T}} \cdots G_{m-1}^{\mathrm{T}} v. \tag{9.16}$$

从而无需 L^{-1} 的显式表示, 只需把握高斯矩阵因子 $G_k, k = 1, \cdots, m-1$ 即可.

以因子形式表达 L^{-1} 很适合稀疏计算. 我们知道 L^{-1} 往往稠密, 即使这些因子稀疏. 有利的是, G_k 的存储需求不大, 只需存放向量 h_k 的非 0 分量. 在一般 (非稀疏) 计算中, 可存放在矩阵的下三角部分 (U 存放在上三角部分).

值得注意的是 LU 分解并非总能畅通无阻. 其存在的条件是矩阵的顺序主子矩阵均需非异, 从而保证每步作为主元的对角元均非 0(见 Golub and Van Loan, 1989). 如非异方阵

$$\begin{pmatrix} & 1 \\ 1 & 1 \end{pmatrix}.$$

显然不存在 LU 分解, 因其第 1 个对角元素为 0, 不能作为主元. 然而幸运的是, 非异方阵经行列重排总有 LU 分解, 而行列重排对求解没有实质影响, 只相当于交换方程和变量的次序而已.

重要的是, 行列重排还对 U 和高斯变换阵的稀疏性有极大影响. 现以一个简单例子说明.

例 9.3.2　用高斯变换把矩阵

$$B = \begin{pmatrix} 2 & 4 & 2 \\ 3 & & \\ -1 & & 1 \end{pmatrix}$$

化为上三角阵.

解

$$G_1 = \begin{pmatrix} 1 & & \\ -3/2 & 1 & \\ 1/2 & & 1 \end{pmatrix} \longrightarrow G_1 B = \begin{pmatrix} 2 & 4 & 2 \\ & -6 & -3 \\ & 2 & 2 \end{pmatrix},$$

$$G_2 = \begin{pmatrix} 1 & & \\ & 1 & \\ & 1/3 & 1 \end{pmatrix} \longrightarrow G_2 G_1 B = \begin{pmatrix} 2 & 4 & 2 \\ & -6 & -2 \\ & & 1 \end{pmatrix} \triangleq U.$$

U 已为上三角阵. 高斯变换阵的信息 (h_1, h_2) 可存放在 U 的下三角部分:

$$\begin{pmatrix} 2 & 4 & 2 \\ -3/2 & -6 & -2 \\ 1/2 & 1/3 & 1 \end{pmatrix}.$$

显见矩阵被非 0 元素充满. 现按行标 2, 3, 1 和列标 1, 3, 2 的顺序将行列重排如下:

$$\bar{B} = \begin{pmatrix} 3 & & \\ -1 & 1 & \\ 2 & 2 & 4 \end{pmatrix}.$$

再顺次以对角元素为主元进行消元:

$$\bar{G}_1 = \begin{pmatrix} 1 & & \\ 1/3 & 1 & \\ -2/3 & & 1 \end{pmatrix} \quad \longrightarrow \quad \bar{G}_1\bar{B} = \begin{pmatrix} 3 & & \\ & 1 & \\ & 2 & 4 \end{pmatrix},$$

$$\bar{G}_2 = \begin{pmatrix} 1 & & \\ & 1 & \\ & -2 & 4 \end{pmatrix} \quad \longrightarrow \quad \bar{G}_2\bar{G}_1\bar{B} = \begin{pmatrix} 3 & & \\ & 1 & \\ & & 4 \end{pmatrix} \triangleq \bar{U}.$$

高斯变换阵的信息 $(\bar{h}_1, \bar{h}_2)$ 存放在 $\bar{U}$ 的下三角部分:

$$\begin{pmatrix} 3 & & \\ 1/3 & 1 & \\ -2/3 & -2 & 4 \end{pmatrix}.$$

可见与 B 一样, 其也含 3 个 0 元素.

上例矩阵经行列重排后 LU 分解未引入填充, 原因在于重排后为下三角阵. 这是由传统高斯消去法本身的特点所决定的.

下例左边为原矩阵 (非 0 元素用 "×" 表示), 如果直接用高斯消去法, 则稀疏性尽失, 而排成右边的矩阵再用高斯消去法, 则无任何填充.

$$\begin{pmatrix} \times & \times & \times & \times & \times & \times \\ \times & \times & & & & \\ \times & & \times & & & \\ \times & & & \times & & \\ \times & & & & \times & \\ \times & & & & & \times \end{pmatrix} \quad \longrightarrow \quad \begin{pmatrix} \times & & & & & \times \\ & \times & & & & \times \\ & & \times & & & \times \\ & & & \times & & \times \\ & & & & \times & \times \\ \times & \times & \times & \times & \times & \times \end{pmatrix}.$$

右边矩阵非常接近下三角阵, 而讨厌的 "钉子" 列位于最后.

所谓预排主元过程即 $P3$ (preassigned pivot procedure) 和分块预排主元过程即 $P4$ (partitioned preassigned pivot procedure) 描述了如何行列重排以尽可能接近下三角阵的技巧 (Hellerman and Rarick,1971,1972). 随后, $P4$ 方法的一个结构稳定的改型即 $P5$ 也被提出 (Erisman et al., 1985). 这类方法实际上得到的是重排矩阵的 LU 分解, 即

$$L^{-1}PBQ = U, \quad L^{-1} = G_{m-1}\cdots G_1, \tag{9.17}$$

其中 P 和 Q 为排列矩阵 (由单位矩阵经相应重排而来). 利用上式, 不难把 (9.7) 的两个系统分别化为如下等价形式:

$$Uw = G_{m-1}\cdots G_1 P a_q, \quad \bar{a}_q = Qw \tag{9.18}$$

和

$$U^{\mathrm{T}}v = Q^{\mathrm{T}}c_B, \quad \bar{y} = P^{\mathrm{T}}G_1^{\mathrm{T}}\cdots G_{m-1}^{\mathrm{T}}v. \tag{9.19}$$

行列预排技巧和传统高斯消去法相结合在实践中效果很好. 这里将不具体涉及, 感兴趣的读者可参阅有关文献.

现在转向另一方式: 主元没有固定顺序而按某种规则选择, 然后通过行列交换将其移到适当的对角位置. 下面介绍最具代表性在实践中非常成功的 Markowitz (1957) 规则.

假设高斯消去法已进行了 $k-1$ 步得到 (9.10)~(9.11). 现在只有其右下角的 $(m-k+1) \times (m-k+1)$ 阶子矩阵 $B_{22}^{(k-1)}$ 才是"活跃的", 消去过程将只在其中进行而不涉及其余部分. 传统高斯消去法第 k 步以 $b_{kk}^{(k-1)}$ 为主元, 如果它不为 0 的话.

用 r_i^k 表示 $B_{22}^{(k-1)}$ 第 i 行的非 0 元个数, 用 c_j^k 表示第 j 列的非 0 元个数. Markowitz 规则从 $B_{22}^{(k-1)}$ 的非 0 元中选择使 $(r_i^k - 1) \times (c_j^k - 1)$ 取最小的一个作为主元. 注意, 此处用 $(r_p^k - 1) \times (c_q^k - 1)$ 而非 $r_p^k \times c_q^k$, 从而使只含单个非 0 元的行或列成为必选 (如果有的话), 从而使第 k 步不引入任何非 0 元.

然而至此, 所谓 0 和非 0 都只具理论意义. 过于接近 0 的主元会导致计算失败. 出于数值稳定性的考虑, 主元与其他非 0 元相比不宜太小. 实际上, 稀疏性和稳定性是有冲突的, 需要平衡这两方面的要求, 正如以下规则所体现的.

规则 9.3.1(Markowitz 主元规则) 给定常数 $0 < \sigma \leqslant 1$. 选取主元 $b_{pq}^{(k-1)}$ 使得

$$(r_p^k - 1) \times (c_q^k - 1) = \min\{(r_i^k - 1) \times (c_j^k - 1) \mid |b_{ij}^{(k-1)}| \geqslant \sigma\theta, \ i,j = k, \cdots, m\}, \tag{9.20}$$

其中

$$\theta = \max\{|b_{ij}^{(k-1)}| \mid i,j = k, \cdots, m\}. \tag{9.21}$$

显然, 较大的 σ 值偏好稳定性, 而较小的 σ 值则偏好稀疏性; 一般取 $\sigma = 0.5$ 左右为宜. 为避免遍访活跃子矩阵的全部非 0 元, 常应用该规则的一些变形, 只涉及其部分行列.

这类方法实际上得到的是如下 LU 分解:

$$G_{m-1}P_{m-1}\cdots G_1P_1BQ_1\cdots Q_{m-1} = U, \tag{9.22}$$

其中 $P_i, Q_i, i = 1, \ldots, m-1$ 为排列矩阵. 令

$$P = P_{m-1}\cdots P_1, \quad Q = Q_1\cdots Q_{m-1},$$

则由 (9.22) 可推知, 主元确定和行列移动交错进行与相应的预先重排再分解是等同的, 即

$$L^{-1}PBQ = U, \quad L^{-1} = G_{m-1}P_{m-1}\cdots G_1P_1P^{\mathrm{T}},$$

因而 (9.7) 式的两个系统仍可分别化为

$$Uw = G_{m-1}P_{m-1}\cdots G_1P_1a_q, \quad \bar{a}_q = Qw$$

和

$$U^{\mathrm{T}}v = Q^{\mathrm{T}}c_B, \quad \bar{y} = P_1^{\mathrm{T}}\cdots G_1^{\mathrm{T}}\cdots P_{m-1}^{\mathrm{T}}G_{m-1}^{\mathrm{T}}v.$$

在计算时, 矩阵行列预先重排或过程中重排都不必实际搬动元素, 只需用两个整型向量分别记录各主元行和主元列的位置.

基矩阵的 LU 分解计算量较大, 然而不需每次迭代都重新分解. 只要知道初始基矩阵的 LU 分解, 随后可用递推或校正方法得到相应基矩阵的 LU 因子. 如 9.1 节所提及的, 仅当迭代次数相当多, 以至于因子精度过低或过于稠密或高斯变换阵序列过长时才重新分解.

这里强调指出, 为了表述的方便, 本书涉及基矩阵之逆均采用显式表示. 实际中通常用本节介绍的方法规避矩阵求逆和下节的方法进行 LU 分解校正.

9.4 LU 分解校正

每次单纯形迭代基矩阵只有一列发生变化, 其 LU 因子可以由上次迭代的因子校正得到. 本节介绍主要的校正方法.

假设当前基矩阵有 LU 分解

$$L^{-1}B = U, \quad L^{-1} = G_sP_s\cdots G_1P_1. \tag{9.23}$$

并已确定主元列标 q 和主元行标 p. 新的基矩阵可由 a_q 代替 B 的第 p 列 a_{j_p} 得到.

Bartels 和 Golub(1969) 提出第一个校正方法. 他们从 B 中抽去第 p 列 a_{j_p}, 将第 $p+1$ 至 m 列前移一列位置, 再将 a_q 作为第 m 列, 形成新基矩阵:

$$\widehat{B} = (a_{j_1}, \cdots, a_{j_{p-1}}, a_{j_{p+1}}, \cdots, a_{j_m}, a_q).$$

考察矩阵

$$H \overset{\triangle}{=} L^{-1}\widehat{B} = (L^{-1}a_{j_1}, \cdots, L^{-1}a_{j_{p-1}}, L^{-1}a_{j_{p+1}}, \cdots, L^{-1}a_{j_m}, L^{-1}a_q).$$

注意, 其中最后一列 $\tilde{a}_q = L^{-1}a_q$ 在求解 $B\bar{a}_q = a_q$ 时作为中间结果已经获得. 显然 H 相当于将上三角阵 U 的第 p 列抽出后, 把第 $p+1$ 至 m 列向前移动一位, 再将 $\tilde{a}_q$ 置于最后一列. 故 H 为上 Hessenberg 阵, 其第 p 至 $m-1$ 列的次对角线上为非 0 元, 结构如下所示:

$$H = \begin{pmatrix} \times & \times & \times & \times & \times & \times & \times & \times & \times & \times & \times \\ & \times & \times & \times & \times & \times & \times & \times & \times & \times & \times \\ & & \times & \times & \times & \times & \times & \times & \times & \times & \times \\ & & & \times & \times & \times & \times & \times & \times & \times & \times \\ & & & & * & * & * & * & * & * & * \\ & & & & \times & \times & \times & \times & \times & \times & \times \\ & & & & & \times & \times & \times & \times & \times & \times \\ & & & & & & \times & \times & \times & \times & \times \\ & & & & & & & \times & \times & \times & \times \\ & & & & & & & & & \times & \times \end{pmatrix}.$$

用一系列初等变换依次将次对角线的非 0 元消去即得上三角阵, 但当对角元等于 0 时却无法进行. Bartels-Golub 方法用行交换绕过这个困难: 当与次对角元相比对角元绝对值足够大时以对角元为主元, 否则交换它们所在行后再照此进行. 这样做使方法有很好的数值稳定性, 不过频繁行交换会降低效率.

作为 Bartels-Golub 方法的一个变形, Forrest-Tomlin(1972) 将 H 的第 p 行 (下面以 $*$ 号标示) 移至最后一行 (将第 p 至 $m-1$ 行向上移动一位), 所得矩阵与上三角阵的差别仅在于其该行第 p 至 $m-1$ 列元素可能非 0.

$$\tilde{H} = \tilde{P}H = \begin{pmatrix} \times & \times & \times & \times & \times & \times & \times & \times & \times & \times & \times \\ & \times & \times & \times & \times & \times & \times & \times & \times & \times & \times \\ & & \times & \times & \times & \times & \times & \times & \times & \times & \times \\ & & & \times & \times & \times & \times & \times & \times & \times & \times \\ & & & & \times & \times & \times & \times & \times & \times & \times \\ & & & & & \times & \times & \times & \times & \times & \times \\ & & & & & & \times & \times & \times & \times & \times \\ & & & & & & & \times & \times & \times & \times \\ & & & & & & & & & \times & \times \\ & & & & * & * & * & * & * & * \end{pmatrix}$$

这相当于用一个排列矩阵 $\tilde{P}$ 左乘 H. 不妨设所得矩阵为 $\tilde{H} = \tilde{P}H$, 其第 m 行第 1 个非 0 元在第 p 列, 即 $\tilde{h}_{mp} \neq 0$. 顺次以该矩阵第 p 至 $m-1$ 列对角元为主元用初等变换消去第 m 行的非 0 元, 即得上三角阵 $\tilde{U}$. 由于此时对角元均为非 0, 故理论上是无需行交换的. 然而为了提高稳定性, 若被消去的元和相应对角元绝对值之比大于 σ, 则将最后一行与对角元所在行交换后再行消去运算; 一般取 $\sigma = 10$ 左右为宜. 不妨假设无需这种行交换. 以消去 $\tilde{h}_{mp}$ 为例, 相当于用下列初等矩阵左乘 $\tilde{H}$:

$$\tilde{G}_p = I - h^p e_p^{\mathrm{T}}, \quad h^p = (\underbrace{0, \cdots, 0}_{m-1}, \tilde{h}_{mp}/\tilde{h}^p)^{\mathrm{T}}, \tag{9.24}$$

结果得到新基矩阵 $\widehat{B}$ 的 LU 分解:

$$\tilde{L}^{-1}\widehat{B} = \tilde{U}, \quad \tilde{L}^{-1} = \tilde{G}_{m-1} \cdots \tilde{G}_p \tilde{P} L^{-1}. \tag{9.25}$$

鉴于稀疏计算中向量 $\tilde{a}_q$ 最下端分量常常为 0, Reid(1982) 提出不以该向量作为新基矩阵最后一列: 如果从最下端算起第一个非 0 分量是 $\tilde{a}_{t,q}$, 则将 $\tilde{a}_q$ 插入作为第 $t-1$ 列.

$$H = \begin{pmatrix}
\times & \times & \times & \times & \times & \times & \times & \times & \times & \times \\
 & \times & \times & \times & \times & \times & \times & \times & \times & \times \\
 & & \times & \times & \times & \times & \times & \times & \times & \times \\
 & & & \times & \times & \times & \times & \times & \times & \times \\
 & & & & * & * & * & * & * & * \\
 & & & & \times & \times & \times & \times & \times & \times \\
 & & & & & \times & \times & \times & \times & \times \\
 & & & & & & \times & \times & \times & \times \\
 & & & & & & & & \times & \times \\
 & & & & & & & & & \times
\end{pmatrix}
\begin{matrix} \\ \\ \\ \\ p \\ \\ \\ t \\ \\ \\ \end{matrix}$$

这之后将第 p 行抽出, 把第 $p+1$ 至 t 行向上移动一位, 再置原第 p 行于第 t 行位置 (如下), 最后消去该行第 p 至 $t-1$ 列位置的非 0 元即得所需要的上三角阵.

$$\tilde{H} = \begin{pmatrix}
\times & \times & \times & \times & \times & \times & \times & \times & \times & \times \\
 & \times & \times & \times & \times & \times & \times & \times & \times & \times \\
 & & \times & \times & \times & \times & \times & \times & \times & \times \\
 & & & \times & \times & \times & \times & \times & \times & \times \\
 & & & & \times & \times & \times & \times & \times & \times \\
 & & & & & \times & \times & \times & \times & \times \\
 & & & & & & \times & \times & \times & \times \\
 & & & & * & * & * & * & * & * \\
 & & & & & & & & \times & \times \\
 & & & & & & & & & \times
\end{pmatrix}
\begin{matrix} \\ \\ \\ \\ p \\ \\ \\ t \\ \\ \\ \end{matrix}$$

目前普遍应用 Forrest-Tomlin 方法及其变形, 如 Reid 方法, 进行 LU 分解校正. 在其具体实现上, Suhl's (1993) 给予了很细致的考虑, 这里将不赘述, 感兴趣的读者可参阅文献.

9.5　初始基: 闯入策略

任何单纯形类算法都需要一个初始基作为出发点, 一般既不原始可行, 也不对偶可行. 实践表明, 初始基的好坏对求解问题所需存储量、迭代次数及运算时间有很大影响.

目前初始基的确定带有一定的随意性, 称之为闯入(crash) 过程. 主要着眼于获得稀疏的初始基矩阵并似乎有利于减少迭代次数. MINOS 处理一般的线性规划问题, 当数据输入后, 即对各行引入所谓 "逻辑变量" 将其化为有界变量问题存储, 而右端变为 0 向量. 逻辑变量的系数构成一个现成的单位阵, MINOS 有一个选项以其作为初始基矩阵, 尽管实际上并不常用. 鉴于基矩阵作为系数矩阵是以 LU 因子的形式存储和参加运算的, MINOS 的闯入过程提供一个接近于下三角阵的稀疏的初始基矩阵, 以使其 LU 因子产生较少填充. 同时尽量让自由变量作为基本变量. 该过程包含 5 个阶段. 第 1 阶段让所有自由逻辑变量进基, 使相应的列为单位向量; 这样的列数通常少于 m. 第 2 阶段让自由 (或有大绝对值界) 变量进基. 第 3 阶段在活跃子矩阵中选择只含单个变量的列, 而第 4 阶段选择只含 2 个变量的列. 若仍未达 m 列, 最后用适当的未选逻辑变量补齐.

单从减少迭代次数考虑, 显然以最优基为初始基最为理想, 只需求解线性系统 $Bx_B = b$ 即可得到最优解而无需任何迭代. 这当然一般并不可能, 最多只能期望接近最优基. 建议按最优解的启发式特征 (最钝角原理) 确定初始基. 按命题 2.4.1, 主元标较小的约束被最优解作为等式满足, 相应的变量应取作非基本变量; 或者说, 应让主元标较大的变量作为基本变量. 现以下例说明.

例 9.5.1　*用最钝角原理确定线性规划问题的初始基:*

$$\begin{aligned} \min\quad & f = 3x_1 - 2x_2 + x_3, \\ \text{s.t.}\quad & x_1 + 2x_2 - x_3 - x_4 = 1, \\ & x_1 + x_2 - x_3 + x_5 = 3, \\ & -x_1 + x_2 + x_3 + x_6 = 2, \\ & x_j \geqslant 0, \quad j = 1, \cdots, 6. \end{aligned}$$

解　将该问题化为

$$\begin{aligned} \min\quad & f = 3x_1 - 2x_2 + x_3, \\ \text{s.t.}\quad & x_4 = -1 + x_1 + 2x_2 - x_3 \geqslant 0, \\ & x_5 = 3 - x_1 - x_2 + x_3 \geqslant 0, \\ & x_6 = 2 + x_1 - x_2 - x_3 \geqslant 0, \\ & x_1, x_2, x_3 \geqslant 0. \end{aligned}$$

下表给出了各变量的主元标 α_i(注意, 这里使用目标负梯度计算主元标, 参见 2.4 节).

变量	约束条件	α_i
x_1	$x_1 \geqslant 0$	-3.00
x_6	$x_1 - x_2 - x_3 \geqslant -2$	-2.31
x_3	$x_3 \geqslant 0$	-1.00
x_5	$-x_1 - x_2 + x_3 \geqslant -3$	0.00
x_4	$x_1 + 2x_2 - x_3 \geqslant 1$	1.63
x_2	$x_2 \geqslant 0$	2.00

前 3 个主元标最小, 对应的约束梯度与目标负梯度夹角最大, 故取相应变量 x_1, x_3, x_6 为非基本变量, 于是

$$B = \{2, 4, 5\}, \quad N = \{1, 3, 6\}. \quad B^{-1} = \begin{pmatrix} 2 & -1 & 0 \\ 1 & 0 & 1 \\ 1 & 0 & 0 \end{pmatrix}^{-1} = \begin{pmatrix} 0 & 0 & 1 \\ -1 & 0 & 2 \\ 0 & 1 & -1 \end{pmatrix},$$

$$\bar{y} = B^{-\mathrm{T}} c_B = \begin{pmatrix} 0 & 0 & 1 \\ -1 & 0 & 2 \\ 0 & 1 & -1 \end{pmatrix}^{\mathrm{T}} \begin{pmatrix} -2 \\ 0 \\ 0 \end{pmatrix} = \begin{pmatrix} 0 \\ 2 \\ 0 \end{pmatrix},$$

$$\bar{z}_N = c_N - N^{\mathrm{T}} \bar{y} = \begin{pmatrix} 3 \\ 1 \\ 0 \end{pmatrix} - \begin{pmatrix} 1 & -1 & 0 \\ 1 & -1 & 0 \\ -1 & 1 & 1 \end{pmatrix}^{\mathrm{T}} \begin{pmatrix} 0 \\ 2 \\ 0 \end{pmatrix} = \begin{pmatrix} 1 \\ 3 \\ 0 \end{pmatrix} \geqslant 0,$$

$$\bar{x}_B = B^{-1} b = \begin{pmatrix} 0 & 0 & 1 \\ -1 & 0 & 2 \\ 0 & 1 & -1 \end{pmatrix} \begin{pmatrix} 1 \\ 3 \\ 2 \end{pmatrix} = \begin{pmatrix} 2 \\ 3 \\ 1 \end{pmatrix} \geqslant 0.$$

显见满足原始和对偶可行及互补松弛条件. 初始基就是最优基, 从而无需迭代. 基本最优解和最优值为

$$\bar{x} = (0, 2, 0, 3, 1, 0)^{\mathrm{T}}, \quad \bar{f} = c_B^{\mathrm{T}} \bar{x}_B = (-2, 0, 0)(2, 3, 1)^{\mathrm{T}} = -4.$$

这种 "碰巧" 现象并非纯属偶然. 有趣的是, 由最钝角原理常能得到小问题的最优基. 即使不如此, 也只需很少迭代次数就可达到最优. 但当某些变量的主元标差异不显著时, 效果较差. 就大规模问题而言, 重要的是按最钝角原理与获得稀疏

性之间存在冲突, 如何在两者之间取得平衡有待探讨. 感兴趣的读者可参阅有关文献 (如 Wei Li, 2004); Hu and Pan ,2006, 2008 等).

9.6　Harris 实用行规则和容限扩展

控制主元大小对于单纯形类算法的实现重要而棘手. 按理论行规则 (3.10) 编制的软件并不实用, 对绝大多数问题无能为力, 甚至解决不了一般的小问题. 原因在于如此确定的主元可能接近于 0 而使算法失去稳定性.

限制主元绝对值不低于某个 tolpiv 是必要的, 这里 tolpiv 的取值介于 $\epsilon_1 \approx 10^{-11}$ 至 10^{-7} 之间 (见 9.1 节). 然而仅如此尚不足以完全凑效. 实际上, 很难找到对所有问题都合适的 tolpiv 值, 10^{-11} 对许多问题过小, 而 10^{-7} 则常常过大, 只有与 Harris(1973) 实用规则结合才能较好地绕过这个困难.

Harris 的作法是修改理论规则, 巧妙地将其实用化. 她的方法被称做双通过(two pass) 过程, 因为要通过 m 行两次: 第 1 次确定预步长 α_1, 容许对边界有 δ 大小的违反量, 这里 $0 < \delta \ll 1$ 为当前可行性容限 (下面将会清楚); 在第 2 阶段确定主元行标 p, 作法是在 (严格达到边界的) 步长不超过 α_1 的对应行中选取绝对值最大者作为主元. 更精确些可表述如下.

规则 9.6.1(Harris 实用行规则)　**先确定**

$$\alpha_1 = \min\{(\bar{b}_i + \delta)/\bar{a}_{iq} \mid \bar{a}_{iq} > \text{tolpiv}; \ i = 1, \cdots, m\}, \tag{9.26}$$

然后确定主元行标

$$p \in \arg\max\{\bar{a}_{iq} \mid \bar{b}_i/\bar{a}_{iq} \leqslant \alpha_1, \ \bar{a}_{iq} > \text{tolpiv}; \ i = 1, \cdots, m\}. \tag{9.27}$$

该规则先扩大主元行的选择范围, 以便从中找到一个较大的主元以提高算法的稳定性. 从几何直观来看, 出基变量非负约束 $x_{j_p} \geqslant 0$ 的梯度与相应的下降边夹成较大角度, 也符合最优解启发式特征的提示. Harris 规则的实际效果十分显著, 现已为传统线性规划软件不可或缺的部分; 然而对下卷将要介绍的简约单纯形法和改进简约单纯形法则例外.

步长的确定与主元密切相关. 然而按理论取 $\bar{b}_p/\bar{a}_{pq}$ 作步长并不总是合适, 因为数值上 $\bar{b}_p$ 可能小于 0. 这实质上是退化或接近退化所致. 为了保证每次迭代步长为正, 从而使目标值严格下降避免停顿或循环的发生, Gill, Murray, Saunders 和 Wright(1989) 使用一个容限扩展技巧 (tolerance expanding).

他们每次迭代给可行性容限 δ 增加一个微小量 τ, 即置 $\delta = \delta + \tau$. 设 δ 的上限 featol 取常规值 10^{-6} (见 9.1 节), 初值为 $\delta_0 = 0.5 \times 10^{-6}$, 则增量取

$$\tau = \frac{(0.99 - 0.5) \times 10^{-6}}{10000} = 0.49 \times 10^{-10}.$$

于是每次迭代步长取如下正值

$$\alpha = \max\{\bar{b}_p/\bar{a}_{pq}, \tau/\bar{a}_{pq}\}. \tag{9.28}$$

每经过 10000 次迭代, 重置 $\delta = \delta_0$, 同时对基矩阵重新 LU 分解, 并计算相应的基本解; 如果该解变得不可行, 则回到 I 阶段过程以恢复可行. 如此进行达成最优后, 还要重置初值再次开始, 以保证所获最优解的质量.

9.7 线性规划问题的等价变形

本书之前都讨论标准线性规划问题. 本节将引入标准问题的几个等价形式, 用单纯形法处理它们有时比直接处理原标准问题更可取.

假设标准问题 (4.1) 的价格 c^{T} 不能由 A 的各行线性表出. 作此假设是适当的, 实际上, c^{T} 可由 A 的各行线性表出意味着存在向量 y, 使得 $c = A^{\mathrm{T}}y$. 从而当 $Ax = b$ 相容时可推出

$$c^{\mathrm{T}}x = y^{\mathrm{T}}Ax = y^{\mathrm{T}}b,$$

表明该问题为一平凡问题: 目标函数在可行域上取常值.

9.7.1 简约问题

这个等价形式很容易得到, 只需将 f 视为变量而将 $f = c^{\mathrm{T}}x$ 作为约束处理:

$$
\begin{aligned}
\min \quad & f, \\
\text{s.t.} \quad & \begin{pmatrix} A & 0 \\ c^{\mathrm{T}} & -1 \end{pmatrix} \begin{pmatrix} x \\ f \end{pmatrix} = \begin{pmatrix} b \\ 0 \end{pmatrix}, \quad x \geqslant 0.
\end{aligned}
$$

不妨记

$$A := \begin{pmatrix} A \\ c^{\mathrm{T}} \end{pmatrix}, \quad b := \begin{pmatrix} b \\ 0 \end{pmatrix}.$$

现在约定, 今后将视 f 等同于 x_{n+1}, 具有下标 $n+1$. 于是 $a_{n+1} = -e_{m+1}$, 而该问题可表为

$$
\begin{aligned}
\min \quad & f, \\
\text{s.t.} \quad & \left(A \vdots a_{n+1} \right) \begin{pmatrix} x \\ f \end{pmatrix} = b, \quad x \geqslant 0.
\end{aligned} \tag{9.29}
$$

其中 $(A\, a_{n+1}) \in \mathcal{R}^{(m+1) \times (n+1)}$, $b \in \mathcal{R}^{m+1}$, $\mathrm{rank}\,(A\, a_{m+1}) = m+1$, $m < n$. 该问题也是标准问题, 而目标函数只含一个自由目标变量 f, 本书称之为简约 (标准线性规划) 问题.

求解简约问题可简化某些计算. 若用单纯形法求解 (9.29), 总以 f 为第 $m+1$ 个基本变量, 则简约价格为

$$\bar{z}_N = N^{\mathrm{T}}\bar{y}, \quad B^{\mathrm{T}}\bar{y} = e_{m+1}. \tag{9.30}$$

若已知 LU 分解 $B = LU$, 其中第 2 个系统可分解为两个三角系统:

$$U^{\mathrm{T}}v = e_{m+1}, \quad L^{\mathrm{T}}\bar{y} = v.$$

第 1 个下三角系统有明显的解 $v = (1/\mu)e_{m+1}$, 这里 μ 为 U 的第 $m+1$ 个对角元. 于是获得单纯形乘子 $\bar{y}$ 只需求解一个三角系统:

$$L^{\mathrm{T}}\bar{y} = (1/\mu)e_{m+1}.$$

换言之, 每次单纯形迭代只需求解 3 个三角系统, 而不是传统上的 4 个 (见 9.3 节).

处理简约问题并非新做法, 在一些单纯形算法软件中已经实现. 但目标变量作为基本变量出现, 与常规算法没有实质区别. 读者将在本书下卷的有关章节看到, 目标变量用作非基本变量也许更有意义.

另一简约问题是就对偶问题而言. 假设 $b_r \neq 0$, 用 $1/b_r$ 乘以第 r 个等式, 再把其适当的倍数加到其他等式上去, 可将线性系统右端项化为单位向量 e_r. 若将其系数矩阵仍记为 A, 就得到如下等价形式:

$$\begin{aligned} \min \quad & c^{\mathrm{T}}x, \\ \text{s.t.} \quad & Ax = e_r, \quad x \geqslant 0. \end{aligned} \tag{9.31}$$

称之为二型简约问题. 其对偶问题的目标函数仅含单个变量, 把 r 行移至 m 行位置可简化某些计算. 实际上, 若已知任一基 B 的 LU 分解, 则求解 $Bx_B = e_m$ 就归结为只解一个三角系统. 然而还不止于此, 读者在下卷有关章节会看到更重要的应用.

行标 r 的确定并不唯一, 理论上可取任何右端项非 0 的行. 然而绝对值过小显然不可取. 倘若右端项某行分量碰巧为 1, 看似取其行标为 r 较为自然; 但就稳定性和简约梯度对应分量所占比重而言, 绝对值最大者更可取. 另外, 为减少填充, 则应选择非 0 分量最少的行. 大规模稀疏计算须平衡稳定性和稀疏性这两个往往冲突的方面.

9.7.2 对偶消去

该等价形式实际上是对偶问题的变形. 一大类来自实际的问题系数矩阵接近方阵, 即 $n - m \ll m$. 此类问题从对偶问题切入更为有利: 消去对偶变量 y, 将其化为关于对偶变量 z 的标准问题.

考虑对偶问题 (4.2) 的表格形式, 其中以 $\min -g = -b^{\mathrm{T}}y$ 代替 $\max g = b^{\mathrm{T}}y$:

y^{T}	z^{T}	g	RHS	
A^{T}	I		c	n
$-b^{\mathrm{T}}$		1		1

$$(9.32)$$

由于 A 行满秩, 对该表施以行交换和高斯变换, 可将 y^{T} 对应的子矩阵上三角化, 得到的表格形如:

y^{T}	z^{T}	g	RHS	
U	G_1		d_1	m
	G_2		d_2	$n-m$
$\bar{x}^{\mathrm{T}}$	1		$\bar{g}$	1

$$(9.33)$$

其中 $U \in \mathcal{R}^{m\times m}$ 为非奇上三角阵, $G_1 \in \mathcal{R}^{m\times n}$, $G_2 \in \mathcal{R}^{(n-m)\times n}$. 它代表对偶问题的等价形式:

$$\begin{aligned} \min \quad & -g = -\bar{g} + \bar{x}^{\mathrm{T}}z, \\ \text{s.t.} \quad & G_2 z = d_2, \quad z \geqslant 0, \\ & Uy + G_1 z = d_1. \end{aligned} \tag{9.34}$$

其中 $\operatorname{rank} G_2 = n-m$. 于是就归结为求解关于 z 的 $(n-m)\times n$ 标准问题, 它对应表格 (9.33) 的后 $n-m+1$ 行, 即

z^{T}	g	RHS	
G_2		d_2	
$\bar{x}^{\mathrm{T}}$	1	$\bar{g}$	

$$(9.35)$$

以其为初始表, 可启动 (两阶段) 原始或对偶单纯形算法求解. 由于该表有 $n-m$ 行, 单纯形迭代所涉及的线性系统为 $(n-m)\times(n-m)$ 阶, 比之原来的 $m\times m$ 阶规模大幅降低, 可望较快求得结果. 若所得最优表给出对偶基本最优解 $\bar{z}$, 则求解三角系统 $Uy = d_1 - G_1\bar{z}$ 给出相应的 $\bar{y}$.

不仅如此, 最优表实际上还给出相应的原始基本最优解. 先给出如下引理.

引理 9.7.1 设矩阵 $A \in \mathcal{R}^{m\times n}$ 行满秩, $m < n$. 若非异矩阵 $G \in \mathcal{R}^{n\times n}$ 使得

$$GA^{\mathrm{T}} = \begin{pmatrix} U \\ 0 \end{pmatrix}, \tag{9.36}$$

其中 $U \in \mathcal{R}^{m\times m}$ 为非奇上三角阵, 则 G_2^{T} 的列空间为 A 的 0 空间, 这里 G_2 由 G 的后 $n-m$ 行构成.

证明　设 G_1 由 G 的前 m 行构成. 由 (9.36) 可推出:

$$\left(AG_1^{\mathrm{T}} \vdots AG_2^{\mathrm{T}}\right) = A\left(G_1^{\mathrm{T}} \vdots G_2^{\mathrm{T}}\right) = AG^{\mathrm{T}} = \left(U^{\mathrm{T}} \vdots 0\right), \tag{9.37}$$

从而得到 $AG_2^{\mathrm{T}} = 0$. 而由 G 非异知 $\operatorname{rank} G_2 = n - m$, 故 G_2^{T} 的列空间为 A 的 0 空间. □

定理 9.7.1　若 (9.35) 有最优单纯形表, 则其底行给出原问题的基本最优解.

证明　不妨设 (9.35) 为最优单纯形表. 易知该表等价于

z^{T}	g	RHS
G_2		$G_2 c$
$b^{\mathrm{T}}U^{-1}G_1$	1	$b^{\mathrm{T}}U^{-1}d_1$

(9.38)

从而得到

$$\bar{x} = G_1^{\mathrm{T}}U^{-\mathrm{T}}b.$$

于是由 (9.37) 推出

$$A\bar{x} = (AG_1^{\mathrm{T}})U^{-\mathrm{T}}b = U^{\mathrm{T}}U^{-\mathrm{T}}b = b.$$

故 (9.33) 底行给出原始解. 按引理 9.7.1, G_2^{T} 的列空间为 A 的 0 空间. 易知在 (9.33) 之后产生的 G_2^{T} 所有的后继者也如此. 既然每次迭代新底行等于旧底行加上相应后继者某行的某个倍数, 这些单纯形表的底行均为原始解. 最优表的底行非负, 且与相应的对偶基本最优解互补, 故给出原始基本最优解. □

注意, 这里 G 可以为任何 $n \times n$ 非异矩阵. 如果对 (9.32) 施以带行交换的高斯变换, 则相当于用

$$G = \tilde{G}_m P_m \cdots \tilde{G}_1 P_1$$

左乘前 n 行, 这里 $\tilde{G}_i \in \mathcal{R}^{n \times n}$, $i = 1, \cdots, m$ 为高斯变换阵, 而 $P_i \in \mathcal{R}^{n \times n}$, $i = 1, \cdots, m$ 为排列阵.

例 9.7.1　用上述方法求解下列问题:

$$
\begin{aligned}
\min \quad & f = 3x_1 - x_2 + 2x_3 - x_4 + x_5 - x_7 - 2x_8, \\
\text{s.t.} \quad & x_1 + x_3 - x_6 - 2x_8 = -2, \\
& -x_2 + 4x_4 + 2x_6 - 3x_8 = 9, \\
& +x_3 - x_5 + x_6 - 2x_7 = -5, \\
& 2x_1 - 5x_4 - x_8 = -18, \\
& +x_2 - 3x_5 + x_7 = 3, \\
& -2x_1 - x_3 + 4x_5 + 2x_6 - 7x_8 = -13, \\
& x_j \geqslant 0, \quad j = 1, \cdots, 8
\end{aligned}
$$

解 构造形如 (9.32) 的初始表.

y_1	y_2	y_3	y_4	y_5	y_6	z_1	z_2	z_3	z_4	z_5	z_6	z_7	z_8	c
1			2		-2	1								3
	-2			1			1							-1
1		1			-1			1						2
	4		-5						1					-1
		-1		-3	4					1				1
-1	2	1			2						1			
		-2		1								1		-1
2	-3		-1		-7								1	-2
2	-9	5	18	-3	13									

用高斯变换将前 6 列上三角化, 所得前 6 行表格和形如 (9.35) 的表格分别为

y_1	y_2	y_3	y_4	y_5	y_6	z_1	z_2	z_3	z_4	z_5	z_6	z_7	z_8	c
1			2		-2	1								3
	-2			1			1							-1
		1	-2		1	-1		1						-1
			-5	2		0	2		1					-3
				-19/5	5	-1	-4/5	1	-2/5	1				6/5
					46/19	25/19	39/19	-6/19	10/19	13/19	1			27/19

z_1	z_2	z_3	z_4	z_5	z_6	z_7	z_8	c
-5/2	-5/2	2	-1	-1/2	-1/2	1		-3/2
761/92	867/92*	-36/23	143/46	289/92	433/92		1	947/92
-513/92	-723/92	-58/23	63/46	-333/92	-561/92			-1739/92

I 阶段: 上面为单纯形表行数大为减少. 调用最钝角对偶 I 阶段算法 8.3.2.

第 1 次迭代:

1. $\min\{-513/92, -723/92, -58/23, 63/46, -333/92, -561/92\} = -723/92$,

   $q = 2$.

4. $\max\{-5/2, 867/92\} = 867/92$, $p = 2$.

5. 将第 2 行乘以 92/867, 再分别乘以 5/2, 723/92 加到第 1,3 行得

z_1	z_2	z_3	z_4	z_5	z_6	z_7	z_8	c
-265/867		458/289*	-152/867	1/3	649/867	1	230/867	1067/867
761/867	1	-48/289	286/867	1/3	433/867		92/867	947/867
382/289		-1106/289	1145/289	-1	-628/289		241/289	-2982/289

第 2 次迭代:

1. $\min\{382/289, -1106/289, 1145/289, -1, -628/289, 241/289\} = -1106/289,$
   $q = 3.$

4. $\max\{458/289, -48/289\} = 458/289,\ p = 1.$

5. 将第 1 行乘以 289/458, 再分别乘以 48/289, 1106/289 加到第 2,3 行得

z_1	z_2	z_3	z_4	z_5	z_6	z_7	z_8	c
$-265/1374$		1	$-76/687$	$289/1374$	$649/1374$	$289/458$	$115/687$	$1067/1374$
$581/687$	1		$214/687$	$253/687$	$397/687^*$	$24/229$	$92/687$	$839/687$
$401/687$			$2431/687$	$-134/687$	$-251/687$	$553/229$	$1013/687$	$-2057/280$

第 3 次迭代:

1. $\min\{401/687, 2431/687, -134/687, -251/687, 553/229, 1013/687\} = -251/687,$
   $q = 6.$

4. $\max\{649/1374, 397/687\} = 397/687,\ p = 2.$

5. 将第 2 行乘以 687/397, 再分别乘以 $-649/1374, 251/687$ 加到第 1,3 行得

z_1	z_2	z_3	z_4	z_5	z_6	z_7	z_8	c
$-351/397$	$-649/794$	1	$-145/397$	$-36/397^*$		$433/794$	$23/397$	$-88/397$
$581/397$	$687/397$		$214/397$	$253/397$	1	$72/397$	$92/397$	$839/397$
$444/397$	$251/397$		$1483/397$	$15/397$		$985/397$	$619/397$	$-2610/397$

II 阶段: 调用对偶单纯形算法 4.4.1.

第 4 次迭代:

1. $\min\{-88/397, 839/397\} = -88/397,\ p = 1.$

4. $\min\{-(444/397)/(-351/397), -(251/397)/(-649/794), -(1483/397)/(-145/397),$
   $-(15/397)/(-36/397)\} = 5/12.$

5. 将第 1 行乘以 $-397/36$, 再分别乘以 $-253/397, -15/397$ 加到第 2,3 行得

z_1	z_2	z_3	z_4	z_5	z_6	z_7	z_8	c
$39/4$	$649/72$	$-397/36$	$145/36$	1		$-433/72$	$-23/36$	$22/9$
$-19/4$	$-289/72$	$253/36$	$-73/36$		1	$289/72$	$23/36$	$5/9$
$3/4$	$7/24$	$5/12$	$43/12$			$65/24$	$19/12$	$-20/3$

基本最优解和最优值:

$\bar{x} = (3/4, 7/24, 5/12, 43/12, 0, 0, 65/24, 19/12)^{\mathrm{T}}$, $\bar{g} = -20/3.$

对偶基本最优解:

$\bar{z} = (0, 0, 0, 0, 22/9, 5/9, 0, 0)^{\mathrm{T}}$. 若要获得相应的 $\bar{y}$, 可将 $\bar{z}$ 代入本例第 2 个表

格代表的三角系统得

$$\begin{pmatrix} 1 & & 2 & & & -2 \\ & -2 & & 1 & & \\ & & 1 & -2 & & 1 \\ & & & -5 & 2 & \\ & & & & -19/5 & 5 \\ & & & & & 46/19 \end{pmatrix} \begin{pmatrix} y_1 \\ y_2 \\ y_3 \\ y_4 \\ y_4 \\ y_6 \end{pmatrix} = \begin{pmatrix} 3 \\ -1 \\ -1 \\ -3 \\ 6/5 \\ 27/19 \end{pmatrix} - (22/9) \begin{pmatrix} 0 \\ 0 \\ 0 \\ 0 \\ 1 \\ 13/19 \end{pmatrix} - \begin{pmatrix} 0 \\ 0 \\ 0 \\ 0 \\ 0 \\ 5/9 \end{pmatrix},$$

由此解得 $\bar{y} = (11/9, 4/9, 4/9, 5/9, -1/9, -1/3)^{\mathrm{T}}$.

对偶表 (9.32) 有 $(n+1) \times (m+n+1)$ 阶, 其规模明显大于 $(m+1) \times (n+1)$ 阶原始表. 上述方法乍看似不实用, 其实不然. 实际上, 将前者三角化的过程等价于对

$$\begin{pmatrix} A^{\mathrm{T}} \\ -b^{\mathrm{T}} \end{pmatrix}$$

作带行交换的 LU 分解 (底行不参加交换), 9.3 节的内容在这里仍然适用. 当 $n-n \ll m$ 时, 增加的花费不多, 而随后线性系统规模则大为降低, 相当有利. 至于要获得 (9.33), 只需将高斯变换阵和排列阵因子累积于 (9.32); 而如果不需要 $\bar{y}$, 则只需累积表格 (9.35) 对应的那些行, 因而仅用到因子的对应分量. 另一方案是存储这些因子, 而后续的单纯形迭代由原始数据计算所需要的向量. 注意, G_2 包含一个 $(n-m) \times (n-m)$ 阶单位阵, 并对应底行 0 分量, 因而相应的 $n-m$ 列无需计算; 以其为初始基 (可能的最稀疏情形), 可启动两阶段原始或对偶单纯形算法求解.

9.7.3 简约对偶消去

该等价形式可看做前两者的结合, 即对简约标准问题进行对偶消去.

考虑 (9.29) 的对偶问题. 如果目标行以 $\min -g = -b^{\mathrm{T}}y$ 代替 $\max g = b^{\mathrm{T}}y$, 其表格形式为

y^{T}	z^{T}	z_{n+1}	g	RHS	
A^{T}	I				n
$-e_{m+1}^{\mathrm{T}}$		1		1	1
$-b^{\mathrm{T}}$			1		1

由于 $\mathrm{rank}\, A = m+1$, 经行交换和高斯变换可把 y^{T} 对应的部分三角化; 底部两行不参加行交换, 因而最后 3 列无变化. 设得到下表:

y^{T}	z^{T}	z_{n+1}	g	RHS
U	G_1			$m+1$
	G_2			$n-m-1$
	d^{T}	1	1	1
$\bar{x}^{\mathrm{T}}$		1		1

其中 $U \in \mathcal{R}^{(m+1)\times(m+1)}$ 为非奇上三角阵, $G_2 \in \mathcal{R}^{(n-m-1)\times n}$, $G_2 \in \mathcal{R}^{(n-m)-1 \times n}$. 从而就归结为求解关于 z 的 $(n-m)\times(n+1)$ 标准问题, 对应表格形如:

z^{T}	z_{n+1}	g	RHS
G_2			
d^{T}	1		1
$\bar{x}^{\mathrm{T}}$	1		

$$(9.39)$$

如果使用单纯形法, 获得 $\bar{x}_B$ 只需求解一个三角系统. 然而该变形的意义不在于此. 由于 G_2 包含一个 $(n-m-1)\times(n-m-1)$ 单位阵, 而右端为 e_n, 该表可直接用二型简约单纯形法或亏基二型对偶简约单纯形法处理 (见下卷).

第 10 章　灵敏度分析

用单纯形法求解线性规划问题后，有时需要求解由问题局部变化而来的新问题. 本章讨论如何高效地处理这类新问题，涉及问题变化所导致解的变化，属于**灵敏度分析**(sensitivity analysis) 的范畴.

该论题有很强的应用背景. 实践中常常需要求解一些相互关联或类似的线性规划问题. 这些问题或源于某些原始数据的改变，或源于变量及约束条件的增减. 例如应用非常广泛的整数线性规划模型 (由线性规划模型中添加变量取整数的约束条件而来)，其求解通常涉及大量相互关联的线性规划问题，简单地调用单纯形法求解每个问题花费过大而不现实.

实际上，由几何直观不难想象，如果用单纯形法已求得基本最优解，当问题变化足够小时，最优基甚至会保持不变，因而可立即得到新问题的最优解. 即使新问题与原问题相差较大，或是求解过程中断后恢复求解，从最终单纯形表或基入手 (如果可能的话)，通常能快速求解，此即颇受欢迎的所谓单纯形法"热启动"特性.

下面就标准线性规划问题的若干常见变化进行讨论. 假设已知

$$\min \quad f = c^{\mathrm{T}}x,$$
$$\text{s.t.} \quad Ax = b, \qquad x \geqslant 0$$

的最优基 B, 对应的最优单纯形表形如:

x_B^{T}	x_N^{T}	f	RHS
I	$\bar{N}$		$\bar{b}$
	$\bar{z}_N^{\mathrm{T}}$	-1	$-\bar{f}$

$$(10.1)$$

原始和对偶最优解为

$$\bar{x}_B = \bar{b} = B^{-1}b \geqslant 0, \quad \bar{x}_N = 0;$$
$$\bar{z}_B = 0, \quad \bar{z}_N = c_N - N^{\mathrm{T}}\bar{y} \geqslant 0, \quad \bar{y} = B^{-\mathrm{T}}c_B.$$

10.1　价格向量变化

设仅价格向量 c 变为 c'. 新问题对应于基 B 的原始和对偶基本解为

$$x'_B = B^{-1}b = \bar{x}_B \geqslant 0, \quad z'_N = c'_N - N^{\mathrm{T}}y', \quad y' = B^{-\mathrm{T}}c'_B.$$

显然原始基本解没有变化, 原始可行性得以保持. 如果 $z'_N \geqslant 0$, 则已获得新问题的一对原始和对偶基本可行解, 即终止计算.

假设 $z'_N \not\geqslant 0$. 在价格向量变化不大的情形, 对偶基本解变化也不大, 可望由 B 开始经较少单纯形迭代求解新问题. 特别地, 如果仅非基本价格分量发生改变, 则只有相应的简约价格分量才可能变化. 更具体些, 设仅对 $j \in T \subset N$ 相应的 c_j 变为

$$c'_j = c_j + \Delta c_j.$$

此时显然 $y' = \bar{y}$, 因而只需计算如下简约价格分量:

$$z'_j = c'_j - a_j^\mathrm{T} \bar{y} = \bar{z}_j + \Delta c_j, \quad j \in T.$$

如果它们均非负即已为最优, 否则由此出发进行单纯形迭代.

在某些应用中仅单个价格分量变化, 需确定使基 B 保持最优的变化范围. 为此, 假设 c 变为

$$c' = c + \tau \Delta c, \tag{10.2}$$

其中 τ 为实数, 而 Δc 为给定向量, 其中仅有一个非 0 分量. 不过下面仍按更一般情形 $\Delta c \neq 0$ 讨论.

B 为最优基的充分条件是新简约梯度非负, 即

$$z'_N = c_N + \tau \Delta c_N - N^\mathrm{T} B^{-\mathrm{T}}(c_B + \tau \Delta c_B) = \bar{z}_N + \tau \Delta z_N \geqslant 0, \tag{10.3}$$

其中

$$\Delta z_N = \Delta c_N - N^\mathrm{T} B^{-\mathrm{T}} \Delta c_B. \tag{10.4}$$

引入

$$\beta = \min\{-\bar{z}_j/\Delta z_j \mid \Delta z_j < 0, \ j \in N\},$$
$$\alpha = \min\{\bar{z}_j/\Delta z_j \mid \Delta z_j > 0, \ j \in N\},$$

则满足不等式 (10.3) 的非负 τ 值由下式确定:

$$\tau \leqslant \beta,$$

而满足该不等式的非正 τ 值由下式确定:

$$|\tau| \leqslant \alpha.$$

于是可知当 τ 满足

$$-\alpha \leqslant \tau \leqslant \beta \tag{10.5}$$

时, 最优解保持不变.

例 10.1.1 求 x_1 价格系数的变化范围使最优解不变:

$$\min \quad f = -4x_1 - 3x_2 - 5x_3,$$
$$\text{s.t.} \quad 2x_1 + x_2 + 3x_3 + x_5 = 15,$$
$$x_1 + x_2 + x_3 + x_4 = 12,$$
$$-2x_1 + x_2 - 3x_3 + x_7 = 3,$$
$$2x_1 + x_2 + x_6 = 9,$$
$$x_j \geqslant 0, \quad j = 1, \cdots, 7.$$

解 例 3.2.1 已得到该问题的最优单纯形表.

x_1	x_2	x_3	x_4	x_5	x_6	x_7	RHS
		1		1/3	−1/3		2
			1	−7/12	−1/6	−1/4	1
	1			1/2		1/2	9
1				−1/4	1/2	−1/4	
				13/6	1/3	1/2	37

最优解和最优值为 $\bar{x} = (0,9,2,1,0,0,0)^{\mathrm{T}}$, $\bar{f} = -37$.

最优基和非基为 $B = \{3,4,2,1\}$, $N = \{5,6,7\}$.

$$c = (-4,-3,-5,0,0,0,0)^{\mathrm{T}}, \quad \bar{z}_N = (13/6,1/3,1/2)^{\mathrm{T}}.$$

取 $\Delta c = (1,0,0,0,0,0,0)^{\mathrm{T}}$, 则 $\Delta c_B = (0,0,0,1)^{\mathrm{T}}$, $\Delta c_N = (0,0,0)^{\mathrm{T}}$. 按 (10.4) 有

$$\Delta z_N = \begin{pmatrix} 0 \\ 0 \\ 0 \end{pmatrix} - \begin{pmatrix} 1 & 0 & 0 \\ 0 & 0 & 0 \\ 0 & 0 & 1 \\ 0 & 1 & 0 \end{pmatrix}^{\mathrm{T}} \begin{pmatrix} 3 & 0 & 1 & 2 \\ 1 & 1 & 1 & 1 \\ -3 & 0 & 1 & -2 \\ 0 & 0 & 1 & 2 \end{pmatrix}^{-\mathrm{T}} \begin{pmatrix} 0 \\ 0 \\ 0 \\ 1 \end{pmatrix} = \begin{pmatrix} 1/4 \\ -1/2 \\ 1/4 \end{pmatrix}.$$

$$\alpha = \min\{(13/6)/(1/4), (1/2)/(1/4)\} = 2, \quad \beta = \min\{-(1/3)/(-1/2)\} = 2/3.$$

按 (10.5), 当

$$-2 \leqslant \tau \leqslant 2/3$$

时, 最优解不变. 进一步, 由 (10.2) 和 $\Delta c = (1,0,0,0,0,0,0)^{\mathrm{T}}$ 知, 当 x_1 的价格系数满足 $-4-2 = -6 \leqslant C_1' \leqslant -4+2/3 = -10/3$ 时, 最优解不变. 例如, 当 x_1 的价格系数取下限 -6 时, 按 (10.3), 有

$$z_N' = (13/6,1/3,1/2)^{\mathrm{T}} + (-2)(1/4,-1/2,1/4)^{\mathrm{T}} = (5/3,4/3,0)^{\mathrm{T}} \geqslant 0,$$

而最优表为

x_1	x_2	x_3	x_4	x_5	x_6	x_7	RHS
		1		1/3	−1/3		2
			1	−7/12	−1/6	−1/4	1
	1			1/2		1/2	9
1				−1/4	1/2	−1/4	
				5/3	4/3		37

10.2   右端向量变化

设仅右端向量 b 变为

$$b' = b + \eta \Delta b, \tag{10.6}$$

其中 η 为实数, 而 Δb 为给定向量. 对应于基 B, 新问题的原始和对偶基本解为

$$x'_B = B^{-1}(b + \eta \Delta b) = \bar{x}_B + \eta B^{-1} \Delta b, \quad z'_N = c_N - N^{\mathrm{T}} \bar{y} = \bar{z}_N \geqslant 0, \quad \bar{y} = B^{-\mathrm{T}} c_B. \tag{10.7}$$

显然对偶基本解没有变化, 对偶可行性得以保持. 如果 $x'_B \geqslant 0$, 则原始基本解也可行, 于是已有新问题的一对原始和对偶基本可行解.

假设 $x'_B \gneqq 0$. 当 $|\eta|$ 较小时, x'_B 变化也小, 可望用对偶单纯形法由 B 开始很快求解新问题. 实际上, 若 η 满足下列条件则 B 仍为新问题的最优基:

$$\bar{x}_B + \eta v \geqslant 0, \quad v = B^{-1} \Delta b, \tag{10.8}$$

满足该不等式的非正 η 值由下式确定:

$$|\eta| \leqslant \alpha = \min\{\bar{x}_i / v_i \mid v_i > 0, \ i = 1, \cdots, m\},$$

而非负 η 值由下式确定:

$$\eta \leqslant \beta = \min\{-\bar{x}_i / v_i \mid v_i < 0, \ i = 1, \cdots, m\}.$$

于是当 η 满足

$$-\alpha \leqslant \eta \leqslant \beta$$

时, (10.7) 给出新问题的原始和对偶基本最优解.

例 10.2.1   求右端第 1 个分量的变化范围使最优基不变:

$$\begin{aligned}
\min \quad & f = x_1 + 2x_2 + x_3, \\
\text{s.t.} \quad & -2x_1 - x_2 - x_3 + x_4 = -1, \\
& x_1 - 4x_2 - x_3 + x_5 = -2, \\
& x_1 + 3x_2 + x_6 = 4, \\
& x_j \geqslant 0, \quad j = 1, \cdots, 6.
\end{aligned}$$

解 例 4.4.1 已得到该问题的最优单纯形表

x_1	x_2	x_3	x_4	x_5	x_6	RHS
1		1/3	$-4/9$	1/9		2/9
	1	1/3	$-1/9$	$-2/9$		5/9
		$-4/3$	7/9	5/9	1	19/9
			2/3	1/3		$-4/3$

最优解和最优值为 $\bar{x} = (2/9, 5/9, 0, 0, 0, 19/9)^{\mathrm{T}}$, $\bar{f} = 4/3$.

最优基和非基为 $B = \{1, 2, 6\}$, $N = \{3, 4, 5\}$.

取 $\Delta b = (1, 0, 0)^{\mathrm{T}}$, 按 (10.8) 第 2 式有

$$v = \begin{pmatrix} -2 & -1 & 0 \\ 1 & -4 & 0 \\ 1 & 3 & 1 \end{pmatrix}^{-1} \begin{pmatrix} 1 \\ 0 \\ 0 \end{pmatrix} = \begin{pmatrix} -4/9 \\ -1/9 \\ 7/9 \end{pmatrix},$$

$$\alpha = \min\{(19/9)/(7/9)\} = 19/7, \quad \beta = \min\{-(2/9)/(-4/9), -(5/9)/(-1/9)\} = 1/2.$$

可知当

$$-19/7 \leqslant \eta \leqslant 1/2$$

时, 最优解不变. 进而由 (10.6) 和 $\Delta b = (1, 0, 0)^{\mathrm{T}}$ 知, 当右端第 1 个分量满足

$$-1 - (19/7) = -26/7 \leqslant b_1' \leqslant -1 + 1/2 = -1/2$$

时, 最优基不变. 例如取 $b_1' = -1/2$ 时, 按 (10.7) 有

$$x_B' = (2/9, 5/9, 19/9)^{\mathrm{T}} + (1/2)(-4/9, -1/9, 7/9)^{\mathrm{T}} = (0, 1/2, 5/2)^{\mathrm{T}} \geqslant 0,$$

而新问题最优表为

x_1	x_2	x_3	x_4	x_5	x_6	RHS
1		1/3	$-4/9$	1/9		0
	1	1/3	$-1/9$	$-2/9$		1/2
		$-4/3$	7/9	5/9	1	5/2
			2/3	1/3		-1

10.3 系数矩阵变化

就下列情形分别讨论.

10.3.1　添加变量

假设添加变量 x_{n+1}, 对应价格系数 c_{n+1}, 而系数矩阵添加相应的列 a_{n+1}. 新问题为

$$\min \quad c^{\mathrm{T}}x + c_{n+1}x_{n+1},$$
$$\text{s.t.} \quad Ax + a_{n+1}x_{n+1} = b, \quad x, x_{n+1} \geqslant 0.$$

显然, B 为其可行基, 对应基本可行解

$$\begin{pmatrix} \bar{x} \\ \bar{x}_{n+1} \end{pmatrix} = \begin{pmatrix} \bar{x} \\ 0 \end{pmatrix}.$$

由于 x_{n+1} 为非基本变量, 故如果相应的简约价格

$$\bar{z}_{n+1} = c_{n+1} - a_{n+1}^{\mathrm{T}}\bar{y}$$

非负, 该解为基本最优解. 否则以 B 为初始基用单纯形法求解.

例 10.3.1　已知问题

$$\min \quad f = -x_1 - 2x_2 - 4x_4 + 3x_5,$$
$$\text{s.t.} \quad 2x_1 + x_3 = 3,$$
$$x_1 + x_4 = 2,$$
$$-x_2 + x_5 = 0,$$
$$x_j \geqslant 0, \quad j = 1,\cdots,5.$$

的最优单纯形表为

x_1	x_2	x_3	x_4	x_5	RHS
2		1			3
1			1		2
	−1			1	0
3	1				8

求解添加变量 x_6 后的新问题, 相应的 $a_6 = (1,-2,3)^{\mathrm{T}}$, $c_6 = -2$.

解　最优基为 $B = \{3,4,5\}$. $\bar{a}_6 = B^{-1}a_6 = (1,-2,3)^{\mathrm{T}}$, $\bar{y} = B^{-\mathrm{T}}c_B = (0,-4,3)^{\mathrm{T}}$, $\bar{z}_6 = -2 - (1,-2,3)(0,-4,3)^{\mathrm{T}} = -19$.

这里用表格单纯形算法求解新问题. 初始单纯形表由修改原问题最优表而得

x_1	x_2	x_3	x_4	x_5	x_6	RHS
2		1			1	3
1			1		−2	2
	−1			1	3*	0
3	1				−19	8

调用算法 3.2.1.

第 1 次迭代:

1. $\min\{3, 1, -19\} = -19 < 0$, $q = 6$.

3. $I = \{1, 3\} \neq \varnothing$.

4. $\min\{3/1, 0/3\} = 0$, $p = 3$.

5. 将第 3 行乘以 1/3, 再分别乘以 $-1, 2, 19$ 加到第 1,2,4 行得

x_1	x_2	x_3	x_4	x_5	x_6	RHS
2	1/3*	1		$-1/3$		3
1	$-2/3$		1	$2/3$		2
	$-1/3$			$1/3$	1	
3	$-16/3$			$19/3$		8

第 2 次迭代:

1. $\min\{3, -16/3, 19/3\} = -16/3 < 0$, $q = 2$,

3. $I = \{1\} \neq \varnothing$.

4. $\min\{3/(1/3)\}$, $p = 1$.

5. 将第 1 行乘以 3, 再分别乘以 $2/3, 1/3, 16/3$ 加到第 2,3,4 行得

x_1	x_2	x_3	x_4	x_5	x_6	RHS
6	1	3		-1		9
5		2	1			8
2		1			1	3
35		16		1		56

第 3 次迭代:

1. $\min\{35, 16, 1\} \geqslant 0$, 达成最优. 基本最优解和最优值

$$\bar{x} = (0, 9, 0, 8, 0, 3)^{\mathrm{T}}, \quad \bar{f} = -56.$$

10.3.2　减少变量

假设将变量 x_p 消去.

若原问题最优解的相应分量 $\bar{x}_p = 0$, 显然从中去掉这个分量即为新问题的最优解.

现设 $\bar{x}_p > 0$. 不妨设 $1 \leqslant p \leqslant m$ 而 x_p 为原问题最优表第 p 行基本变量. 于是

$$\bar{x}_p = \bar{b}_p = e_p^{\mathrm{T}} B^{-1} b > 0.$$

考察第 p 行非基本分量, 即

$$\bar{a}_{pj} = e_p^{\mathrm{T}} B^{-1} a_j, \quad j \in N.$$

命题 10.3.1   若

$$J' = \{j \in N \mid \bar{a}_{pj} > 0\}$$

为空集, 则新问题无可行解.

证明   新问题有可行解意味着原问题有 x_p 取 0 值的可行解, 设其为 $\hat{x} \geqslant 0$, $\hat{x}_p = 0$. 它满足最优表的第 p 行等式, 即

$$\hat{x}_p + \sum_{j \in N} \bar{a}_{pj}\hat{x}_j = \bar{b}_p.$$

上式左边小于等于 0, 而右边大于 0, 导致矛盾. 故新问题无可行解.   □

若 J' 非空, 确定列标 q 使得

$$q \in \arg\min_{j \in J'} \bar{z}_j/\bar{a}_{pj},$$

其中 $\bar{z}_j$ 为原问题最优表的简约价格. 以 $\bar{a}_{pq}$ 为主元进行初等变换, 让 p 出基 q 进基. 再删去非基本变量 x_p 所在列即为新问题的对偶可行单纯形表, 从而可用对偶单纯形法求解.

例 10.3.2   已知问题

$$
\begin{aligned}
\min \quad & f = x_1 + x_2 - 3x_3, \\
\text{s.t.} \quad & -2x_1 - x_2 + 4x_3 + x_5 = -4, \\
& x_1 - 2x_2 + x_3 + x_6 = 5, \\
& -x_1 + 2x_3 + x_4 = -3, \\
& x_j \geqslant 0, \quad j = 1, \cdots, 6.
\end{aligned}
\tag{10.9}
$$

的最优单纯形表为

x_1	x_2	x_3	x_4	x_5	x_6	RHS
1	$-4/3$		$-1/3$		$2/3$	$13/3$
	$-2/3$	1	$1/3$		$1/3$	$2/3$
	-1		-2	1		2
	$1/3$		$4/3$		$1/3$	$-7/3$

求解去掉变量 x_1 后的新问题.

解   由其最优表知 $\bar{x}_1 = 13/3 > 0$, $J' = \{6\} \neq \varnothing$, $\min\{(1/3)/(2/3)\} = 1/2$, $q = 6$.

将第 1 行乘以 $3/2$, 再分别乘以 $-1/3, -1/3$ 加到第 2,4 行, 消去 x_1 列后得新问题的对偶可行表.

x_2	x_3	x_4	x_5	x_6	RHS
-2		$-1/2$		1	$13/2$
0	1	$1/2$			$-3/2$
-1		-2	1		2
1		$3/2$			$-9/2$

调用对偶单纯形算法 4.4.1.

第 1 次迭代:

1. $\min\{13/2, -3/2, 2\} = -3/2 < 0, p = 2.$

3. $J = \varnothing$, 判定对偶无界, 故新问题无可行解.

10.3.3 添加约束

在此情形下, 原问题可视为新问题的松弛问题. 显然前者的可行域包含后者的可行域. 因而若原问题的最优解 $\bar{x}$ 是新问题的可行解, 则 $\bar{x}$ 也是新问题的最优解. 换言之, $\bar{x}$ 满足新添约束是其为新问题最优解的充分条件.

现假设 $\bar{x}$ 不满足新添加的约束. 按如下两种情形分别处理:

(i) 添加一个不等式约束 $v^{\mathrm{T}}x \leqslant \rho$, 而 $v^{\mathrm{T}}\bar{x} = v_B^{\mathrm{T}}\bar{x}_B > \rho$.

引入松弛变量 x_{n+1}, 把添加的不等式化为等式

$$v_B^{\mathrm{T}}x_B + v_N^{\mathrm{T}}x_N + x_{n+1} = \rho.$$

将其数据插入原问题最优表作为第 $m+1$ 行得到新问题的如下表格.

x_B^{T}	x_N^{T}	x_{n+1}	f	RHS
I	$\bar{N}$			$\bar{b}$
v_B^{T}	v_N^{T}	1		ρ
	$\bar{z}_N^{\mathrm{T}}$		-1	$-\bar{f}$

对 $i = 1, \cdots, m$, 依次把第 i 行的适当倍数加到第 $m+1$ 行消去 v_B^{T} 得单纯形表形如

x_B^{T}	x_N^{T}	x_{n+1}	f	RHS
I	$\bar{N}$			$\bar{b}$
	$\bar{v}_N^{\mathrm{T}}$	1		$\bar{\rho}$
	$\bar{z}_N^{\mathrm{T}}$		-1	$-\bar{f}$

(10.10)

显然仅第 $m+1$ 行发生变化. 该表为对偶可行表, 可用对偶单纯形算法 4.4.1 求解. 注意, 由于 $\bar{x}$, $\bar{x}_{n+1} = \rho - v_B^{\mathrm{T}}\bar{x}_B < 0$ 构成新问题的非可行解, 满足该表第 $m+1$ 行等式, 故其右端仅分量 $\bar{\rho} = \bar{x}_{n+1}$ 小于 0.

例 10.3.3 对例 10.3.2 的线性规划问题 (10.9) 添加约束 $-2x_1 + x_3 - 3x_4 + 2x_6 \leqslant -25$ 后求解.

解　问题 (10.9) 的基本最优解 $\bar{x} = (13/3, 0, 2/3, 0, 2, 0)^{\mathrm{T}}$ 不满足添加的约束,
因为

$$-2 \times (13/3) + 2/3 = -24/3 > -25.$$

在新增约束中引入松弛变量 x_7, 并将其插入最优表中得

x_1	x_2	x_3	x_4	x_5	x_6	x_7	RHS
1	−4/3		−1/3		2/3		13/3
	−2/3	1	1/3		1/3		2/3
	−1		−2	1			2
−2		1	−3		2	1	−25
	1/3		4/3		1/3		−7/3

将第 1 行乘以 2 加到第 4 行得

x_1	x_2	x_3	x_4	x_5	x_6	x_7	RHS
1	−4/3		−1/3		2/3		13/3
	−2/3	1	1/3		1/3		2/3
	−1		−2	1			2
	−8/3	1	−11/3		10/3	1	−49/3
	1/3		4/3		1/3		−7/3

将第 2 行乘以 −1 加到第 4 行得

x_1	x_2	x_3	x_4	x_5	x_6	x_7	RHS
1	−4/3		−1/3		2/3		13/3
	−2/3	1	1/3		1/3		2/3
	−1		−2	1			2
	−2*		−4		3	1	−17
	1/3		4/3		1/3		−7/3

上表已是对偶可行单纯形表. 调用对偶单纯形算法 4.4.1.

第 1 次迭代:

1. $\min\{13/3, 2/3, 2, -17\} = -17 < 0$, $p = 4$.

3. $J = \{2, 4\} \neq \varnothing$.

4. $\min\{-(1/3)/-2, -(4/3)/-4\} = 1/6$, $q = 2$.

5. 将第 4 行乘以 −1/2, 再分别乘以 4/3, 2/3, 1, −1/3 加到第 1,2,3,5 行得

x_1	x_2	x_3	x_4	x_5	x_6	x_7	RHS
1			7/3		−4/3	−2/3	47/3
		1	5/3		−2/3	−1/3	19/3
				1	−3/2	−1/2	21/2
	1		2		−3/2	−1/2	17/2
			2/3		5/6	1/6	−31/6

第 2 次迭代:

1. $\min\{47/3, 19/3, 21/2, 17/2\} \geqslant 0$. 新问题最优解和最优值

$$\bar{x} = (47/3, 17/2, 19/3, 0, 21/2, 0, 0)^{\mathrm{T}}, \quad \bar{f} = 31/6.$$

(ii) 添加一个等式约束 $v^{\mathrm{T}}x = \rho$, 而 $v^{\mathrm{T}}\bar{x} \neq \rho$. 不妨设 $v^{\mathrm{T}}\bar{x} < \rho$.

将约束 $v^{\mathrm{T}}x + x_{n+1} = \rho$ 添加到原问题中作为辅助问题. 与情形 (i) 类似, 可得对偶可行表形如 (10.10). 由于 $\bar{x}, \bar{x}_{n+1} = \rho - v_B^{\mathrm{T}}\bar{x}_B$ 满足该表第 $m+1$ 行等式, 故 $\bar{\rho} = \bar{x}_{n+1} > 0$. 显然该表为辅助问题的最优表.

命题 10.3.2 若

$$J' = \{j \in N \mid \bar{v}_j > 0\}$$

为空集, 则新问题无可行解.

证明 新问题有可行解意味着辅助问题有变量 x_{n+1} 取 0 值的可行解, 设该可行解为 $\hat{x} \geqslant 0$ ($\hat{x}_{n+1} = 0$), 满足最优表的第 $m+1$ 行等式, 即

$$\hat{x}_{m+1} + \sum_{j \in N} \bar{v}_j \hat{x}_j = \bar{\rho}.$$

上式左边小于等于 0 而右边大于 0, 导致矛盾. 故新问题无可行解. □

设 J' 非空, 确定列标 q 使得

$$q \in \arg\min_{j \in J'} \bar{z}_j / \bar{a}_{m+1\,j},$$

以 $\bar{a}_{m+1\,q}$ 为主元进行初等变换, 让 $n+1$ 出基 q 进基. 然后删去 x_{n+1} 所在列, 即得新问题的对偶可行表, 可用对偶单纯形法求解.

例 10.3.4 已知问题

$$
\begin{aligned}
\min \quad & f = -2x_1 - x_2, \\
\text{s.t.} \quad & x_1 - x_2 + x_3 = 2, \\
& x_1 + 2x_2 + x_4 = 8, \\
& -x_1 - x_2 + x_5 = -3, \\
& x_j \geqslant 0, \quad j = 1, \cdots, 5
\end{aligned}
$$

的最优单纯形表为

x_1	x_2	x_3	x_4	x_5	RHS
		1/3	2/3	1	3
	1	−1/3	1/3		2
1		2/3	1/3		4
		1	1		10

求解添加约束 $-3x_1 - 4x_2 + x_4 + 3x_5 = -14$ 后的新问题.

解   原问题最优解 $\bar{x} = (4, 2, 0, 0, 3)^{\mathrm{T}}$ 不满足新增约束, 因为

$$-3 \times 4 - 4 \times 2 + 3 \times 3 = -11 > -14.$$

将等式约束 $3x_1 + 4x_2 - x_4 - 3x_5 + x_6 = 14$ 的数据插入原问题最优表, 作为第 4 行得辅助问题表格

x_1	x_2	x_3	x_4	x_5	x_6	RHS
		1/3	2/3	1		3
	1	−1/3	1/3			2
1		2/3	1/3			4
3	4		−1	−3	1	14
		1	1			10

经初等变换得到对应基 $B = \{5, 2, 1, 6\}$ 的单纯形表如下.

x_1	x_2	x_3	x_4	x_5	x_6	RHS
		1/3	2/3	1		3
	1	−1/3	1/3			2
1		2/3	1/3			4
		1/3*	−4/3		1	3
		1	1			10

$J' = \{3\} \neq \varnothing$, $\min\{1/(1/3)\} = 3$, $q = 3$. 将第 4 行乘以 3, 再分别乘以 $-1/3, 1/3, -2/3, -1$ 加到第 1,2,3,5 行得

x_1	x_2	x_3	x_4	x_5	x_6	RHS
			2	1	−1	
	1		−1		1	5
1			3		−2	−2
		1	−4		3	9
			5		−3	1

将上表 x_6 列消去得新问题的对偶可行单纯形表

x_1	x_2	x_3	x_4	x_5	RHS
			2	1	
	1		−1		5
1			3		−2
		1	−4		9
			5		1

调用对偶单纯形算法 4.4.1.

第 1 次迭代:

1. $\min\{0,5,-2,9\} = -2 < 0$, $p = 3$.

3. $J = \varnothing$. 新问题无可行解.

10.3.4 去掉约束

去掉全部或部分约束而来的新问题称为"松弛问题". 显然, 原问题的最优解是松弛问题的可行解; 而且还是其最优解, 如果去除的约束为原问题最优解的非积极约束. 在原问题最优解已知的情形, 容易判定一个约束是否是其积极约束.

只有去除原问题最优解的积极约束, 才需重新求解松弛问题. 如果去除约束后原问题的最优基仍能作为松弛问题的基, 则以其为初始基求解. 即使原最优基已不再成为基, 基于其残留部分构建松弛问题的初始基仍是有利的. 现以下例说明.

例 10.3.5 **去除线性规划问题**

$$\min \quad f = -2x_1 - x_2,$$
$$\text{s.t.} \quad x_1 - x_2 + x_3 = 2,$$
$$x_1 + 2x_2 + x_4 = 8,$$
$$-x_1 - x_2 + x_5 = -3,$$
$$-3x_1 - 4x_2 + x_4 + 3x_5 = -14,$$
$$x_j \geqslant 0, \quad j = 1, \cdots, 5$$

的第 3 个等式约束后求解之.

解 新问题的表格如下.

x_1	x_2	x_3	x_4	x_5	RHS
1	−1	1			2
1	2*		1		8
−3	−4		1	3	−14
−2	−1				

由例 10.3.4 已知原问题的最终基为 $B = \{5,2,1,3\}$. 以 $\{5,2,3\}$ 作为新问题的初始基, 将其化为单纯形表.

将第 2 行乘以 1/2, 再分别乘以 1,4,1 加到第 1,3,4 行得

x_1	x_2	x_3	x_4	x_5	RHS
3/2		1	1/2		6
1/2	1		1/2		4
−1			3	3	2
−3/2			1/2		4

将第 3 行乘以 1/3 得

x_1	x_2	x_3	x_4	x_5	RHS
3/2*		1	1/2		6
1/2	1		1/2		4
−1/3			1	1	2/3
−3/2			1/2		4

该表为可行单纯形表. 调用单纯形算法 3.2.1.

第 1 次迭代:

1. $\min\{-3/2, 1/2\} = -3/2$, $q = 1$.

3. $I = \{1, 2\}$.

4. $\min\{6/(3/2), 4/(1/2)\} = 4$, $p = 1$.

5. 将第 1 行乘以 2/3, 再分别乘以 $-1/2, 1/3, 3/2$ 加到第 2,3,4 行得

x_1	x_2	x_3	x_4	x_5	RHS
1		2/3	1/3		4
	1	−1/3	1/3		2
		2/9	10/9	1	2
		1	1		10

已达成最优. 最优解和最优值: $\bar{x} = (4, 2, 0, 0, 2)^{\mathrm{T}}$, $\bar{f} = -10$.

10.3.5　改变一列

有时原问题系数矩阵的某一行发生改变. 这样产生的新问题可分两步解决: 先求解去掉相应等式约束后的问题, 然后在此基础上求解添加一个等式约束后的问题, 从而归结为前两节的情形处理. 类似地, 系数矩阵的某一列发生改变也能归结为去掉和增加一个变量的情形. 本节将介绍改变一列的直接处理方法.

设第 k 列 a_k 变为 a_k'.

若 $k \in N$, 则不影响基矩阵 B, 相应的基本解也不变, 而简约价格变为

$$z_k' = c_k - (a_k')^{\mathrm{T}}\bar{y}, \quad \bar{y} = B^{-\mathrm{T}}c_B.$$

当 $z_k' \geqslant 0$ 时, 最优基和最优解均不变.

另一方面, 若 $k \in B$, 则求解如下辅助问题:

$$\min \quad x_{n+1},$$
$$\text{s.t.} \quad a_1 x_1 + \cdots, a_{k-1} x_{k-1} + a'_k x_k + a_{k+1} x_{k+1} + \cdots + a_n x_n + a_k x_{n+1} = b,$$
$$x, x_{n+1} \geqslant 0.$$

$$(10.11)$$

显然, 新问题有可行解当且仅当该辅助问题的最优值为 0. 不仅如此, 原问题的最优基 B 为辅助问题的可行基, 可作为初始基启动单纯形迭代.

例 10.3.6 由例 4.5.1 已知问题

$$\min \quad f = x_1 + 2x_2 + x_3,$$
$$\text{s.t.} \quad -2x_1 - x_2 - x_3 + x_4 = -1,$$
$$x_1 - 4x_2 - x_3 + x_5 = -2,$$
$$x_1 + 3x_2 + x_6 = 4,$$
$$x_j \geqslant 0, \quad j = 1, \cdots, 6$$

的最优基为 $B = \{1, 2, 6\}$. 求解约束矩阵第 1 列换为 $(1, 1, -2)^{\mathrm{T}}$ 后的新问题.

解 形如 (10.11) 的辅助问题有如下表格 (保留原目标行, 辅助目标行置于最底行).

x_1	x_2	x_3	x_4	x_5	x_6	x_7	RHS
1	−1	−1	1			−2*	−1
1	−4	−1		1		1	−2
−2	3				1	1	4
1	2	1					
						1	

先求对应基 $B = \{7, 2, 6\}$ 的单纯形表.

1. 将第 1 行乘以 $-1/2$, 再分别乘以 $-1, -1, -1$ 加到第 2,3,5 行得

x_1	x_2	x_3	x_4	x_5	x_6	x_7	RHS
−1/2	1/2	1/2	−1/2			1	1/2
3/2	−9/2*	−3/2	1/2	1			−5/2
−3/2	5/2	−1/2	1/2		1		7/2
1	2	1					
1/2	−1/2	−1/2	1/2				−1/2

2. 将第 2 行乘以 $-2/9$, 再分别乘以 $-1/2, -5/2, -2, 1/2$ 加到第 1,3,4,5 行得

x_1	x_2	x_3	x_4	x_5	x_6	x_7	RHS
$-1/3$		$1/3^*$	$-4/9$	$1/9$		1	$2/9$
$-1/3$	1	$1/3$	$-1/9$	$-2/9$			$5/9$
$-2/3$		$-4/3$	$7/9$	$5/9$	1		$19/9$
$5/3$		$1/3$	$2/9$	$4/9$			$-10/9$
$1/3$		$-1/3$	$4/9$	$-1/9$			$-2/9$

调用单纯形算法 3.2.1 求解辅助问题.

第 1 次迭代:

1. $\min\{1/3, -1/3, 4/9, -1/9\} = -1/3 < 0$, $q = 3$,

3. $I = \{1, 2\} \neq \varnothing$.

4. $\min\{(2/9)/(1/3), (5/9)/(1/3)\} = 2/3$, $p = 1$.

5. 将第 1 行乘以 3, 再分别乘以 $-1/3, 4/3, -1/3, 1/3$ 加到第 2,3,4,5 行得

x_1	x_2	x_3	x_4	x_5	x_6	x_7	RHS
-1		1	$-4/3$	$1/3$		3	$2/3$
	1		$1/3$	$-1/3$		-1	$1/3$
-2			-1	1	1	4	3
2			$2/3$	$1/3$		-1	$-4/3$
							1

辅助问题已达最优值 0, 删去 x_7 列和底行, 即得新问题的可行表.

x_1	x_2	x_3	x_4	x_5	x_6	RHS
-1		1	$-4/3$	$1/3$		$2/3$
	1		$1/3$	$-1/3$		$1/3$
-2			-1	1	1	3
2			$2/3$	$1/3$		$-4/3$

由于目标行非负, 该可行表还是其最优表. 最优解和最优值为

$$\bar{x} = (0, 1/3, 2/3, 0, 0, 3)^{\mathrm{T}}, \quad \bar{f} = 4/3.$$

10.4 松 弛 法

去除和添加约束可进一步导出求解线性规划问题的松弛法. 其基本思想是先求解一个去掉部分约束的松弛问题. 由于其较简单, 故可望快速求解. 若松弛问题无可行解, 则原问题亦无可行解. 若求得松弛问题的最优解满足其余约束, 则该解也是原问题的最优解; 若不是如此或判定松弛问题无界, 则添加约束构成新的松弛问题求解; 添加多个约束的情形, 可多次应用添加单个约束的方法处理 (见 10.3.3

节). 由于原问题仅含有限个约束, 显然该过程重复有限次即可求解原问题, 如果松弛问题求解都终止的话.

单纯形法架构下的松弛法可有各种变形. 设有初始可行单纯形表. 对给定阈值 $\sigma \geqslant 0$, 按下式确定非基 N 的一个剖分:

$$J_1 = \{j \mid \bar{z}_j < -\sigma, \ j \in N\}, \quad J_2 = N\backslash J_1. \tag{10.12}$$

每次迭代主元列选择以 J_1 中的下标优先, 可得如下变形.

算法 10.4.1(表格松弛单纯形法)　给定 $\sigma \geqslant 0$. 初始: 形如 (3.25) 的可行单纯形表, J_1, J_2 按 (10.12) 确定. 本算法求解标准线性规划问题.

1. 确定列标 $q \in \arg\min_{j \in J_1} \bar{z}_j$.
2. 若 $\bar{z}_q < 0$, 转步 5.
3. 确定列标 $q \in \arg\min_{j \in J_2} \bar{z}_j$.
4. 若 $\bar{z}_q \geqslant 0$, 则停止 (达成最优).
5. 若 $I = \{i \mid \bar{a}_{iq} > 0, \ i = 1, \cdots, m\} = \varnothing$, 则停止 (无界问题).
6. 确定行标 $p \in \arg\min_{i \in I} \bar{b}_i / \bar{a}_{iq}$.
7. 用初等变换将 $\bar{a}_{pq}$ 化为 1, 而将该列其余非 0 元消去.
8. 若 $q \in J_1$, 置 $J_1 = J_1\backslash\{q\} \cup \{j_p\}$. 若 $q \in J_2$, 置 $J_1 = \{j \mid \bar{z}_j < -\sigma, \ j \in J_2\}\backslash\{q\} \cup \{j_p\}$ 及 $J_2 = (N\backslash\{q\})\backslash J_1$.
9. 转步 1.

不难看出, 该算法实际上是优先求解以 J_1 为表征的对偶松弛问题, 忽略 J_2 对应的对偶非负约束; 当其达成最优后, 再从 J_2 选择未被满足的约束构成新 J_1 重复进行. 尽管 J_1, J_2 可为 N 的任一剖分, 但该算法基于被当前对偶解所违反的非负约束形成 J_1 更可取. 取 $\sigma = 0$, 则让 J_1 对应全部被违反非负约束.

例 10.4.1　用上述算法求解下列问题:

$$\begin{aligned}
\min \quad & f = -5x_1 - 2x_3 - 3x_7 - x_8 + 4x_9, \\
\text{s.t.} \quad & -2x_1 + 4x_3 + x_6 - 8x_7 - 5x_8 + 6x_9 = 1, \\
& -4x_1 + x_2 + 5x_3 - 3x_7 - x_8 - x_9 = 3, \\
& 2x_1 - 3x_3 + x_5 + 6x_7 + 3x_8 - 3x_9 = 4, \\
& -3x_1 + 8x_3 + x_4 - 6x_7 - 4x_8 + 5x_9 = 5, \\
& x_j \geqslant 0, \quad j = 1, \cdots, 8
\end{aligned}$$

解　取 $\sigma = 0$. 初始表:

x_1	x_2	x_3	x_4	x_5	x_6	x_7	x_8	x_9	RHS
-2		4			1	-8	-5	6	1
-4	1	5				-3	-1	-1	3
2^*		-3		1		6	3	-3	4
-3		8	1			-6	-4	5	5
-5		-2				-3	-1	4	

第 1 次迭代: $J_1 = \{1, 3, 7, 8\}$, $J_2 = \{9\}$.

1. $\min\{-5, -2, -3, -1\} = -5 < 0$, $q = 1$.

5. $I = \{3\} \neq \varnothing$.

6. $\min\{4/2\} = 2$, $p = 3$.

7. 将第 3 行乘以 $1/2$, 再分别乘以 $2, 4, 3, 5$ 加到第 $1,2,4,5$ 行.

8. $J_1 = \{3, 7, 8, 5\}$, $J_2 = \{9\}$. 见下表:

x_1	x_2	x_3	x_4	x_5	x_6	x_7	x_8	x_9	RHS
		1		1	1	-2	3	5	5
	1	-1		2		9	-7	11	11
1		$-3/2$		$1/2$		3	$-3/2$	2	2
		$7/2^*$	1	$3/2$		3	$1/2$	11	11
		$-19/2$		$5/2$		12	$-7/2$	10	10

第 2 次迭代:

1. $\min\{-19/2, 12, -7/2, 5/2\} = -19/2$, $q = 3$.

5. $I = \{1, 4\} \neq \varnothing$.

6. $\min\{5/1, 11/(7/2)\} = 22/7$, $p = 4$.

7. 将第 4 行乘以 $2/7$, 再分别乘以 $-1, 1, 3/2, 19/2$ 加到第 $1,2,3,5$ 行.

8. $J_1 = \{7, 8, 5, 4\}$, $J_2 = \{9\}$. 见下表:

x_1	x_2	x_3	x_4	x_5	x_6	x_7	x_8	x_9	RHS
			$-2/7$	$4/7$	1	$-20/7$	$-15/7$	$20/7^*$	$13/7$
	1		$2/7$	$17/7$		$69/7$	$36/7$	$-48/7$	$99/7$
1			$3/7$	$8/7$		$30/7$	$12/7$	$-9/7$	$47/7$
		1	$2/7$	$3/7$		$6/7$	$1/7$	$1/7$	$22/7$
			$19/7$	$46/7$		$141/7$	$55/7$	$-15/7$	$279/7$

第 3 次迭代:

1. $\min\{141/7, 55/7, 46/7, 19/7\} \geqslant 0$.

3. $\min\{-15/7\} < 0$, $q = 9$.

5. $I = \{1, 4\} \neq \varnothing$.

6. $\min\{(13/7)/(20/7), (22/7)/(1/7)\} = (13/7)/(20/7)$, $p = 1$.

7. 将第 1 行乘以 7/20, 再分别乘以 $48/7, 9/7, -1/7, 15/7$ 加到第 2, 3, 4, 5 行.

8. $J_1 = \{6\}$, $J_2 = \{4, 5, 7, 8\}$. 见下表:

x_1	x_2	x_3	x_4	x_5	x_6	x_7	x_8	x_9	RHS
			$-1/10$	$1/5$	$7/20$	-1	$-3/4$	1	$13/20$
	1		$-2/5$	$19/5$	$12/5$	3			$93/5$
1			$3/10$	$7/5$	$9/20$	3	$3/4$		$151/20$
		1	$3/10$	$2/5$	$-1/20$	1	$1/4$		$61/20$
			$5/2$	7	$3/4$	18	$25/4$		$165/4$

第 4 次迭代:

1. $\min\{3/4\} \geqslant 0$.

3. $\min\{5/2, 7, 18, 25/4\} \geqslant 0$.

4. 达成最优. 最优解和最优值:

$$\bar{x} = (151/20, 93/5, 61/20, 0, 0, 0, 0, 0, 13/20)^{\mathrm{T}}, \quad \bar{f} = -165/4.$$

依同样的思想可得到松弛对偶单纯形法变形. 设有初始对偶可行单纯形表. 对给定阈值 $\gamma \geqslant 0$, 按下式确定行标集的一个剖分:

$$I_1 = \{i \mid \bar{b}_i < -\gamma,\ i = 1, \cdots, m\}, \quad I_2 = \{1, \cdots, m\} \backslash I_1. \tag{10.13}$$

如果把该单纯形表对应的约束条件写为

$$\bar{b} - \sum_{j \in N} N x_N \geqslant 0, \quad x_N \geqslant 0,$$

则以 I_1 优先确定主列行意味着先略去第 1 式中对应 I_2 的那些不等式, 从而导出下列算法.

算法 10.4.2(表格松弛对偶单纯形法) 给定 $\gamma \geqslant 0$. 初始: 形如 (3.25) 的对偶可行单纯形表, I_1, I_2 按 (10.13) 确定. 本算法求解标准线性规划问题.

1. 确定行标 $p \in \arg\min_{i \in I_1} \bar{b}_i$.

2. 若 $\bar{b}_p < 0$, 转步 5.

3. 确定列标 $p \in \arg\min_{i \in I_2} \bar{b}_i$.

4. 若 $\bar{b}_p \geqslant 0$, 则停止 (达成最优).

5. 若 $J = \{j \mid \bar{a}_{pj} < 0,\ j \in N\} = \varnothing$, 则停止 (对偶无界).

6. 确定列标 $q \in \arg\min_{j \in J} -\bar{z}_j / \bar{a}_{pj}$.

7. 用初等变换将 $\bar{a}_{pq}$ 化为 1 而将该列其余非 0 元消去.

8. 若 $p \in I_2$ 置 $I_2 = \{i \mid \bar{b}_i < -\gamma,\ i \in I_2\}$ 和 $I_1 = \{1, \cdots, m\} \backslash I_2$.

9. 转步 1.

不过目前不清楚上述两个算法的实际表现如何, 数值试验尚待进行.

第11章 大规模问题分解法

大规模线性规划问题的求解极具挑战性, 在效率、存储和数值稳定性等方面对算法有很高的要求. 幸运的是这类问题常常非常稀疏且有特殊结构, 能够分解为若干个较小规模问题求解.

我们注意到, 线性规划问题的目标函数和非负约束都可分离变量, 即分成相互独立的若干组. 如果等式约束也可分离变量, 则大规模问题就可分解为较小问题求解. 例如下列问题:

$$
\begin{aligned}
\min \quad & f = (c^1)^{\mathrm{T}}x^1 + \cdots + (c^k)^{\mathrm{T}}x^k, \\
\text{s.t.} \quad & D_1 x^1 \qquad\qquad\qquad\quad = b^1, \\
& \qquad D_2 x^2 \qquad\qquad\quad = b^2, \\
& \qquad\qquad \ddots \qquad\qquad\quad \vdots \\
& \qquad\qquad\qquad D_k x^k \quad = b^k, \\
& x^1, \cdots, x^k \geqslant 0,
\end{aligned}
\tag{11.1}
$$

其中系数矩阵具块对角结构: 子矩阵 D_j 和子向量 c^j, x^j, b^j, $j = 1, \cdots, k$ 的阶数或维数相容, 即 c_j 和 x_j 维数相同, 等于 D_j 的列数, 而 b_j 的维数等于 D_j 的行数.

该问题有可行域

$$
P = \{((x^1)^{\mathrm{T}}, \cdots, (x^k)^{\mathrm{T}})^{\mathrm{T}} \mid D_j x^j = b^j, \ x^j \geqslant 0, \ j = 1, \cdots, k\},
$$

或用笛卡儿乘积表示为

$$
P = P^1 \times \cdots \times P^k; \quad P^j = \{x^j \mid D_j x^j = b^j, \ x^j \geqslant 0\}, \quad j = 1, \cdots, k.
$$

该问题的变量和约束条件可分离为相互独立的 k 组, 因而可归结为 k 个较小问题的求解, 即

$$
\begin{aligned}
\min \quad & (c^j)^{\mathrm{T}}x^j, \\
\text{s.t.} \quad & D_j x^j = b^j, \quad x^j \geqslant 0,
\end{aligned}
\qquad j = 1, \cdots, k.
$$

显然, 若对 $j = 1, \cdots, k$, 该问题有基本可行解 $\bar{x}^j$ 和目标值 $\bar{f}^j$, 则原问题有基本可行解和目标值

$$
\bar{x} = ((\bar{x}^1)^{\mathrm{T}}, \cdots, (\bar{x}^k)^{\mathrm{T}})^{\mathrm{T}}, \quad \bar{f} = \bar{f}^1 + \cdots + \bar{f}^k.
\tag{11.2}
$$

上述结论对基本最优解和最优值亦成立. 若其中某个问题无界, 则原问题亦无界, 且不难确定相应的下降极方向 (命题 3.7.1).

这样的问题尽管在实际中并不多见, 但常有部分具可分离结构. 本章介绍的大规模问题的分解法, 很适合这类问题的处理.

11.1   D-W 分解法

Dantzig-Wolfe (D-W) (1960, 1961) 分解法把约束条件剖分为两部分, 将可行域表示定理用于其中一部分所对应问题的可行域, 分别构造主问题和子问题. 各次迭代的子问题仅目标函数不同, 依其求解的结果判定已达成最优或者生成一个进基列, 进而完成主问题的一次单纯形迭代. 原问题于是化为两个较小问题的求解. 如果原问题部分约束具可分离结构, 相应的子问题还可进一步分解为更小的问题.

倘若将等式约束按行剖分为两部分, 标准线性规划问题可写为

$$\begin{aligned}
\min \quad & f = c^{\mathrm{T}}x, \\
\text{s.t.} \quad & Hx = h, \\
& Ax = b, \quad x \geqslant 0.
\end{aligned} \tag{11.3}$$

其中 $H \in \mathcal{R}^{m1 \times n}$, $A \in \mathcal{R}^{m \times n}$, $h \in \mathcal{R}^{m1}$, $b \in \mathcal{R}^m$.

引入多面凸集

$$P = \{x \mid Ax = b,\ x \geqslant 0\}.$$

设 P 非空而顶点和极方向集合分别为

$$U = \{u^1, \cdots, u^s\}, \quad V = \{v^1, \cdots, v^t\},$$

则按表示定理 2.2.12 有

$$P = \{x \mid x = \sum_{i=1}^{s}\alpha_i u^i + \sum_{j=1}^{t}\beta_j v^j;\ \sum_{i=1}^{s}\alpha_i = 1, \alpha_i \geqslant 0,\ i = 1, \cdots, s,\ \beta_j \geqslant 0,\ j = 1, \cdots, t\}.$$

将 x 的表示式代入 $\min\{c^{\mathrm{T}}x \mid Hx = h\}$, 可将 (11.3) 等价地化为关于变量 α_i, β_j 的标准问题

$$\begin{aligned}
\min_{\alpha_i, \beta_j} \quad & f = \sum_{i=1}^{s}(c^{\mathrm{T}}u^i)\alpha_i + \sum_{j=1}^{t}(c^{\mathrm{T}}v^j)\beta_j, \\
\text{s.t.} \quad & \sum_{i=1}^{s}(Hu^i)\alpha_i + \sum_{j=1}^{t}(Hv^j)\beta_j = h, \\
& \sum_{i=1}^{s}\alpha_i = 1, \\
& \alpha_i,\ \beta_j \geqslant 0, \quad i = 1, \cdots, s,\ j = 1, \cdots, t.
\end{aligned} \tag{11.4}$$

该问题称为**主问题**(master program).

主问题与原问题的可行解之间的关系由表示式

$$x = \sum_{i=1}^{s} \alpha_i u^i + \sum_{j=1}^{t} \beta_j v^j \tag{11.5}$$

确定, 对应的可行值相等. 主问题的可行解和最优解分别对应原问题的可行解和最优解, 但后者一般并非基本解, 即使前者为基本解.

现转而求解主问题. 困难似乎在于: 尽管主问题的行数 $m1+1$ 可远小于原问题的行数 $m1+m$, 但通常其列数 $s+t$ 却远大于行数; 不仅如此, 为确定主问题的系数矩阵和价格向量, 需要计算 P 的顶点和极方向. 幸运的是, 单纯形迭代不必知道全部列, 只需知道基本列和进基列. 在基本列已知的前提下, D-W 分解每次迭代只生成进基列, 因而也称为"列生成 (column generation)"法.

不妨设当前迭代步的基矩阵为

$$B = \begin{pmatrix} Hu^1 & \cdots & Hu^{s'} & Hv^1 & \cdots & Hv^{t'} \\ 1 & \cdots & 1 & 0 & \cdots & 0 \end{pmatrix}, \tag{11.6}$$

其中 B 的列数为 $s' + t' = m1 + 1$. 对应基本可行解的基本分量为系统

$$B(\alpha_1, \cdots, \alpha_{s'}, \beta_1, \cdots, \beta_{t'})^{\mathrm{T}} = \begin{pmatrix} h \\ 1 \end{pmatrix}$$

的解, 记为

$$\bar{\alpha}_i \geqslant 0, \quad i = 1, \cdots, s'; \quad \bar{\beta}_j, \quad j = 1, \cdots, t'.$$

则原问题相应的可行解及目标值为

$$\bar{x} = \sum_{i=1}^{s'} \bar{\alpha}_i u^i + \sum_{j=1}^{t'} \bar{\beta}_j v^j, \quad \bar{f} = \sum_{i=1}^{s'} (c^{\mathrm{T}} u^i) \bar{\alpha}_i + \sum_{j=1}^{t'} (c^{\mathrm{T}} v^j) \bar{\beta}_j. \tag{11.7}$$

分别对应前 $m1$ 行和底行的单纯形乘子 $\bar{y}$ 和 $\bar{\gamma}$ 则为如下系统的解:

$$B^{\mathrm{T}} \begin{pmatrix} y \\ \gamma \end{pmatrix} = \hat{c}_B, \tag{11.8}$$

其中 $\hat{c}_B$ 由基本列对应的主问题目标函数系数构成. 检验数 [1] 为

$$c^{\mathrm{T}} u^i - (Hu^i)^{\mathrm{T}} \bar{y} - \bar{\gamma}, \qquad i = 1, \cdots, s,$$
$$c^{\mathrm{T}} v^j - (Hv^j)^{\mathrm{T}} \bar{y}, \qquad\quad j = 1, \cdots, t.$$

---

[1]这里包含对应基本变量的检验数, 均等于 0.

如果检验数均非负, 则主问题已达最优, 而 (11.7) 给出原问题的最优解和最优值; 否则需选择某个对应负检验数的列进基.

为避免计算主问题的检验数, D-W 分解转而求解子问题(subprogram):

$$
\begin{aligned}
\min \quad & \zeta = (c - (H)^{\mathrm{T}}\bar{y})^{\mathrm{T}}x - \bar{\gamma}, \\
\text{s.t.} \quad & Ax = b, \quad x \geqslant 0.
\end{aligned}
\tag{11.9}
$$

实际求解时可忽略目标函数所含常数 $\bar{\gamma}$.

下面讨论子问题和主问题及原问题的关联. 显然, 若子问题的可行域 P 为空集, 主问题和原问题无可行解. 若有最优解, 则有如下结果.

引理 11.1.1 设原问题的最优值为 f^*. 若主问题当前的目标值为 $\bar{f}$, 子问题的最优值为 ζ^*, 则下式成立

$$
\bar{f} + \zeta^* \leqslant f^* \leqslant \bar{f}.
\tag{11.10}
$$

证明 $f^* \leqslant \bar{f}$ 是明显的, 只需证

$$
\bar{f} + \zeta^* \leqslant f^*.
\tag{11.11}
$$

设 x^* 为原问题的最优解. 由于它也是子问题的可行解, 故

$$
(c - (H)^{\mathrm{T}}\bar{y})^{\mathrm{T}}x^* - \bar{\gamma} \geqslant \zeta^*.
$$

注意到 $B^{-1}(h^{\mathrm{T}}, 1)^{\mathrm{T}}$ 为基本解, 由上式, $Hx^* = h$ 及 $(\bar{y}, \bar{\gamma})$ 满足系统 (11.8) 推出

$$
f^* = c^{\mathrm{T}}x^* \geqslant \bar{y}^{\mathrm{T}}Hx^* + \bar{\gamma} + \zeta^* = (\bar{y}^{\mathrm{T}}h + \bar{\gamma}) + \zeta^* = \hat{c}_B^{\mathrm{T}}B^{-1}\begin{pmatrix} h \\ 1 \end{pmatrix} + \zeta^* = \bar{f} + \zeta^*.
$$

由此即得 (11.11). $\qquad\square$

每次迭代可按 (11.10) 估计原问题最优值的上下界. 由 (11.11) 得

$$
\bar{f} - f^* \leqslant -\zeta^*.
$$

故取 $\bar{f}$ 为原问题近似最优值, 则绝对误差界为 $-\zeta^*$. 若 $\bar{f} \neq 0$, 进而有

$$
(\bar{f} - f^*)/|\bar{f}| \leqslant -\zeta^*/|\bar{f}|,
$$

其右端给出相对误差界.

定理 11.1.1 若子问题的最优值为 0, 则原问题达成最优.

证明 由引理 11.1.1 和 $\bar{f} - f^* \geqslant 0$ 易知 $\zeta^* \leqslant 0$, 即子问题的最优值非正. 而当其为 0 时有 $\bar{f} \leqslant f^* \leqslant \bar{f}$, 意味着主问题, 从而原问题达最优. $\qquad\square$

于是, 若子问题的可行域 P 非空, 用单纯形法求解仅有如下两种结果:

(i) 求得子问题的顶点最优解 u^*. 若最优值为 0 则原问题达成最优, 停止; 否则生成进基列

$$w' = \begin{pmatrix} Hu^* \\ 1 \end{pmatrix}. \tag{11.12}$$

(ii) 判定子问题无界. 此时可确定其可行域 P 的一个下降极方向 (命题 3.7.1); 设其为 $v^* \in V$, 则

$$(c - (H)^{\mathrm{T}}\bar{y})^{\mathrm{T}}v^* < 0,$$

意味着主问题对应的检验数为负. 于是生成如下进基列

$$w' = \begin{pmatrix} Hv^* \\ 0 \end{pmatrix}. \tag{11.13}$$

其余单纯形迭代步骤, 如确定出基列及更新等不再赘述.

整个过程可归纳如下:

算法11.1.1 (Dantzig-Wolfe 分解算法) 初始: 主问题的基矩阵 B, 基本可行解基本分量 $\bar{\alpha}_i$, $\bar{\beta}_j$ 及相应的目标值 $\bar{f}$. 本算法求解标准线性规划问题 (11.3).

1. 求系统 (11.8) 的解 $(\bar{y}, \bar{\gamma})$.

2. 调用单纯形算法求解子问题 (11.9).

3. 若得到子问题的顶点最优解 u^*, 则

(1) 若相应的最优值 $\zeta^* < 0$, 按 (11.12) 生成进基列 w', 并转步 5; 否则

(2) 按 (11.7) 计算原问题的最优解和最优值, 并停止.

4. 若判定子问题无界, 按 (11.13) 生成进基列 w', 其中 v^* 为下降极方向.

5. 求系统 $Bw = w'$ 的解 $\bar{w}$.

6. 若 $\bar{w} \leqslant 0$, 则停止 (原问题无界).

7. 按最小比检验确定步长 α 及出基列.

8. 更新基矩阵 B, $\bar{\alpha}_i$, $\bar{\beta}_j$ 和 $\bar{f}$.

9. 转步 1.

注 当子问题的最优值 ζ^* 接近于 0 时, 终止计算可获得一个近似最优解 (引理 11.1.1).

显然, 在主问题和子问题都非退化的假设下上述算法有限步终止.

11.2　D-W 分解法的推广和 I 阶段法

为推广算法 11.1.1, 先引入下列概念.

由主问题中秩为 $m1 + 1$ 的 $K(m1 + 2 \leqslant K \leqslant s + t)$ 列构成的问题称为限制主问题.

由于出基列所对应的检验数总大于 0(见命题 3.2.1 及其证明), 算法 11.1.1 每次迭代可视为求解了一个由基本列和进基列构成的限制主问题 $(K = m1 + 2)$. 现将其推广到一般情况, 容许限制主问题含更多列.

算法11.2.1 (Dantzig-Wolfe 分解推广)   与算法 11.1.1 相同, 只是每次迭代先用单纯形法求解限制主问题, 再生成新进基列和确定出基列更新限制主问题.

有不同的方法获得初始限制主问题. 例如, 任意确定 $m1+1$ 个线性无关的列构成初始基, 之后吸纳新生成的进基列, 直到列数达到 K 就不再保留出基列; 或者当列数增至计算机所容许的极限后, 用基本列和对应 $K - m1 - 1$ 个最小检验数的非基本列构成限制主问题.

现转向 D-W 分解的 I 阶段法.

先用通常 I 阶段法求 $\{x \mid Ax = b,\ x \geqslant 0\}$ 的一个顶点, 不妨记为 u^1; 若其不存在则原问题无可行解, 停止. 利用 u^1 并引入 $m1$ 个人工变量 $\sigma_l,\ l = 1, \cdots, m1$, 构造 D-W 分解 I 阶段辅助主问题如下:

$$\min_{\sigma_l, \alpha_i, \beta_j} \quad w = \sum_{l=1}^{m1} \sigma_l,$$

$$\text{s.t.} \quad \sum_{l=1}^{m1} \pm e_l \sigma_l + \sum_{i=1}^{s} (Hu^i)\alpha_i + \sum_{j=1}^{t} (Hv^j)\beta_j = h, \tag{11.14}$$

$$\sum_{i=1}^{s} \alpha_i = 1,$$

$$\sigma_l, \alpha_i, \beta_j \geqslant 0,\ l = 1, \cdots, m1,\ i = 1, \cdots, s,\ j = 1, \cdots, t,$$

其中对 $l = 1, \cdots, m1$, 若 $h_l - (Hu^1)_l \geqslant 0$, 取 $+e_l$; 若 $h_l - (Hu^1)_l < 0$, 取 $-e_l$. 于是以 α_1 和 σ_l 为基本变量, 相应基本可行解的基本分量为

$$\bar{\alpha}_1 = 1, \quad \bar{\sigma}_l = |h_l - (Hu^1)_l| \geqslant 0, \quad l = 1, \cdots, m1.$$

用基本分量对应的列构成基矩阵, 即可启动 D-W 分解算法 11.1.1 求解.

显然, 该问题有最优解且最优值非负. 若最优值大于 0, 原问题无可行解. 若最优值等于 0, 则从其中消去所有人工分量即得主问题的可行解. 若人工分量均为非基本分量, 该解为主问题的基本可行解, 而相应基矩阵可作为初始基启动 II 阶段 D-W 分解算法. 若有人工分量为基本分量, 则需通过迭代让其离基. 这些后续处理类似于 3.3 节的相关描述.

11.3   D-W 分解法的经济解释: 有限资源配置

结合不同的实际背景, 可对 D-W 分解法作不同的解释. 借助 D-W 分解实现有限资源的最优配置是个典型例子.

设想总公司有 k 个工厂, 对每个工厂 j, 需确定产品产量向量 x^j 以形成最优生产方案. 而生产活动受各自客观条件, 如人力、设备、材料、库存等可用资源的限制, 与其他工厂的内部限制无关. 以数学语言表述, x^j 需满足约束条件

$$D_j x^j = b^j, \quad x^j \geqslant 0, \quad j = 1, \cdots, k,$$

其中 $D_j \in \mathcal{R}^{m_j \times n_j}$ $(m_j < n_j)$ 为消耗矩阵, 反映单位产品的资源消耗情况; b^j 为可用资源向量. 这部分约束具块对角结构, 变量和约束均呈分离形式. 不过尚有若干资源由 k 个工厂分享, 可用一组耦合约束条件表示:

$$A_1 x^1 + \cdots + A_k x^k = b,$$

其中 $A_j \in \mathcal{R}^{m1 \times n_j}$, $j = 1, \cdots, k$.

欲使总的生产费用极小化, 需处理如下线性规划模型.

$$\begin{aligned}\min \quad & f = (c^1)^{\mathrm{T}} x^1 + \cdots + (c^k)^{\mathrm{T}} x^k, \\ \text{s.t.} \quad & A_1 x^1 + \cdots + A_k x^k = b, \\ & D_j x^j = b^j, \quad x^j \geqslant 0, \quad j = 1, \cdots, k.\end{aligned} \tag{11.15}$$

对大规模问题, 尤其工厂多消耗矩阵大的情形, 用 D-W 分解处理上述问题是十分有利的: 总公司可通过处理一个较小问题实现资源的最优配置, 而不必详尽地把握各工厂的内部限制.

为简化表述, 不妨设对应各工厂的可行域

$$P^j \triangleq \{x^j \mid D_j x^j = b^j, x^j \geqslant 0\}, \quad j = 1, \cdots, k$$

有界 (实际上资源也总是有限的). 如果记

$$H = (A_1, \cdots, A_k), \quad A = \begin{pmatrix} D_1 & & \\ & \ddots & \\ & & D_K \end{pmatrix}, \quad b' = \begin{pmatrix} b^1 \\ \vdots \\ b^k \end{pmatrix},$$

显然

$$P \triangleq \{x \mid Ax = b', x \geqslant 0\} = P^1 \times \cdots \times P^k$$

亦有界. 记 P 的顶点集为 $U = \{u^1, \cdots, u^s\}$, 则基于表示定理 2.2.12 得到的主问题为

$$\min_{\alpha_i} \quad f = \sum_{i=1}^{s} (c^{\mathrm{T}} u^i)\alpha_i,$$

$$\text{s.t.} \quad \sum_{i=1}^{s} (H u^i)\alpha_i,$$

$$\sum_{i=1}^{s} \alpha_i = 1,$$

$$\alpha_i \geqslant 0, \quad i = 1, \cdots, s.$$

该问题的行数少于原问题的行数, 但列数可能更多, 何况计算顶点集 U 也不现实. 不过总公司可转而处理一个限制主问题, 其中仅含主问题的某 K 列 ($m1+2 \leqslant K \leqslant s$, 秩等于 $m1 + 1$). 一般取 $K \ll s$, 意味着忽略各工厂绝大部分内部限制. 记主问题被消去各列对应的顶点集为 $\hat{U}$.

设限制主问题已达最优, 而 $(\bar{y}, \bar{\gamma})$ 为最优单纯形乘子 (分别对应前 $m1$ 行和底行等式约束). $(\bar{y}, \bar{\gamma})$ 的经济意义为影子价格 (4.3 节), 由此易知总生产费用对应 $\hat{U}$ 的简约价格为

$$c^{\mathrm{T}} u^i - (H u^i)^{\mathrm{T}} \bar{y} - \bar{\gamma} = (c - (H)^{\mathrm{T}} \bar{y})^{\mathrm{T}} u^i - \bar{\gamma}, \quad u^i \in \hat{U},$$

负简约价格表明对应的非基变量上升可使总生产费用下降, 按传统规则应确定最负简约价格. 困难在于如何确定这些简约价格: 直接按以上公式计算需预先知道 P 的所有顶点, 而总公司并不掌握各工厂的详情.

解决的诀窍是借助单纯形法求解子问题

$$\begin{aligned} \min \quad & (c - (H)^{\mathrm{T}} \bar{y})^{\mathrm{T}} x - \bar{\gamma}, \\ \text{s.t.} \quad & x \in P. \end{aligned} \tag{11.16}$$

其目标函数依赖于影子价格 $\bar{y}$, 而顶点最优解 u^* 对应最小简约价格. 若最优值 $\zeta^* < 0$, 则 u^* 对应最负简约价格, 于是让主问题对应 u^* 的列进基, 让用最小比检验确定的列出基, 就更新了限制主问题. 再求解获得新的影子价格. 重复以上过程, 直到子问题最优值 $\zeta^* \geqslant 0$, 从而相应主问题的简约价格均非负为止. 这样就得到使总生产费用最小的资源配置方案.

特别有利的是, 子问题 (11.16) 可以分解为 k 个更小的问题. 实际上, 用影子价格构造各工厂对应的问题

$$\begin{aligned} \min \quad & (c^j - A_j^{\mathrm{T}} \bar{y})^{\mathrm{T}} x^j - \bar{\gamma}, \\ \text{s.t.} \quad & x^j \in P^j, \end{aligned} \quad j = 1, \cdots, k.$$

若其基本最优解和最优值为 $\bar{x}^j$, $\bar{f}^j$, $j = 1, \cdots, k$, 则 (11.16) 的顶点最优解形如 (11.2).

11.4   D-W 分解的应用

理论上, 用 D-W 分解法可处理一般线性规划问题, 对约束条件的二分也具任意性. 不过就效果而言, 问题的结构或剖分不同相差是巨大的. 实际上, 许多源于实际的问题常具特殊结构, 或至少一部分具特殊结构, 将其分离出来处理非常有利.

上节讨论的有限资源最优配置模型具块对角结构, 特别适合用 D-W 分解法求解. 下面以实例说明.

例11.4.1   用 D-W 分解算法求解下列问题:

$$\min \quad f = -x_2 + x_3 - 2x_4 - 3x_5 + x_6 - x_7 + x_8,$$

$$\text{s.t.} \quad x_1 - 3x_2 - x_3 + x_4 + 2x_5 + x_6 - x_7 - 3x_8 = 2,$$

$$x_1 + 4x_3 + x_4 = 1,$$

$$x_2 + x_3 - x_4 = 4,$$

$$x_5 + 3x_7 - x_8 = 1,$$

$$x_6 + x_7 - 3x_8 = 2,$$

$$x_j \geqslant 0, \quad j = 1, \cdots, 8.$$

解   第 1 行等式为耦合约束, 对应主问题, 其余等式对应子问题. 第 2-3 行和第 4-5 行对应的约束条件分别为

$$x_1 + 4x_3 + x_4 = 1,$$

$$x_2 + x_3 - x_4 = 4, \quad x_j \geqslant 0, \ j = 1, \cdots, 4$$

和

$$x_5 + 3x_7 - x_8 = 1,$$

$$x_6 + x_7 - 3x_8 = 2, \quad x_j \geqslant 0, \ j = 5, \cdots, 8.$$

前一个问题有基本解 $x_1 = 1$, $x_2 = 4$, $x_3 = x_4 = 0$, 后一个有基本解 $x_5 = 1, x_6 = 2$, $x_7 = x_8 = 0$. 于是子问题有基本可行解 $u^1 = (1, 4, 0, 0, 1, 2, 0, 0)^{\mathrm{T}}$.

相应地,

$$b_1^1 - (Hu^1)_1 = 2 - (1, -3, -1, 1, 2, 1, -1, -3)(1, 4, 0, 0, 1, 2, 0, 0)^{\mathrm{T}} = 2 + 7 = 9 \geqslant 0.$$

于是构造辅助主问题:

$$\min \quad \sigma_1,$$
$$\text{s.t.} \quad \sigma_1 - 7\alpha_1 + \sum_{i=2}^{s}(Hu^i)\alpha_i + \sum_{j=1}^{t}(Hv^j)\beta_j = 2,$$
$$\sum_{i=1}^{s}\alpha_i = 1,$$
$$\sigma_1, \alpha_i, \beta_j \geqslant 0, \quad i = 1, \cdots, s, \ j = 1, \cdots, t,$$

其中 $H = (1, -3, -1, 1, 2, 1, -1, -3)$.

基矩阵为 $B = \begin{pmatrix} 1 & -7 \\ 0 & 1 \end{pmatrix}$. 求解 $B(\sigma_1, \alpha_1)^{\mathrm{T}} = (2, 1)^{\mathrm{T}}$ 得相应的基本可行解基本分量

$$\begin{pmatrix} \bar{\sigma}_1 \\ \bar{\alpha}_1 \end{pmatrix} = \begin{pmatrix} 9 \\ 1 \end{pmatrix}.$$

辅助目标值 $\bar{w} = 1$

I 阶段: 调用 D-W 分解算法 11.1.1 求解辅助主问题.

第 1 次迭代:

1. 求解 $B^{\mathrm{T}}(y, \gamma)^{\mathrm{T}} = (1, 0)^{\mathrm{T}}$ 得单纯形乘子 $(\bar{y}, \bar{\gamma}) = (1, 7)$.

2. 子问题的目标函数为

$$\begin{aligned}
\zeta &= (c - (H)^{\mathrm{T}}\bar{y})^{\mathrm{T}}x - \bar{\gamma} \\
&= ((0, -1, 1, -2, -3, 1, -1, 1) - (1, -3, -1, 1, 2, 1, -1, -3))x - 7 \\
&= (-1, 2, 2, -3, -5, 0, 0, 4)x - 7.
\end{aligned}$$

把该子问题分解为两个问题求解:

(i)
$$\min \quad -x_1 + 2x_2 + 2x_3 - 3x_4,$$
$$\text{s.t.} \quad x_1 + 4x_3 + x_4 = 1,$$
$$x_2 + x_3 - x_4 = 4, \quad x_j \geqslant 0, \ j = 1, \cdots, 4.$$

取基和非基 $B = \{1, 2\}$, $N = \{3, 4\}$. $B^{-1} = I$. 基本可行解 $\bar{x}_B = (1, 4)^{\mathrm{T}} \geqslant 0$, $\bar{x}_N = (0, 0)^{\mathrm{T}}$. 检验数 $\bar{z}_N = c_N - N^{\mathrm{T}}B^{-1}c_B = \begin{pmatrix} 2 \\ -3 \end{pmatrix} - \begin{pmatrix} 4 & 1 \\ 1 & -1 \end{pmatrix}^{\mathrm{T}} \begin{pmatrix} -1 \\ 2 \end{pmatrix} = \begin{pmatrix} 4 \\ 0 \end{pmatrix}$.

$\min\{4, 0\} = 0$. 顶点最优解 $(\bar{x}_1, \bar{x}_2, \bar{x}_3, \bar{x}_4)^{\mathrm{T}} = (1, 4, 0, 0)^{\mathrm{T}}$, 最优值 $\zeta_1 = 7$.

(ii)
$$\min \quad -5x_5 + +4x_8,$$
$$\text{s.t.} \quad x_5 + 3x_7 - x_8 = 1,$$
$$x_6 + x_7 - 3x_8 = 2, \quad x_j \geqslant 0, \ j = 5, \cdots, 8.$$

取基和非基 $B=\{5,6\}$, $N=\{7,8\}$. $B^{-1}=I$. 基本可行解 $\bar{x}_B=(1,2)^{\mathrm{T}} \geqslant 0$, $\bar{x}_N=$

$(0,0)^{\mathrm{T}}$. 检验数 $\bar{z}_N = c_N - N^{\mathrm{T}} B^{-1} c_B = \begin{pmatrix} 0 \\ 4 \end{pmatrix} - \begin{pmatrix} 3 & -1 \\ 1 & -3 \end{pmatrix}^{\mathrm{T}} \begin{pmatrix} -5 \\ 0 \end{pmatrix} = \begin{pmatrix} 15 \\ -1 \end{pmatrix}$.

$\min\{15,-1\} = -1$, $q=8$. $B^{-1}a_8 = (-1,-3)^{\mathrm{T}} \leqslant 0$, 子问题无界.

4. 子问题可行域的下降极方向为 $v^1 = (0,0,0,0,1,3,0,1)^{\mathrm{T}}$.

按 (19.7) 生成进基列 $w' = (2,0)^{\mathrm{T}}$.

5. $\bar{w} = (2,0)^{\mathrm{T}} \not\leqslant 0$.

7. $\alpha = \min\{9/2\}$, $p=1$.

8. $(\bar{\sigma}_1, \bar{\alpha}_1)^{\mathrm{T}} = (9,1)^{\mathrm{T}} - (9/2)(2,0)^{\mathrm{T}} = (0,1)^{\mathrm{T}}$. $B = \begin{pmatrix} 2 & -7 \\ 0 & 1 \end{pmatrix}$. $(\bar{\beta}_1, \bar{\alpha}_1)^{\mathrm{T}} =$

$(9/2,1)^{\mathrm{T}}$, $\bar{f} = (0,-1,1,-2,-3,1,-1,1)(0,0,0,0,1,3,0,1)^{\mathrm{T}}(9/2) + (0,-1,1,-2,-3,1,$

$-1,1)(1,4,0,0,1,2,0,0)^{\mathrm{T}} = -1/2$.

人工变量 σ_1 出基, I 阶段完成.

II 阶段: 调用 D-W 分解算法 11.1.1 求解主问题.

第 2 次迭代:

1. $\hat{c}_B = (c^{\mathrm{T}} v^1, c^{\mathrm{T}} u^1)^{\mathrm{T}} = (1,-5)^{\mathrm{T}}$.

求解 $B^{\mathrm{T}}(y,\gamma)^{\mathrm{T}} = (1,-5)^{\mathrm{T}}$ 得单纯形乘子 $(\bar{y}, \bar{\gamma}) = (1/2, -3/2)$.

2. 子问题的目标函数为

$$\zeta = (c - (H)^{\mathrm{T}} \bar{y})^{\mathrm{T}} x - \bar{\gamma}$$
$$= ((0,-1,1,-2,-3,1,-1,1) - (1,-3,-1,1,2,1,-1,-3)(1/2))x + 3/2$$
$$= (-1/2, 1/2, 3/2, -5/2, -4, 1/2, -1/2, 5/2)x + 3/2.$$

(i)

$$\begin{aligned} \min \quad & -1/2 x_1 + 1/2 x_2 + 3/2 x_3 - 5/2 x_4, \\ \text{s.t.} \quad & x_1 + 4x_3 + x_4 = 1, \\ & x_2 + x_3 - x_4 = 4, \quad x_j \geqslant 0, \ j=1,\cdots,4. \end{aligned}$$

得顶点最优解 $(\bar{x}_1, \bar{x}_2, \bar{x}_3, \bar{x}_4)^{\mathrm{T}} = (0,5,0,1)^{\mathrm{T}}$ 和最优值 $\zeta_1 = 0$.

(ii)

$$\begin{aligned} \min \quad & -4x_5 + 1/2 x_6 - 1/2 x_7 + 5/2 x_8, \\ \text{s.t.} \quad & x_5 + 3x_7 - x_8 = 1, \\ & x_6 + x_7 - 3x_8 = 2, \quad x_j \geqslant 0, \ j=5,\cdots,8. \end{aligned}$$

得顶点最优解 $(\bar{x}_5, \bar{x}_6, \bar{x}_7, \bar{x}_8)^{\mathrm{T}} = (1,2,0,0)^{\mathrm{T}}$ 和最优值 $\zeta_1 = -3$.

而子问题有最优顶点和最优值为

$$u^2 = (0,5,0,1,1,2,0,0)^{\mathrm{T}}, \quad \zeta^* = 0 - 3 + 3/2 = -3/2 < 0.$$

3(1). $\zeta^* < 0$, 按 (19.6) 生成进基列 $w' = (-10, 1)^{\mathrm{T}}$.

5. $\bar{w} = (-3/2, 1)^{\mathrm{T}} \not\leqslant 0$.

7. $\alpha = \min\{1/1\}$, $p = 2$.

8. $(\bar{\beta}_1, \bar{\alpha}_1)^{\mathrm{T}} = (9/2, 1)^{\mathrm{T}} - (-3/2, 1)^{\mathrm{T}} = (6, 0)^{\mathrm{T}}$. $B = \begin{pmatrix} 2 & -10 \\ 0 & 1 \end{pmatrix}$. $(\bar{\beta}_1, \bar{\alpha}_2)^{\mathrm{T}} = (6, 1)^{\mathrm{T}}$. $\bar{f} = \bar{f} + \alpha\zeta^* = -1/2 - 3/2 = -2$.

第 3 次迭代:

1. $\hat{c}_B = (c^{\mathrm{T}}v^1, c^{\mathrm{T}}u^2)^{\mathrm{T}} = (1, -8)^{\mathrm{T}}$. 求解 $B^{\mathrm{T}}(y, \gamma)^{\mathrm{T}} = (1, -8)^{\mathrm{T}}$ 得单纯形乘子 $(\bar{y}, \bar{\gamma}) = (1/2, -3)$.

2. 子问题的目标函数为

$$\zeta = (c - (H)^{\mathrm{T}}\bar{y})^{\mathrm{T}}x - \bar{\gamma}$$
$$= ((0, -1, 1, -2, -3, 1, -1, 1) - (1, -3, -1, 1, 2, 1, -1, -3)(1/2))x + 3$$
$$= (-1/2, 1/2, 3/2, -5/2, -4, 1/2, -1/2, 5/2)x + 3.$$

(i) 求解的问题与上次迭代相同, 有相同顶点最优解 $(\bar{x}_1, \bar{x}_2, \bar{x}_3, \bar{x}_4)^{\mathrm{T}} = (0, 5, 0, 1)^{\mathrm{T}}$ 和最优值 $\zeta_1 = 0$.

(ii) 求解的问题与上次迭代相同, 有相同顶点最优解 $(\bar{x}_5, \bar{x}_6, \bar{x}_7, \bar{x}_8)^{\mathrm{T}} = (1, 2, 0, 0)^{\mathrm{T}}$ 和最优值 $\zeta_1 = -3$.

子问题的最优顶点和最优值为

$$u^3 = (0, 5, 0, 1, 1, 2, 0, 0)^{\mathrm{T}}, \quad \zeta^* = 0 - 3 + 3 = 0.$$

3(2). $\zeta^* = 0$, 获得原问题最优解和最优值: $x^* = (0, 0, 0, 0, 1, 3, 0, 1)^{\mathrm{T}}(6) + (0, 5, 0, 1, 1, 2, 0, 0)^{\mathrm{T}} = (0, 5, 0, 1, 7, 20, 0, 0)^{\mathrm{T}}$, $f^* = \bar{f} = -2$.

另一类常见问题具阶梯结构. 这种结构接近块对角, 可嵌套地应用 D-W 分解求解. 现用如下问题说明嵌套方式:

$$\begin{aligned} \min \quad & f = (c^1)^{\mathrm{T}}x^1 + (c^2)^{\mathrm{T}}x^2 + (c^3)^{\mathrm{T}}x^3 + (c^4)^{\mathrm{T}}x^4, \\ \text{s.t.} \quad & D_{11}x^1 = b^1, \\ & A_{21}x^1 + D_{22}x^2 = b^2, \\ & A_{32}x^2 + D_{33}x^3 = b^3, \\ & A_{43}x^3 + D_{44}x^4 = b^4, \\ & x^1, x^2, x^3, x^4 \geqslant 0. \end{aligned} \quad (11.17)$$

将该问题按行剖分为前后两部分 $\{t=1\}$ 和 $\{t=2,3,4\}$. 设后部分 $\{t=2,3,4\}$, 即约束条件

$$A_{21}x^1 + D_{22}x^2 = b^2,$$
$$A_{32}x^2 + D_{33}x^3 = b^3,$$
$$A_{43}x^3 + D_{44}x^4 = b^4,$$
$$x^1, x^2, x^3, x^4 \geqslant 0$$

的解集的顶点集和极方向集分别为 $\{u^i\}$ 和 $\{v^j\}$. 按表示定理 2.2.12, 其解有表达式

$$x = \sum_{i=1}^{s} \alpha_i u^i + \sum_{j=1}^{t} \beta_j v^j, \quad \sum_{i=1}^{s} \alpha_i = 1, \quad \alpha_i, \beta_j \geqslant 0, \ i = 1, \cdots, s, \ j = 1, \cdots, t.$$

$$(11.18)$$

引入相应的剖分

$$x = \begin{pmatrix} x^1 \\ x^2 \\ x^3 \\ x^4 \end{pmatrix}; \quad u^i = \begin{pmatrix} u^{i1} \\ u^{i2} \\ u^{i3} \\ u^{i4} \end{pmatrix}, \quad i = 1, \cdots, s; \quad v^j = \begin{pmatrix} v^{j1} \\ v^{j2} \\ v^{j3} \\ v^{j4} \end{pmatrix}, \quad j = 1, \cdots, t.$$

将 (11.18) 代入前部分 $\{t = 1\}$ 即得 D-W 主问题

$$\min_{\alpha_i, \beta_j} \quad f = \sum_{i=1}^{s} ((c^1)^{\mathrm{T}} u^{i1} + (c^2)^{\mathrm{T}} u^{i2} + (c^3)^{\mathrm{T}} u^{i3} + (c^4)^{\mathrm{T}} u^{i4}) \alpha_i$$
$$+ \sum_{j=1}^{t} ((c^1)^{\mathrm{T}} v^{j1} + (c^2)^{\mathrm{T}} v^{j2} + (c^3)^{\mathrm{T}} v^{j3} + (c^4)^{\mathrm{T}} v^{j4}) \beta_j,$$

$$\text{s.t.} \quad \sum_{i=1}^{s} D_{11} u^{i1} \alpha_i + \sum_{j=1}^{t} D_{11} v^{j1} \beta_j = b^1,$$
$$\sum_{i=1}^{s} \alpha_i = 1,$$
$$\alpha_i, \beta_j \geqslant 0, \quad i = 1, \cdots, s, \ j = 1, \cdots, t.$$

设已求解了当前限制主问题, 得到最优单纯形乘子 $(\bar{y}_1, \bar{\gamma}_1)$. 所构造的子问题

$$\min \quad (c^1 - (D_{11})^{\mathrm{T}} \bar{y}_1)^{\mathrm{T}} x^1 + (c^2)^{\mathrm{T}} x^2 + (c^3)^{\mathrm{T}} x^3 - \bar{\gamma}_1,$$
$$\text{s.t.} \quad A_{21}x^1 + D_{22}x^2 = b^2,$$
$$A_{32}x^2 + D_{33}x^3 = b^3,$$
$$A_{43}x^3 + D_{44}x^4 = b^4,$$
$$x^1, x^2, x^3, x^4 \geqslant 0.$$

与原问题类似, 但阶梯结构降低了 1 阶. 对其再应用 D-W 分解, 按行剖分为前后两部分 $\{t = 2\}$ 和 $\{t = 3, 4\}$, 如前进行. 一直到阶数降为 1 较易求解.

11.5 Benders 分解法

前几节介绍的 Dantzig-Wolfe 分解 (Dantzig, 1960, 1961) 将线性规划问题按行 (约束) 剖分为二, 化为两个较小的问题处理. Benders(1962) 则将问题按列 (变量) 剖分为两个较小问题, 其中一个为线性规划问题, 而另一个可为其他类型, 适合于求解大规模混合线性规划问题, 特别是混合整数线性规划问题[①]. 后来 Benders 分解被广泛用于处理随机规划问题, 还被推广用于非线性规划 (Geoffrion, 1972).

考虑如下问题:

$$
\begin{aligned}
\max_{\pi,y} \quad & f(\pi) + b^{\mathrm{T}}y, \\
\text{s.t.} \quad & F(\pi) + A^{\mathrm{T}}y \leqslant c, \\
& \pi \in \Pi,
\end{aligned}
\tag{11.19}
$$

其中 $A \in \mathcal{R}^{m\times n}$, $c \in \mathcal{R}^n$, $b \in \mathcal{R}^m$. 纯量函数 $f(\pi)$ 和向量值函数 $F(\pi) \in \mathcal{R}^n$ 及其定义域 $\Pi \subset \mathcal{R}^{m1}$ 留待稍后进一步讨论.

对于每个固定的 π, 问题 (11.19) 都是一个关于变量 y 的线性规划问题. 正基于此, Benders 分解先将 π 视为参量, 借此实现对变量的剖分.

引理 11.5.1 问题 (11.19) 与下列问题等价:

$$
\begin{aligned}
\max_{\pi} \quad & f(\pi) + \max_y \{b^{\mathrm{T}}y \mid A^{\mathrm{T}}y \leqslant c - F(\pi)\}, \\
\text{s.t.} \quad & \pi \in \Pi \cap S,
\end{aligned}
\tag{11.20}
$$

其中

$$
S = \{\pi \mid A^{\mathrm{T}}y + F(\pi) \leqslant c\}.
$$

证明 显然, (11.19) 无可行解、无界和有最优解当且仅当 (11.20) 相应地无可行解、无界和有最优解.

对固定的 π, 问题 (11.20) 的目标值等于 $f(\pi)$ 和下列子问题的最优值之和:

$$
\begin{aligned}
D(\pi): \quad \max_y \quad & b^{\mathrm{T}}y, \\
\text{s.t.} \quad & A^{\mathrm{T}}y \leqslant c - F(\pi).
\end{aligned}
$$

设 $(\bar{\pi}, \bar{y})$ 为 (11.19) 的最优解. 设 $\hat{\pi}$ 为 (11.20) 的最优解, 而 $\hat{y}$ 为 $D(\hat{\pi})$ 的最优解. 则显然 $(\hat{y}, \hat{\pi})$ 为 (11.19) 的可行解, 故

$$
f(\hat{\pi}) + b^{\mathrm{T}}\hat{y} \leqslant f(\bar{\pi}) + b^{\mathrm{T}}\bar{y}.
\tag{11.21}
$$

另一方面, 易知

$$
f(\hat{\pi}) + b^{\mathrm{T}}\hat{y} \geqslant f(\bar{\pi}) + \max_y \{b^{\mathrm{T}}y \mid A^{\mathrm{T}}y \leqslant c - F(\bar{\pi})\},
$$

[①]对线性规划问题的部分变量增加取整数的约束条件而得.

又 $\bar{y}$ 显然为 $D(\pi)$ 的最优解, 故

$$f(\bar{\pi}) + \max_y \{b^{\mathrm{T}}y \mid A^{\mathrm{T}}y \leqslant c - F(\bar{\pi})\} = f(\bar{\pi}) + b^{\mathrm{T}}\bar{y}.$$

由前两式得

$$f(\hat{\pi}) + b^{\mathrm{T}}\hat{y} \geqslant f(\bar{\pi}) + b^{\mathrm{T}}\bar{y},$$

结合上式和 (11.21) 推出

$$f(\hat{\pi}) + b^{\mathrm{T}}\hat{y} = f(\bar{\pi}) + b^{\mathrm{T}}\bar{y}.$$

故问题 (11.19) 和 (11.20) 有相同的最优解和最优值, 如果存在的话. □

于是问题 (11.19) 就分解为两个较小问题 $D(\pi)$ 和 (11.20), 分别含 p 和 q 个变量. 然而它们以隐式给出, 难以实际处理. 为进一步转化, 考虑 $D(\pi)$ 的对偶问题

$$P(\pi): \quad \min_x \quad \zeta = (c - F(\pi))^{\mathrm{T}}x,$$
$$\text{s.t.} \quad Ax = b, \quad x \geqslant 0.$$

命题 11.5.1 若 $P(\pi)$ 的可行域

$$X = \{x \mid Ax = b, \ x \geqslant 0\}$$

为空集, 则 (11.19) 无可行解或无界.

证明 X 为空集意味着 $P(\pi)$ 对任何 $\pi \in \mathcal{R}^p$ 均无可行解, 按对偶理论问题 $D(\pi)$ 无可行解或无界, 从而 (11.19) 无可行解或无界. □

在 $X = \varnothing$ 的情形, 若需进一步区别 (11.19) 是无可行解还是无界, 可用单纯形法求解

$$\min_x \quad (c - F(\pi))^{\mathrm{T}}x,$$
$$\text{s.t.} \quad Ax = 0, \quad x \geqslant 0.$$

若其无界可判定 (11.19) 无可行解, 若得到最优解则 (11.19) 无界 (见 4.2 节).

从现在起将总假设 $X \neq \varnothing$, 其顶点和极方向集合分别为

$$U = \{u^1, \cdots, u^s\}, \quad V = \{v^1, \cdots, v^t\}.$$

使用以上记号, 有

引理 11.5.2 设 π 给定. 问题 $P(\pi)$ 有最优解当且仅当

$$(c - F(\pi))^{\mathrm{T}}v^j \geqslant 0, \quad v^j \in V. \tag{11.22}$$

证明 易知 (11.22) 成立意味着 X 没有下降无界方向, 从而 $P(\pi)$ 有下界, 故有最优解; 按定理 2.3.2, 有顶点最优解.

反之, $P(\pi)$ 有最优解意味着 (11.20) 成立, 因为若存在某个 $v^k \in V$ 使得

$$(c - F(\pi))^{\mathrm{T}} v^k < 0,$$

则 v^k 为下降极方向, 推出 $P(\pi)$ 无下界, 与其有最优解矛盾. □

定义下列问题为对偶Benders主问题(稍后将会清楚为何冠以"对偶"):

$$\begin{aligned}
\max_{\pi,g} \quad & f(\pi) + g, \\
\text{s.t.} \quad & g \leqslant (c - F(\pi))^{\mathrm{T}} u^i, \quad u^i \in U, \\
& (c - F(\pi))^{\mathrm{T}} v^j \geqslant 0, \quad v^j \in V, \\
& \pi \in \Pi \cap S.
\end{aligned} \tag{11.23}$$

定理 11.5.1 $(\bar{\pi}, \bar{y})$ *为* (11.19) *的最优解, 当且仅当* $\bar{y}$ *为* $D(\bar{\pi})$ *的最优解, 而* $(\bar{\pi}, \bar{g})$ *为对偶 Benders 主问题的最优解.*

证明 显然, (11.19) 有最优解, 当且仅当对偶 Benders 主问题有最优解.

按引理 11.5.1, 问题 (11.19) 等价于 (11.20). 另一方面, 问题 (11.19) 有最优解意味着 $D(\pi)$ 有最优解; 按强对偶定理, $P(\pi)$ 亦有最优解, 且最优值相等, 即

$$\max_y \{b^{\mathrm{T}} y \mid A^{\mathrm{T}} y \leqslant c - F(\pi)\} = \min_x \{(c - F(\pi))^{\mathrm{T}} x \mid Ax = b,\ x \geqslant 0\},$$

将上式代入 (11.20) 得

$$\begin{aligned}
\max_\pi \quad & f(\pi) + \min_x \{(c - F(\pi))^{\mathrm{T}} x \mid Ax = b,\ x \geqslant 0\}, \\
\text{s.t.} \quad & \pi \in \Pi \cap S.
\end{aligned} \tag{11.24}$$

而按定理 2.3.2, $P(\pi)$ 有最优解必有顶点最优解, 故

$$\min_x \{(c - F(\pi))^{\mathrm{T}} x \mid Ax = b,\ x \geqslant 0\} = \min_{u^i \in U} (c - F(\pi))^{\mathrm{T}} u^i. \tag{11.25}$$

将上式代入 (11.24) 并应用引理 11.5.2 推出

$$\begin{aligned}
\max_\pi \quad & f(\pi) + \min_{u^i \in U}(c - F(\pi))^{\mathrm{T}} u^i, \\
\text{s.t.} \quad & (c - F(\pi))^{\mathrm{T}} v^j \geqslant 0, \quad v^j \in V, \\
& \pi \in \Pi \cap S.
\end{aligned}$$

由上述问题易得 (11.23). 这些等价关系保证了本定理的正确性. □

上述定理已把问题转化为求解 (11.23). 然而直接处理 (11.23) 是不现实的, 因为那需预知 X 的全部顶点和极方向, 况且约束条件 $\pi \in S$ 还是以隐式给出的. 现

实的作法是转而处理略去一些约束得到的松弛问题，若其最优解是主问题的可行解，则必为其最优解；否则通过添加约束更新松弛问题.

假设在某个迭代步，已知 X 的顶点和极方向集合的子集

$$U' \subset U, \quad V' \subset V.$$

定义对偶Benders限制主问题[①]如下：

$$
\begin{aligned}
\max_{\pi,g} \quad & f(\pi) + g, \\
\text{s.t.} \quad & g \leqslant (c - F(\pi))^{\mathrm{T}} u^i, \quad u^i \in U', \\
& (c - F(\pi))^{\mathrm{T}} v^j \geqslant 0, \quad v^j \in V', \\
& \pi \in \Pi.
\end{aligned}
\tag{11.26}
$$

定理 11.5.2　假设 $(\bar{\pi}, \bar{g})$ 为对偶 Benders 限制主问题的最优解.

如果 u^* 和 ζ^* 分别为子问题 $P(\bar{\pi})$ 的顶点最优解和最优值, 则

(i) 若 $\bar{g} > \zeta^*$, u^* 为生成的新顶点.

(ii) 若 $\bar{g} = \zeta^*$, $(\bar{\pi}, \bar{g})$ 为对偶 Benders 主问题的最优解.

如果 $P(\bar{\pi})$ 无界, 则给出新的极方向.

证明　由于 u^* 和 ζ^* 分别为子问题 $P(\bar{\pi})$ 的顶点最优解和最优值, 故

$$\zeta^* = (c - F(\bar{\pi}))^{\mathrm{T}} u^* = \min\{(c - F(\bar{\pi}))^{\mathrm{T}} u^i \mid u^i \in U\}. \tag{11.27}$$

此外, $\bar{\pi}$ 满足

$$(c - F(\bar{\pi}))^{\mathrm{T}} v^j \geqslant 0, \quad v^j \in V, \tag{11.28}$$

因为否则 X 有上升极方向从而 $P(\bar{\pi})$ 无界, 与其有最优解矛盾. 不仅如此, 还有

$$\bar{\pi} \in \Pi \cap S. \tag{11.29}$$

实际上, $\bar{\pi} \in \Pi$ 是显然的；而倘若 $\bar{\pi} \notin S$, 则推出 $D(\bar{\pi})$ 无可行解, 从而 $P(\bar{\pi})$ 无可行解或无界, 与 $P(\bar{\pi})$ 有最优解矛盾.

由于 $(\bar{\pi}, \bar{g})$ 为 (11.26) 的最优解, 可由 (11.27) 得

$$
\begin{aligned}
f(\bar{\pi}) + \bar{g} &= f(\bar{\pi}) + \min\{(c - F(\bar{\pi}))^{\mathrm{T}} u^i \mid u^i \in U'\} \\
&\geqslant f(\bar{\pi}) + \min\{(c - F(\bar{\pi}))^{\mathrm{T}} u^i \mid u^i \in U\} \\
&= f(\bar{\pi}) + \zeta^*,
\end{aligned}
$$

从而 $\bar{g} \geqslant \zeta^*$.

[①]这里仍沿用 Dantzig-Wolfe 的称谓.

于是仅有下列两种情形:

(i) $\bar{g} > \zeta^*$.

此时由

$$\bar{g} > \zeta^* = (c - F(\bar{\pi}))^{\mathrm{T}} u^*$$

和

$$\bar{g} = \min\{(c - F(\bar{\pi}))^{\mathrm{T}} u^i \mid u^i \in U'\}$$

推出

$$(c - F(\bar{\pi}))^{\mathrm{T}} u^* < \min\{(c - F(\bar{\pi}))^{\mathrm{T}} u^i \mid u^i \in U'\},$$

意味着 $u^* \notin U'$ 为新顶点.

(ii) $\bar{g} = \zeta^*$.

此时, 注意到 (11.27) 可推出

$$\bar{g} = \zeta^* \leqslant (c - F(\bar{\pi}))^{\mathrm{T}} u^i, \quad u^i \in U.$$

上式与 (11.28) 和 (11.29) 成立表明, $(\bar{\pi}, \bar{g})$ 为对偶 Benders 主问题的可行解, 从而为其最优解 (它是其松弛问题的最优解).

若子问题 $P(\bar{\pi})$ 无界, 则同时确定一个极方向 v^* 使得 (见命题 3.7.1)

$$(c - F(\bar{\pi}))^{\mathrm{T}} v^* < 0.$$

于是由 $(\bar{\pi}, \bar{g})$ 满足限制主问题的约束条件

$$(c - F(\bar{\pi}))^{\mathrm{T}} v^j \geqslant 0, \quad v^j \in V',$$

易知 $v^* \notin V'$ 为新的极方向. □

命题 11.5.2 若对偶 Benders 限制主问题无可行解, 则问题 (11.19) 亦无可行解.

证明 若 $\Pi = \varnothing$, 显然 (11.19) 不可行. 若 $\Pi \neq \varnothing$, 则对偶 Benders 限制主问题不可行意味着对任何 $\pi \in \Pi$, 都存在某个 $v^k \in V' \subset V$ 使 $(c - F(\pi))^{\mathrm{T}} v^k < 0$, 从而对任何 $\pi \in \Pi$, 问题 $P(\pi)$ 无界而 $D(\pi)$ 不可行, 故原问题不可行. □

对偶 Benders 主问题 (11.23) 经整理可化为

$$
\begin{aligned}
\max_{\pi, g} \quad & f(\pi) + g, \\
\text{s.t.} \quad & (u^i)^{\mathrm{T}} F(\pi) + g \leqslant (u^i)^{\mathrm{T}} c, \quad u^i \in U, \\
& (v^j)^{\mathrm{T}} F(\pi) \leqslant (v^i)^{\mathrm{T}} c, \quad v^j \in V, \\
& \pi \in \Pi \cap S.
\end{aligned}
$$

相应地, 对偶 Benders 限制主问题 (11.26) 可化为

$$
\begin{aligned}
\max_{\pi,g} \quad & f(\pi) + g, \\
\text{s.t.} \quad & (u^i)^{\mathrm{T}} F(\pi) + g \leqslant (u^i)^{\mathrm{T}} c, \quad u^i \in U', \\
& (v^j)^{\mathrm{T}} F(\pi) \leqslant (v^i)^{\mathrm{T}} c, \quad v^j \in V', \\
& \pi \in \Pi.
\end{aligned}
\tag{11.30}
$$

注　上述问题中可添加所谓备用约束

$$
f(\pi) + g \leqslant M, \tag{11.31}
$$

其中 M 为足够大的参数 (稍后将说明).

倘若对偶 Benders 限制主问题或不可行或有最优解, 则 11.4 节已导出足以描述和支持 Benders 分解的相关结果: 每次迭代求解一个形如 (11.30) 的限制主问题, 若其无可行解则原问题亦无可行解; 若求得其最优解 $(\bar\pi, \bar g)$, 则再求解相应的子问题 $P(\bar\pi)$. 若该子问题无界, 则得到一个新极方向 (命题 3.7.1); 若求得其顶点最优解 u^* 和最优值 ζ^*, 可判定 $(\bar\pi, \bar g)$ 是否为对偶 Benders 主问题的最优解. 若不是, 则获得新顶点 u^*; 若是, 则 $(\bar\pi, \bar y)$ 为原问题 (11.19) 的最优解, 其中 $\bar y$ 为 $D(\bar\pi)$ 的最优解. 不过实际上无须求解 $D(\bar\pi)$, 因为 $\bar y$ 作为 u^* 的对偶最优解可与 u^* 同时得到.

在 (11.19) 未达成最优的情形, 添加新顶点或新极方向所对应的约束条件以更新限制主问题, 并转入下次迭代. 每次迭代限制主问题增加一个约束条件, 因而称之为行生成(row generation). 注意, 子问题 $P(\bar\pi)$ 为标准线性规划问题, 在迭代过程中仅目标函数变化而约束条件不变.

整个过程归纳如下:

算法11.5.1 (对偶 Benders 分解算法)　*初始: 形如 (11.30) 的对偶 Benders 限制主问题. 本算法求解问题 (11.19).*

1. 求解对偶 Benders 限制主问题.

2. 若其无可行解, 停止.

3. 若其最优解为 $(\bar\pi, \bar g)$, 则用单纯形法求解子问题 $P(\bar\pi)$.

4. 若 $P(\bar\pi)$ 的顶点最优解和最优值分别为 u^* 和 ζ^*, 则

(1) 若 $\bar g > \zeta^*$, 在对偶 Benders 限制主问题中添加对应新顶点 u^* 的约束条件, 转步 1;

(2) 若 $\bar g = \zeta^*$, 停止.

5. 若子问题 $P(\bar\pi)$ 无界, 在对偶 Benders 限制主问题中添加对应新极方向的约束条件, 转步 1.

定理 11.5.3　设对偶 Benders 限制主问题总有最优解或不可行. 若该问题及子问题 $P(\bar\pi)$ 均在有限步得以求解, 则算法 11.6.1 有限步终止. 终止在

(i) 步 2, 判定原问题无可行解; 在

(ii) 步 4(2), 获得原问题的最优解 $(\bar{\pi}, \bar{y})$, 其中 $\bar{y}$ 为与 u^* 对应的对偶解.

证明　按命题 11.5.2, 该算法在步 2 终止表明原问题无可行解. 按定理 11.6.2, 在步 4(2) 终止获得对偶 Benders 主问题的最优解 $(\bar{\pi}, \bar{g})$; 进而由定理 11.5.1 知, 原问题的最优解为 $(\bar{\pi}, \bar{y})$, 其中 $\bar{y}$ 为相应于 u^* 的对偶解. 故只需证明该算法的有限性.

按定理 11.6.2, 每次迭代限制主问题新增一个对应 X 的顶点或极方向的约束. 由于 X 的顶点和极方向仅有限多个, 故经有限次迭代限制主问题必变为主问题而得以求解, 如果在这之前尚未终止的话. □

幸运的是, 尽管限制主问题的约束条件逐渐增多, 变为主问题的情形却绝少发生; 通常其规模远小于主问题时终止.

11.6　原始 Benders 分解法

前面介绍的分解法适合处理标准线性规划问题的对偶问题. 实际上, 不难用同样方式处理原标准问题. 本节仅给出相关结果而略去推导细节.

把所求解的问题按变量剖分为两部分, 其中之一对应线性关系:

$$
\begin{aligned}
\min_{w,x} \quad & f = f(w) + c^{\mathrm{T}}x, \\
\text{s.t.} \quad & F(w) + Ax = b, \\
& w \in W, x \geqslant 0,
\end{aligned} \tag{11.32}
$$

其中 $A \in \mathcal{R}^{m \times n}$, $c \in \mathcal{R}^n$, $b \in \mathcal{R}^m$. 纯量函数 $f(\pi)$ 和向量值函数 $F(\pi) \in \mathcal{R}^n$ 及其定义域 $W \subset \mathcal{R}^p$ 满足一定条件. 若 $f(w)$ 和 $F(w)$ 均为线性函数, 而 $W = \{w \in \mathcal{R}^p \mid w \geqslant 0\}$, 则显然为一个标准线性规划问题.

把 w 视为参量, 引入子问题

$$
\begin{aligned}
P(w): \quad & \min_x \quad c^{\mathrm{T}}x, \\
& \text{s.t.} \quad Ax = b - F(w), \quad x \geqslant 0.
\end{aligned}
$$

其对偶问题为

$$
\begin{aligned}
D(w): \quad & \max_y \quad \zeta = (b - F(w))^{\mathrm{T}}y, \\
& \text{s.t.} \quad A^{\mathrm{T}}y \leqslant c.
\end{aligned}
$$

设 $D(w)$ 的可行域非空, 即

$$
Y = \{y \mid A^{\mathrm{T}}y \leqslant c\} \neq \varnothing,
$$

其顶点和极方向集合为

$$
U = \{u^1, \cdots, u^s\}, \quad V = \{v^1, \cdots, v^t\}.
$$

定义原始Benders主问题:

$$
\begin{aligned}
\min_{w,g} \quad & f(w) + g, \\
\text{s.t.} \quad & (u^i)^{\mathrm{T}} F(w) + g \geqslant (u^i)^{\mathrm{T}} b, \quad u^i \in U, \\
& (v^j)^{\mathrm{T}} F(w) \geqslant (v^j)^{\mathrm{T}} b, \quad v^j \in V, \\
& w \in W \cap T,
\end{aligned}
\tag{11.33}
$$

其中

$$
T = \{ w \mid F(w) + Ax = b, \ x \geqslant 0 \}.
$$

关于原始 Benders 主问题和原问题 (11.44) 的关系, 有如下结果.

定理 11.6.1 $(\bar{w}, \bar{x})$ 为 (11.44) 的最优解, 当且仅当 $\bar{x}$ 为 $P(w)$ 的最优解, 而 $(\bar{w}, \bar{g})$ 为原始 Benders 主问题的最优解.

于是求解问题 (11.44) 归结为求解原始 Benders 主问题 (11.33). 现转而处理略去一些约束后得到的松弛问题. 假设在某个迭代步, 已知 Y 的顶点和极方向集合的子集

$$
U' \subset U, \quad V' \subset V.
$$

定义原始Benders限制主问题如下:

$$
\begin{aligned}
\min_{w,g} \quad & f(w) + g, \\
\text{s.t.} \quad & (u^i)^{\mathrm{T}} F(w) + g \geqslant (u^i)^{\mathrm{T}} b, \quad u^i \in U', \\
& (v^j)^{\mathrm{T}} F(w) \geqslant (v^j)^{\mathrm{T}} b, \quad v^j \in V', \\
& w \in W.
\end{aligned}
\tag{11.34}
$$

注　必要时上述问题可添加所谓备用约束 $f(w) + g \geqslant -M$, 其中 M 为足够大的参数.

定理 11.6.2　假设 $(\bar{w}, \bar{g})$ 为原始 Benders 限制主问题的最优解.

如果 u^* 和 ζ^* 分别为子问题 $D(\bar{w})$ 的顶点最优解和最优值, 则

(i) 若 $\bar{g} < \zeta^*$, 在原始 Benders 限制主问题中添加对应新顶点 u^* 的约束条件, 转步 1;

(ii) 若 $\bar{g} = \zeta^*$, $(\bar{w}, \bar{g})$ 为原始 Benders 主问题的最优解.

如果 $P(\bar{w})$ 无界, 则给出新的极方向.

命题 11.6.1　若原始 Benders 限制主问题无可行解, 则问题 (11.44) 亦无可行解.

算法11.6.1 (原始 Benders 分解算法)　初始: 形如 (11.34) 的 (原始 Benders) 限制主问题. 本算法求解问题 (11.44).

1. 调用单纯形法求解限制主问题.

2. 若限制主问题无可行解, 停止 (原问题无可行解).

3. 若求得限制主问题的最优解 $(\bar{w}, \bar{g})$, 则求解子问题 $D(\bar{w})$.

4. 若得到子问题 $D(\bar{w})$ 的顶点最优解 u^* 和最优值 ζ^*, 则

(1) 若 $\bar{g} < \zeta^*$, 在限制主问题中添加对应新顶点 u^* 的约束条件, 转步 1;

(2) 若 $\bar{g} = \zeta^*$, 停止 ($(\bar{w}, \bar{x})$ 为 (11.44) 的最优解, 其中 $\bar{x}$ 与 u^* 对偶).

5. 若判定子问题 $D(\bar{w})$ 无界, 在限制主问题中添加对应新极方向 (命题 4.5.1) 约束条件.

6. 转步 1.

我们仅对线性情形感兴趣. 现考虑原始 Benders 分解的特殊情形: $f(w)$, $F(w)$ 为线性函数.

令
$$f(w) = h^{\mathrm{T}}w, \quad F(w) = Hw, \quad W = \{w \mid w \geqslant 0\}.$$
其中 $H \in \mathcal{R}^{m \times n_1}$, $h \in \mathcal{R}^{n_1}$, 则 (11.44) 化为标准线性规划问题

$$
\begin{aligned}
\min_{w,x} \quad & f = h^{\mathrm{T}}w + c^{\mathrm{T}}x, \\
\text{s.t.} \quad & Hw + Ax = b, \\
& w, x \geqslant 0.
\end{aligned}
\tag{11.35}
$$

将 w 视为参量, 需处理子问题

$$
\begin{aligned}
\min_{w,x} \quad & f = c^{\mathrm{T}}x, \\
\text{s.t.} \quad & Ax = b - Hw, \\
& x \geqslant 0.
\end{aligned}
\tag{11.36}
$$

为简单计, 设

$$Y = \{y \mid A^{\mathrm{T}}y \leqslant c\} \neq \varnothing \tag{11.37}$$

有界, 其顶点集为

$$U = \{u^1, \cdots, u^s\}, \tag{11.38}$$

于是原始 Benders 限制主问题 (11.34) 化为

$$
\begin{aligned}
\min_{w,g} \quad & h^{\mathrm{T}}w + g, \\
\text{s.t.} \quad & (u^i)^{\mathrm{T}}Hw + g \geqslant (u^i)^{\mathrm{T}}b, \quad u^i \in U', \\
& w \geqslant 0.
\end{aligned}
\tag{11.39}
$$

假设该问题有最优解 $(\bar{w}, \bar{g})$, 求解相应的子问题

$$
\begin{aligned}
D(w): \quad \max_y \quad & \zeta = (b - Hw)^{\mathrm{T}}y, \\
\text{s.t.} \quad & y \in Y.
\end{aligned}
$$

若其最优值为 ζ^*, 则按如下关系式是否成立进行原问题的最优性检验:

$$\bar{g} = \zeta^*.$$

导出原始 Benders 分解的另一途径是用 D-W 分解方法和对偶关系处理 (11.35) 的对偶问题

$$
\begin{aligned}
\max \quad & b^{\mathrm{T}}y, \\
\text{s.t.} \quad & H^{\mathrm{T}}y \leqslant h, \\
& A^{\mathrm{T}}y \leqslant c.
\end{aligned}
\tag{11.40}
$$

设 Y 和 U 分别由 (11.37) 和 (11.37) 定义. 将 y 用 Y 的顶点的凸组合表示, 可由 (11.40) 推出 D-W 主问题

$$
\begin{aligned}
\max \quad & \sum_{i=1}^{s}(b^{\mathrm{T}}u^i)\alpha_i, \\
\text{s.t.} \quad & \sum_{i=1}^{s}(H^{\mathrm{T}}u^i)\alpha_i \leqslant h, \\
& \sum_{i=1}^{s}\alpha_i = 1, \\
& \alpha_i \geqslant 0, \quad i = 1, \cdots, s.
\end{aligned}
\tag{11.41}
$$

如果转而求解其对偶问题就导出原始 Benders 分解. 实际上, 该对偶问题不是别的, 正是原始 Benders 主问题 (11.39).

类似地, 推出原始问题的 D-W 主问题, 然后转而求解后者的对偶问题也可推出对偶 Benders 分解.

11.7　Benders 分解的应用

就应用而言, 求解限制主问题的效率对算法 11.6.1 至关重要, 而这取决于函数 $f(\pi)$ 和 $F(\pi)$ 的特性及求解工具. 目前对下列情形有很成熟的算法:

(i) $f(\pi) = h^{\mathrm{T}}\pi$, $F(\pi) = H^{\mathrm{T}}\pi$, $h \in \mathcal{R}^{m1}$, $H \in \mathcal{R}^{m1 \times n}$, 而 $\Pi \subset \mathcal{R}^{m1}$ 为多面体 (有界).

原问题 (11.19) 为线性规划问题. 此时限制主问题和子问题均为线性规划问题, 适合用单纯形法处理. 实际上, 若 π 为自由变量 ($\Pi = \mathcal{R}^{m1}$), 则原问题显然是一个标准线性规划问题的对偶问题. 这里算法被冠以" 对偶 ", 以与处理标准问题的 D-W 算法区别 (11.6 节).

(ii) 在情形 (i) 中添加 π 的各分量取整数的约束条件.

原问题 (11.19) 为混合整数线性规划问题, 而限制主问题几乎为纯整数线性规划问题 (含一个自由变量 g). 由于每次迭代限制主问题增加一个不等式约束, 割平面法 (如 Gomory,1960) 似乎是合适的选择.

(iii) $f(\pi)$, $F(\pi)$ 为定义在有界闭凸集 $\Pi \subset \mathcal{R}^{m1}$ 上的连续可微凸函数.

限制主问题为光滑凸规划问题, 目前有相当有效的算法可供选择 (例如参见袁亚湘, 2008).

情形 (ii)(iii) 已超出本书的范围, 下面仅限于讨论情形 (i), 即线性规划情形.

需要注意的是, 限制主问题或不可行或有最优解的假设并不造成实质困难. 实际上, 可引入一个"备用约束", 当限制主问题的可行域无界时启用: 让 Benders 主问题的目标值不超过一个足够大的数, 且不影响最优解, 如果它存在的话. 鉴于大数参加运算可能引起数值困难, 似乎将其视为参数更可取, 像 I 阶段"大 M 法"中那样 (3.3 节). 好在实际计算时该参数可省略 (见稍后的例).

至于如何构建初始限制主问题, 一个直接途径是从子问题 $P(\bar{\pi})$ 的可行域 $X = \{x \mid Ax = b, x \geqslant 0\}$ 着手. 按命题 11.5.1, 若 $X = \varnothing$, 则原问题无可行解或无界; 否则求得一个顶点可行解 (记为 $u^1 \in X$), 基于

$$U' = \{u^1\}, \quad V' = \varnothing,$$

建立形如 (11.30) 初始限制主问题.

对偶 Benders 分解法很适用于含块对角结构的问题, 形如

$$
\begin{aligned}
\min \quad & h^{\mathrm{T}}\pi + (b^1)^{\mathrm{T}}y^1 + \cdots + (b^k)^{\mathrm{T}}y^k, \\
\text{s.t.} \quad & A_1^{\mathrm{T}}\pi + D_1^{\mathrm{T}}y^1 \leqslant c_1, \\
& A_2^{\mathrm{T}}\pi + D_2^{\mathrm{T}}y^2 \leqslant c^2, \\
& \qquad\qquad \vdots \\
& A_k^{\mathrm{T}}\pi + + D_k^{\mathrm{T}}y^k \leqslant c^k,
\end{aligned}
$$

其中子矩阵 D_i 和子向量 b^i, y^i, c^i, $i = 1, \cdots, k$ 的阶数或维数相容, 即 b_i 和 y_i 维数相同, 等于 D_i 的行数, 而 c_i 的维数等于 D_i 的列数; π 的维数等于 A_i 的行数.

若将其系数矩阵剖分为

$$
H^{\mathrm{T}} = \begin{pmatrix} A_1^{\mathrm{T}} \\ A_2^{\mathrm{T}} \\ \vdots \\ A_k^{\mathrm{T}} \end{pmatrix}, \quad
A^{\mathrm{T}} = \begin{pmatrix} D_1^{\mathrm{T}} & & & \\ & A_2^{\mathrm{T}} & & \\ & & \ddots & \\ & & & A_k^{\mathrm{T}} \end{pmatrix},
$$

则子问题 $P(\bar{\pi})$ 即可分解为 k 个 (对应 D_k 的) 更小的问题求解. 现以下例说明.

例11.7.1　用对偶 Benders 分解算法求解下列问题:

$$\begin{aligned}
\max\quad & 2\pi + y_1 + 4y_2 + y_3 + 2y_4,\\
\text{s.t.}\quad & \pi + y_1 \leqslant 0,\\
& -3\pi + y_2 \leqslant -1,\\
& -\pi + 4y_1 + y_2 \leqslant 1,\\
& \pi + y_1 - y_2 \leqslant -2,\\
& 2\pi + y_3 \leqslant -3,\\
& \pi + y_4 \leqslant 1,\\
& -\pi + 3y_3 + y_4 \leqslant -1,\\
& -3\pi - y_3 - 3y_4 \leqslant 1.
\end{aligned}$$

解　若记该问题为

$$\begin{aligned}
\max_{\pi,y}\quad & h^{\mathrm{T}}\pi + b^{\mathrm{T}}y,\\
\text{s.t.}\quad & H^{\mathrm{T}}\pi + A^{\mathrm{T}}y \leqslant c,
\end{aligned}$$

则 $h^{\mathrm{T}}\pi = 2\pi, b = (1,4,1,2)^{\mathrm{T}}, c = (0,-1,1,-2,-3,1,-1,1)^{\mathrm{T}}.$

$$H^{\mathrm{T}}\pi = (1,-3,-1,1,2,1,-1,-3)^{\mathrm{T}}\pi,\quad A = \begin{pmatrix} 1 & 0 & 4 & 1 & 0 & 0 & 0 & 0\\ 0 & 1 & 1 & -1 & 0 & 0 & 0 & 0\\ 0 & 0 & 0 & 0 & 1 & 0 & 3 & -1\\ 0 & 0 & 0 & 0 & 0 & 1 & 1 & -3 \end{pmatrix}.$$

子问题 $P(\pi)$ 的可行域 $X = \{x \mid Ax = b,\ x \geqslant 0\}$ 有明显的顶点可行解

$$u^1 = (1,4,0,0,1,2,0,0)^{\mathrm{T}}.$$

$$(u^1)^{\mathrm{T}}H^{\mathrm{T}}\pi = (1,4,0,0,1,2,0,0)(1,-3,-1,1,2,1,-1,-3)^{\mathrm{T}}\pi = -7\pi.$$

$$(u^i)^{\mathrm{T}}c = (1,4,0,0,1,2,0,0)(0,-1,1,-2,-3,1,-1,1)^{\mathrm{T}} = -5.$$

初始限制主问题为

$$\begin{aligned}
\max_{\pi,g}\quad & 2\pi + g,\\
\text{s.t.}\quad & -7\pi + g \leqslant -5,\\
& 2\pi + g \leqslant M,\qquad (*)
\end{aligned}$$

其中 (*) 表示备用约束.

第 1 次迭代:

1. 用单纯形法求解对偶 Benders 限制主问题.

取基矩阵 $B = \begin{pmatrix} -7 & 2 \\ 1 & 1 \end{pmatrix}$, $B^{-1} = \begin{pmatrix} -1/9 & 2/9 \\ 1/9 & 7/9 \end{pmatrix}$, 则有对偶可行解

$$\begin{pmatrix} \bar{\pi} \\ \bar{g} \end{pmatrix} = B^{-\mathrm{T}} \begin{pmatrix} -5 \\ M \end{pmatrix} = \begin{pmatrix} 5/9 + 1/9M \\ -10/9 + 7/9M \end{pmatrix}, \tag{11.42}$$

而相应的原始解亦可行: $B^{-1}(2,1)^{\mathrm{T}} = (0,1)^{\mathrm{T}} \geqslant 0$. 限制主问题已达最优.

3. 子问题 $P(\bar{\pi})$ 的目标函数为

$$(c - H^{\mathrm{T}}\bar{\pi})^{\mathrm{T}} = (0, -1, 1, -2, -3, 1, -1, 1) - (5/9 + 1/9M)(1, -3, -1, 1, 2, 1, -1, -3)$$
$$= (-5/9 - 1/9M, 2/3 + 1/3M, 14/9 + 1/9M, -23/9 - 1/9M,$$
$$-37/9 - 2/9M, 4/9 - 1/9M, -4/9 + 1/9M, 8/3 + 1/3M).$$

由于 M 为足够大的参数, 故可略去上式中不含 M 的项, 并进一步略去各项的公因子 M; 换言之, 可用下式代替 (11.42):

$$\begin{pmatrix} \bar{\pi} \\ \bar{g} \end{pmatrix} = B^{-\mathrm{T}} \begin{pmatrix} 0 \\ 1 \end{pmatrix}.$$

将子问题 $P(\bar{\pi})$ 分解为两个问题求解:

(i)

$$\begin{aligned}
\min \quad & -1/9x_1 + 1/3x_2 + 1/9x_3 - 1/9x_4, \\
\text{s.t.} \quad & x_1 + 4x_3 + x_4 = 1, \\
& x_2 + x_3 - x_4 = 4, \quad x_j \geqslant 0, \ j = 1, \cdots, 4,
\end{aligned}$$

取基和非基 $B_1 = \{1, 2\}$, $N_1 = \{3, 4\}$. $B_1^{-1} = I$. 基本可行解 $\bar{x}_{B_1} = (1,4)^{\mathrm{T}} \geqslant 0$, $\bar{x}_{N_1} = (0,0)^{\mathrm{T}}$.

$$\bar{y}_1 = B_1^{-\mathrm{T}} c_{B_1} = \begin{pmatrix} -1/9 \\ 1/3 \end{pmatrix},$$

$$\bar{z}_{N_1} = c_{N_1} - N_1^{\mathrm{T}} \bar{y}_1 = \begin{pmatrix} 1/9 \\ -1/9 \end{pmatrix} - \begin{pmatrix} 4 & 1 \\ 1 & -1 \end{pmatrix}^{\mathrm{T}} \begin{pmatrix} -1/9 \\ 1/3 \end{pmatrix} = \begin{pmatrix} 2/9 \\ 1/3 \end{pmatrix}.$$

$$\min\{2/9, 1/3\} \geqslant 0.$$

检验数非负, 达最优.

顶点最优解 $(\bar{x}_1, \bar{x}_2, \bar{x}_3, \bar{x}_4)^{\mathrm{T}} = (1, 4, 0, 0)^{\mathrm{T}}$, 最优值 $\zeta_1 = 11/9$.

(ii)

$$\min \quad -2/9x_5 - 1/9x_6 + 1/9x_7 + 1/3x_8,$$
$$\text{s.t.} \quad x_5 + 3x_7 - x_8 = 1,$$
$$x_6 + x_7 - 3x_8 = 2, \quad x_j \geqslant 0, \ j = 5, \cdots, 8.$$

取基和非基 $B_2 = \{5,6\}$, $N_2 = \{7,8\}$. $B_2^{-1} = I$.

基本可行解 $\bar{x}_{B_2} = (1,2)^{\mathrm{T}} \geqslant 0$, $\bar{x}_{N_2} = (0,0)^{\mathrm{T}}$.

$$\bar{y}_2 = B_2^{-\mathrm{T}} c_{B_2} = \begin{pmatrix} -2/9 \\ -1/9 \end{pmatrix},$$

$$\bar{z}_{N_2} = c_{N_2} - N_2^{\mathrm{T}} \bar{y}_2 = \begin{pmatrix} 1/9 \\ 1/3 \end{pmatrix} - \begin{pmatrix} 3 & -1 \\ 1 & -3 \end{pmatrix}^{\mathrm{T}} \begin{pmatrix} -2/9 \\ -1/9 \end{pmatrix} = \begin{pmatrix} 8/9 \\ -2/9 \end{pmatrix}.$$

最小检验数: $\min\{8/9, -2/9\} = -2/9$, $q = 8$.

$\bar{a}_8 = B_2^{-1}(-1,-3)^{\mathrm{T}} = (-1,-3)^{\mathrm{T}} \leqslant 0$, 故 $P(\bar{\pi})$ 无界. 下降极方向为 $v^* = (0,0,0,0,1,3,0,1)^{\mathrm{T}}$.

5. $(v^*)^{\mathrm{T}} H^{\mathrm{T}} \pi = (0,0,0,0,1,3,0,1)(1,-3,-1,1,2,1,-1,-3)^{\mathrm{T}} \pi = 2\pi$.

$$(v^*)^{\mathrm{T}} c = (0,0,0,0,1,3,0,1)(0,-1,1,-2,-3,1,-1,1)^{\mathrm{T}} = 1.$$

更新限制主问题得

$$\max_{\pi,g} \quad 2\pi + g,$$
$$\text{s.t.} \quad -7\pi + g \leqslant -5,$$
$$2\pi \leqslant 1,$$
$$2\pi + g \leqslant M. \qquad (*)$$

第 2 次迭代:

1. 求解限制主问题. 基矩阵 $B = \begin{pmatrix} -7 & 2 \\ 1 & 0 \end{pmatrix}$, $B^{-1} = \begin{pmatrix} 0 & 1 \\ 1/2 & 7/2 \end{pmatrix}$, 则有对偶可行解

$$\begin{pmatrix} \bar{\pi} \\ \bar{g} \end{pmatrix} = B^{-\mathrm{T}} \begin{pmatrix} -5 \\ 1 \end{pmatrix} = \begin{pmatrix} 1/2 \\ -3/2 \end{pmatrix},$$

而相应的原始解亦可行: $B^{-1}(2,1)^{\mathrm{T}} = (1,9/2)^{\mathrm{T}} \geqslant 0$, 限制主问题达最优.

3. 子问题 $P(\bar{\pi})$ 的目标函数为

$$(c - H^{\mathrm{T}} \bar{\pi})^{\mathrm{T}} = (0,-1,1,-2,-3,1,-1,1) - (1/2)(1,-3,-1,1,2,1,-1,-3)$$
$$= (-1/2, 1/2, 3/2, -5/2, -4, 1/2, -1/2, 5/2).$$

将子问题 $P(\bar{\pi})$ 分解为两个问题求解:

(i)
$$\min \quad -1/2x_1 + 1/2x_2 + 3/2x_3 - 5/2x_4,$$
$$\text{s.t.} \quad x_1 + 4x_3 + x_4 = 1,$$
$$x_2 + x_3 - x_4 = 4, \quad x_j \geqslant 0, \; j = 1, \cdots, 4.$$

1) 取基和非基 $B_1 = \{1, 2\}$, $N_1 = \{3, 4\}$. $B_1^{-1} = I$.

基本可行解 $\bar{x}_{B_1} = (1, 4)^{\mathrm{T}} \geqslant 0$, $\bar{x}_{N_1} = (0, 0)^{\mathrm{T}}$.

$$\bar{y}_1 = B_1^{-\mathrm{T}} c_{B_1} = \begin{pmatrix} -1/2 \\ 1/2 \end{pmatrix},$$

$$\bar{z}_{N_1} = c_{N_1} - N_1^{\mathrm{T}} \bar{y}_1 = \begin{pmatrix} 3/2 \\ -5/2 \end{pmatrix} - \begin{pmatrix} 4 & 1 \\ 1 & -1 \end{pmatrix}^{\mathrm{T}} \begin{pmatrix} -1/2 \\ 1/2 \end{pmatrix} = \begin{pmatrix} 3 \\ -3/2 \end{pmatrix}.$$

最小检验数: $\min\{3, -3/2\} = -3/2$, $q = 4$.

$\bar{a}_4 = B_1^{-1}(1, -1)^{\mathrm{T}} = (1, -1)^{\mathrm{T}}$, $p = 1$, 最小比检验: $\min\{1/1\} = 1$, $p = 1$.

2) 更新基和非基: $B_1 = \{4, 2\}$, $N_1 = \{3, 1\}$. $B_1^{-1} = \begin{pmatrix} 1 & 0 \\ -1 & 1 \end{pmatrix}^{-1} = \begin{pmatrix} 1 & 0 \\ 1 & 1 \end{pmatrix}$.

基本可行解 $\bar{x}_{B_1} = B_1^{-1}(1, 4)^{\mathrm{T}} = (1, 5)^{\mathrm{T}} \geqslant 0$, $\bar{x}_{N_1} = (0, 0)^{\mathrm{T}}$.

$$\bar{y}_1 = B_1^{-\mathrm{T}} c_{B_1} = B_1^{-\mathrm{T}} \begin{pmatrix} -5/2 \\ 1/2 \end{pmatrix} = \begin{pmatrix} -2 \\ 1/2 \end{pmatrix},$$

$$\bar{z}_{N_1} = c_{N_1} - N_1^{\mathrm{T}} \bar{y}_1 = \begin{pmatrix} 3/2 \\ -1/2 \end{pmatrix} - \begin{pmatrix} 4 & 1 \\ 1 & 0 \end{pmatrix}^{\mathrm{T}} \begin{pmatrix} -2 \\ 1/2 \end{pmatrix} = \begin{pmatrix} 9 \\ 3/2 \end{pmatrix}.$$

最小检验数: $\min\{9, 3/2\} \geqslant 0$. 最优解和最优值分别为

$$(\bar{x}_1, \bar{x}_2, \bar{x}_3, \bar{x}_4)^{\mathrm{T}} = (0, 5, 0, 1)^{\mathrm{T}}, \quad \zeta_1 = (1/2)5 - 5/2 = 0.$$

(ii)
$$\min \quad -4x_5 + 1/2x_6 - 1/2x_7 + 5/2x_8,$$
$$\text{s.t.} \quad x_5 + 3x_7 - x_8 = 1,$$
$$x_6 + x_7 - 3x_8 = 2, \quad x_j \geqslant 0, \; j = 5, \cdots, 8.$$

取基和非基 $B_2 = \{5, 6\}$, $N_2 = \{7, 8\}$. $B_2^{-1} = I$.

基本可行解 $\bar{x}_{B_2} = (1, 2)^{\mathrm{T}} \geqslant 0$, $\bar{x}_{N_2} = (0, 0)^{\mathrm{T}}$.

$$\bar{y}_2 = B_2^{-\mathrm{T}} c_{B_2} = \begin{pmatrix} -4 \\ 1/2 \end{pmatrix},$$

$$\bar{z}_{N_2} = c_{N_2} - N_2^{\mathrm{T}}\bar{y}_2 = \begin{pmatrix} -1/2 \\ 5/2 \end{pmatrix} - \begin{pmatrix} 3 & -1 \\ 1 & -3 \end{pmatrix}^{\mathrm{T}} \begin{pmatrix} -4 \\ 1/2 \end{pmatrix} = \begin{pmatrix} 11 \\ 0 \end{pmatrix}.$$

最小检验数: $\min\{11, 0\} \geqslant 0$. 最优解和最优值分别为

$$(\bar{x}_5, \bar{x}_6, \bar{x}_7, \bar{x}_8)^{\mathrm{T}} = (1, 2, 0, 0)^{\mathrm{T}}, \quad \zeta_2 = -4 + (1/2)2 = -3.$$

综合 (i) 和 (ii) 得子问题的顶点最优解和最优值分别为

$$u^* = (0, 5, 0, 1, 1, 2, 0, 0)^{\mathrm{T}}, \quad \zeta^* = \zeta_1 + \zeta_2 = 0 + (-3) = -3. \tag{11.43}$$

4. 1) $\bar{g} = -3/2 > \zeta^* = -3$.

$$(u^*)^{\mathrm{T}} H^{\mathrm{T}} \pi = (0, 5, 0, 1, 1, 2, 0, 0)(1, -3, -1, 1, 2, 1, -1, -3)^{\mathrm{T}} \pi = -10\pi.$$

$$(u^*)^{\mathrm{T}} c = (0, 5, 0, 1, 1, 2, 0, 0)(0, -1, 1, -2, -3, 1, -1, 1)^{\mathrm{T}} = -8.$$

更新限制主问题得

$$\begin{aligned} \max_{\pi, g} \quad & 2\pi + g, \\ \text{s.t.} \quad & -7\pi + g \leqslant -5, \\ & 2\pi \leqslant 1, \\ & -10\pi + g \leqslant -8, \\ & 2\pi + g \leqslant M. \end{aligned} \tag{$*$}$$

第 3 次迭代:

1. 求解限制主问题.

$(-10, 1)^{\mathrm{T}}$ 进基, $q = 3$.

$B^{-1}(-10, 1)^{\mathrm{T}} = (1, -3/2)^{\mathrm{T}}$; 最小比检验: $\min\{1/1\} = 1$, $p = 1$.

于是基矩阵更新为 $B = \begin{pmatrix} -10 & 2 \\ 1 & 0 \end{pmatrix}$, $B^{-1} = \begin{pmatrix} 0 & 1 \\ 1/2 & 5 \end{pmatrix}$, 有对偶可行解

$$\begin{pmatrix} \bar{\pi} \\ \bar{g} \end{pmatrix} = B^{-\mathrm{T}} \begin{pmatrix} -8 \\ 1 \end{pmatrix} = \begin{pmatrix} 1/2 \\ -3 \end{pmatrix},$$

而对应的原始解可行: $B^{-1}(2, 1)^{\mathrm{T}} = (1, 6)^{\mathrm{T}} \geqslant 0$. 限制主问题达最优.

3. 子问题 $P(\bar{\pi})$ 的目标函数为

$$(c - H^{\mathrm{T}}\bar{\pi})^{\mathrm{T}} = (0, -1, 1, -2, -3, 1, -1, 1) - (1/2)(1, -3, -1, 1, 2, 1, -1, -3)$$

$$= (-1/2, 1/2, 3/2, -5/2, -4, 1/2, -1/2, 5/2).$$

与第 2 次迭代的完全相同, 子问题的最优解和最优值由 (11.43) 给出.

4. 2) $\bar{g} = \zeta^* = -3$, 对偶 Benders 主问题已达最优.

原问题的最优解为 $\bar{\pi} = 1/2$, $\bar{y} = (\bar{y}_1^{\mathrm{T}}, \bar{y}_2^{\mathrm{T}})^{\mathrm{T}} = (-2, 1/2, -4, 1/2)^{\mathrm{T}}$, 最优值为 -2.

另一方面, 阶梯结构问题也可嵌套地应用 Benders 分解求解. 这里仍以 (11.17) 说明原始 Benders 分解 (11.6 节) 的所谓 "向前嵌套" 方式,

将变量剖分为 $\{x^1\}$ 和 $\{x^2, x^3, x^4\}$. 按原始 Benders 分解, 需求解以 x^1 为参量的子问题

$$
\begin{aligned}
\min \quad & (c^2)^{\mathrm{T}} x^2 + (c^3)^{\mathrm{T}} x^3 + (c^4)^{\mathrm{T}} x^4, \\
\mathrm{s.t.} \quad & D_{22} x^2 = b^2 - A_{21} x^1, \\
& A_{32} x^2 + D_{33} x^3 = b^3, \\
& A_{43} x^3 + D_{44} x^4 = b^4, \\
& x^2, x^3, x^4 \geqslant 0.
\end{aligned}
\tag{11.44}
$$

为此, 转而求解其对偶问题: 由于仅它的目标函数与参量 x^1 有关, 故较易处理. 每次迭代求解一个原始 Benders 限制主问题给子问题提供参量值 $\bar{x}^1$. 而 (11.44) 有与原问题 (11.17) 类似的阶梯结构, 而阶数降低 1, 可应用原始 Benders 分解再次降阶. 如此嵌套进行, 直到只有一个阶梯易于求解.

第12章 内 点 法

单纯形法从可行域的一个顶点沿某条下降边转移到相临顶点, 直到达到最优顶点或判定问题无下界. 其移动轨迹在可行域边界上. 另一方面, 自然想到通过产生内点序列, 从可行域内部移向或逼近最优解, 从而导出一类与单纯形法完全不同的所谓"内点法".

以 Karmarkar 算法为代表的势函数(potential function) 法, 以 Dikin 算法为代表的仿射尺度 (affine-scaling)法和基于对数障碍函数的路径跟踪法是 (path following) 三类主要的内点法. 本章将介绍其中最具代表性的方法.

迄今所知最早的内点法是著名数学家von Neumann 于 1948 年在同 G.B. Dantzig 谈话 (Dantzig and Thapa, 2003) 中提出的, 用于求得一个特定线性规划问题的可行解, 但未给出收敛性证明. Dantzig 后来在写给 Neumann 的信里给出一个漂亮的收敛性结果. Frisch(1955) 提出对数障碍函数后, 内点法在非线性规划领域广受关注; 而在线性规划领域掀起内点法热, 则是 Karmarkar 算法 (1984) 问世之后的事, 尽管此前也有相关工作, 特别是后来知道 Dikin(1967) 早已提出仿射尺度 (affine-scaling) 算法. Karmarkar 算法具多项式时间复杂性, 且比 Khachiyan 椭球算法的多项式时间阶数低. 更具意义的是, 由其激发的内点法热催生了一些实际效果极好的算法, 使线性规划领域的面貌大为改观.

此后凡涉及内点法, 本书对所求解的标准问题均作如下基本假设:

A1: rank $A = m$.

A2: $P^+ = \{x \in \mathcal{R}^n \mid Ax = b,\ x > 0\} \neq \varnothing$.

A3: $D^+ = \{(y, z) \in \mathcal{R}^m \times R^n \mid A^\mathrm{T}y + z = c,\ z > 0\} \neq \varnothing$.

A4: $c \notin \mathrm{range}\ A^\mathrm{T}$.

A4 等价于不存在向量 $\bar{y}$ 使得 $c = A^\mathrm{T}\bar{y}$. 假设 $Ax = b$ 相容, 则 $c = A^\mathrm{T}\bar{y}$ 意味着目标函数在非空可行域上取常数; 而逆命题也真. 于是 A4 排除了目标函数在可行域上取常数的平凡情形. 换言之, 最优值只能在边界上达到, 如果它存在的话.

12.1 Karmarkar 算法

考虑所谓"Karmarkar 标准型"[1]:

---

[1] von Neumann (1948) 最初提出内点算法正是用来求其可行解

$$\begin{aligned} \min \quad & f = c^{\mathrm{T}} x \\ \text{s.t.} \quad & Ax = 0, \\ & e^{\mathrm{T}} x = 1, \quad x \geqslant 0. \end{aligned} \tag{12.1}$$

其中 $A \in \mathcal{R}^{m \times n}$, $c \in \mathcal{R}^n$, rank $A = m$, $m < n$, $n \geqslant 2$.

作为 n 维空间 n 个点 $e_1, \cdots, e_n$ 的凸包, 显然多胞形

$$\Gamma = \left\{ x \in \mathcal{R}^n \;\middle|\; \sum_{j=1}^{n} x_j = 1, \; x_j \geqslant 0 \right\}$$

为 $n - 1$ 维正单纯形. 注意, Γ 的 n 个顶点处于同等地位, 而中心为 e/n. 其内切球和外接球半径分别为

$$r = 1/\sqrt{n(n-1)} < 1, \quad R = \sqrt{n-1}/\sqrt{n} < 1.$$

问题 (12.1) 的可行域为单纯形 Γ 和 A 的 0 空间 $\{x \in \mathcal{R}^n \mid Ax = 0\}$ 的交. 显然, 如果可行域非空, 则必有最优解.

关于问题 (12.1), Karmarkar 作了两个假设:

1. $Ae = 0$, 即单纯形中心 e/n 为可行域内点.

2. 最优解 x^* 满足 $c^{\mathrm{T}} x^* = 0$, 即最优值为 0.

注意, 由于内点不可能为最优解, 上述假设隐含对所有内点 x 有 $c^{\mathrm{T}} x > 0$, 特别是 $c^{\mathrm{T}}(e/n) > 0$.

12.1.1 单纯形 Γ 上的投影变换

假设 $\bar{x}$ 为可行域内点, 满足 $A\bar{x} = 0$, $e^{\mathrm{T}} \bar{x} = 1$ 及 $\bar{x} > 0$. 设 $\bar{X}$ 为以 $\bar{x}$ 分量为对角元的对角阵, 即

$$\bar{X} = \operatorname{diag}(\bar{x}_1, \cdots, \bar{x}_n).$$

考虑变换

$$x' = \frac{\bar{X}^{-1} x}{e^{\mathrm{T}} \bar{X}^{-1} x} \stackrel{\triangle}{=} T(x). \tag{12.2}$$

其逆变换为

$$x = T^{-1}(x') = \frac{\bar{X} x'}{e^{\mathrm{T}} \bar{X} x'}. \tag{12.3}$$

$T(x)$ 给出从 Γ 到 Γ 的 1-1 映射, 称为投影变换. 实际上, 对任何 $x \in \Gamma$, 显然有 $x' = T(x) \in \Gamma$; 反之, 对任何 $x' \in \Gamma$, 也有 $x = T^{-1}(x') \in \Gamma$. 特别是, T 让顶点 e_j, $\jmath = 1, \cdots, n$ 和自身对应, 让边界和自身对应; 内点和内点对应, 而 $\bar{x}$ 与 Γ 的中心 e/n 对应.

在投影变换下，(12.1) 对应的关于 x' 的问题为

$$
\begin{aligned}
\min \quad & f = \frac{c^{\mathrm{T}} \bar{X} x'}{e^{\mathrm{T}} \bar{X} x'}, \\
\text{s.t.} \quad & A \bar{X} x' = 0, \\
& e^{\mathrm{T}} x' = 1, \quad x' \geqslant 0.
\end{aligned}
\tag{12.4}
$$

然而该问题已不再是线性规划问题，因其目标已非线性函数. 不过，由 (12.2) 和 $e^{\mathrm{T}} x = 1$ 知，当 x 接近 $\bar{x}$ 时，目标函数的分母可近似地看做正常数：

$$
e^{\mathrm{T}} \bar{X} x' = \frac{e^{\mathrm{T}} x}{e^{\mathrm{T}} \bar{X}^{-1} x} = 1 \Big/ \sum_{j=1}^{n} \frac{x_j}{\bar{x}_j} \approx 1/n.
$$

Karmarkar 近似地用 $c^{\mathrm{T}} \bar{X} x'$ 代替目标，每次迭代使用如下子问题：

$$
\begin{aligned}
\min \quad & f = c^{\mathrm{T}} \bar{X} x', \\
\text{s.t.} \quad & A \bar{X} x' = 0, \\
& e^{\mathrm{T}} x' = 1, \quad x' \geqslant 0.
\end{aligned}
\tag{12.5}
$$

注意，该问题与 (12.4) 有相同的可行域和初始内点 e/n.

命题 12.1.1 设 x^* 为原问题 (12.1) 的最优解. 则对其任何内点 $\bar{x}$，子问题 (12.5) 有目标值为 0 的最优解 $(x^*)' = T(x^*)$.

证明 注意，对 (12.1) 的任何内点 $\bar{x} > 0$ 和 (12.4) 的任何可行点 $x' \geqslant 0$，有

$$
e^{\mathrm{T}} \bar{X} x' = \sum_{j=1}^{n} \bar{x}_j x'_j \geqslant e^{\mathrm{T}} x' \min\{\bar{x}_j \mid j = 1, \cdots, n\} > 0.
$$

由 $(x^*)' = T(x^*)$ 和假设 2 易知，$(x^*)'$ 为 (12.4) 的最优解且 $c^{\mathrm{T}} \bar{X} (x^*)' = 0$. 换言之，(12.5) 有目标值为 0 的可行解 $(x^*)'$. 假设 $\tilde{x}'$ 为其可行解而目标值小于 0，即 $c^{\mathrm{T}} \bar{X} \tilde{x}' < 0$，则推出

$$
\frac{c^{\mathrm{T}} \bar{X} \tilde{x}'}{e^{\mathrm{T}} \bar{X} \tilde{x}'} < 0,
$$

从而与 (12.4) 最优值为 0 矛盾. 故 $(x^*)'$ 为 (12.5) 目标值为 0 的最优解.   □

12.1.2 Karmarkar 算法

设想确定了一个目标值下降方向. 如果 $\bar{x}$ 有接近 0 的分量，那么沿该方向前进的步长有可能很小，实际进展微不足道. 而通过处理问题 (12.5) 可摆脱这种情况，因为现在 $\bar{x}$ 在 x' 空间的像为 $\bar{x}' = T(\bar{x}) = e/n$，位于单纯形中心. 不过并非真要求解 (12.5)，仅仅以其为子问题确定合适的搜索方向和步长.

记该问题的系数矩阵为

$$F = \begin{pmatrix} A\bar{X} \\ \vdots \\ e^{\mathrm{T}} \end{pmatrix}. \tag{12.6}$$

x' 空间到 F 的 0 空间的正交投影矩阵为

$$P = I - F^{\mathrm{T}}(FF^{\mathrm{T}})^{-1}F. \tag{12.7}$$

于是目标梯度 $\bar{X}c$ 在 F 的 0 空间的正交投影为

$$\Delta x = P\bar{X}c = (I - F^{\mathrm{T}}(FF^{\mathrm{T}})^{-1}F)\bar{X}c. \tag{12.8}$$

命题 12.1.2 Δx 为非 0 向量, 且满足 $F\Delta x = 0$ 和 $(\bar{X}c)^{\mathrm{T}}\Delta x > 0$.

证明 假设 $\Delta x = 0$. 则由 (12.8) 知, 存在 $h \in \mathcal{R}^m, h_{m+1}$, 使得有 $\bar{X}c = F^{\mathrm{T}}(h^{\mathrm{T}}, h_{m+1})^{\mathrm{T}}$. 于是, 对子问题 (12.5) 的任何可行解 $x' \geqslant 0$, 都有

$$c^{\mathrm{T}}\bar{X}x' = (h^{\mathrm{T}}, h_{m+1})Fx' = h^{\mathrm{T}}A\bar{X}x' + h_{m+1}e^{\mathrm{T}}x' = h_{m+1}.$$

换言之, 其可行值为常数. 注意, 对任何内点 $\bar{x}$ 构成的 $\bar{X}$ 都如此. 特别地, 对 $\bar{x} = e/n$, 子问题在单纯形中心 e/n 的目标值为 $c^{\mathrm{T}}e/n^2$, 而另一方面, 由命题 12.1.1 知, 其最优值为 0, 推出 $c^{\mathrm{T}}e/n^2 = 0$, 意味着 e/n 为最优解, 与内点不可能为最优解矛盾. 故 $\Delta x \neq 0$. 由 (12.8) 和 $P^2 = P$ 及 $P^{\mathrm{T}} = P$ 容易推出 $F\Delta x = 0$ 和 $(\bar{X}c)^{\mathrm{T}}\Delta x > 0$. □

上述命题表明, $-\Delta x \neq 0$ 为可行下降方向. 不仅如此, 还不难证明 $-\Delta x$ 是 F 的 0 空间中与目标梯度夹角最大的向量; 换言之, $-\Delta x$ 为可行的最陡下降方向. 于是, 从单纯形中心出发, 沿该方向取步长不超过内切球半径, 即可使 x' 空间的新迭代点落在可行域内, 并可望获得满意的目标值下降. 更具体些, 新迭代点由下式确定:

$$\widehat{x}' = \frac{e}{n} - \alpha\rho\frac{\Delta x}{\|\Delta x\|}, \tag{12.9}$$

其中 $\alpha \in (0,1), \rho \in (0,r]$, 而 r 为单纯形内切球半径. 通过逆变换将其映射到原 x 空间中去, 即

$$\widehat{x} = \bar{X}\widehat{x}'/e^{\mathrm{T}}\bar{X}\widehat{x}'. \tag{12.10}$$

就完成一次迭代.

整个过程可归纳如下.

算法 12.1.1 (Karmarkar 算法) 给定容限 $\epsilon > 0$. 初始: $k = 1, \bar{x} = e/n$.

本算法求解问题 (12.1).

1. 计算 $\Delta x = P\bar{X}c = (I - F^{\mathrm{T}}(FF^{\mathrm{T}})^{-1}F)\bar{X}c$, 其中 F 由 (12.6) 定义.
2. 计算 $\widehat{x}' = \dfrac{e}{n} - \alpha\rho\dfrac{\Delta x}{\|\Delta x\|}$.
3. 计算 $\bar{x} = \bar{X}\widehat{x}'/e^{\mathrm{T}}\bar{X}\widehat{x}'$.
4. 若 $c^{\mathrm{T}}\bar{x} < \epsilon$, 则停止.
5. 置 $k = k+1$, 并转步 1.

12.1.3   收敛性分析

对 x 空间中的问题 (12.1) 在 Γ 上定义势函数(potential function) 如下:

$$f(x) = f(x,c) \triangleq n\ln(c^{\mathrm{T}}x) - \sum_{j=1}^{n}\ln x_j = \sum_{j=1}^{n}\ln\frac{c^{\mathrm{T}}x}{x_j}. \tag{12.11}$$

于是 x' 空间中的问题 (12.5) 在 Γ 上的势函数为

$$f'(x') \triangleq f(x',\bar{X}c) = n\ln(c^{\mathrm{T}}\bar{X}x') - \sum_{j=1}^{n}\ln x'_j = \sum_{j=1}^{n}\ln\frac{c^{\mathrm{T}}\bar{X}x'}{x'_j}. \tag{12.12}$$

命题 12.1.3   单纯形 Γ 上任意点 x 与其像 x' 的势函数值相差同一个 (只与 $\bar{x}$ 有关) 常数.

证明   由 (12.3), (12.11) 和 (12.12) 推出

$$f(x) = f(T^{-1}(x')) = \sum_{j=1}^{n}\ln\frac{c^{\mathrm{T}}\bar{X}x'}{x'_j} - \ln(\Pi_{j=1}^n\bar{x}_j) = f'(x') - \ln(\Pi_{j=1}^n\bar{x}_j). \qquad \square$$

由此可见, 如果所确定 $\widehat{x}'$ 使 $f'(\widehat{x}')$ 比 $f'(e/n)$ 减少一个常数, 则相应地 $f(\widehat{x})$ 比 $f(\bar{x})$ 也减少同样的常数. 下面将估计

$$f'(\widehat{x}') = n\ln(c^{\mathrm{T}}\bar{X}\widehat{x}') - \sum_{j=1}^{n}\ln\widehat{x}'_j. \tag{12.13}$$

引理 12.1.1   若 Δx 和 $\widehat{x}'$ 分别由 (12.8) 和 (12.9) 确定, 则

$$\ln c^{\mathrm{T}}\bar{X}\widehat{x}' \leqslant \ln\frac{c^{\mathrm{T}}\bar{X}e}{n} - \alpha\rho. \tag{12.14}$$

证明   由 $P^2 = P$, $P^{\mathrm{T}} = P$ 和 (12.8) 得

$$c^{\mathrm{T}}\bar{X}\Delta x = c^{\mathrm{T}}\bar{X}P\bar{X}c = c^{\mathrm{T}}\bar{X}P^2\bar{X}c = (P\bar{X}c)^{\mathrm{T}}(P\bar{X}c) = \|\Delta x\|^2 > 0. \tag{12.15}$$

上式结合 (12.9) 推出

$$c^{\mathrm{T}}\bar{X}\widehat{x}' = \frac{c^{\mathrm{T}}\bar{X}e}{n} - \alpha\rho\frac{c^{\mathrm{T}}\bar{X}\Delta x}{\|\Delta x\|} = \frac{c^{\mathrm{T}}\bar{X}e}{n} - \alpha\rho\|\Delta x\|. \tag{12.16}$$

现考虑

$$\min \quad f = c^{\mathrm{T}} \bar{X} x',$$
$$\text{s.t.} \quad A \bar{X} x' = 0,$$
$$e^{\mathrm{T}} x' = 1, \tag{12.17}$$
$$\|x' - e/n\| \leqslant R,$$

其中 R 为单纯形 Γ 的外接球半径, 即

$$R = \sqrt{n-1}/\sqrt{n} < 1.$$

注意到 $-\Delta x$ 为负目标梯度到 F 的 0 空间的正交投影, 而 $\{x \mid \|x' - e/n\| \leqslant R\}$ 为以单纯形中心为球心, 以 R 为半径的球域, 不难证明其最优解为

$$x'(R) = \frac{e}{n} - R \frac{\Delta x}{\|\Delta x\|}.$$

另一方面, 由于 $\|x' - e/n\| \leqslant R$ 为 Γ 的外接球, (12.17) 的可行域包含子问题 (12.5) 的可行域, 因而前者的最优值不超过后者的最优值 0. 于是结合 (12.15) 即得

$$c^{\mathrm{T}} \bar{X} x'(R) = \frac{c^{\mathrm{T}} \bar{X} e}{n} - R\|\Delta x\| \leqslant 0,$$

或

$$-\|\Delta x\| \leqslant -\frac{c^{\mathrm{T}} \bar{X} e}{nR}.$$

该式结合 (12.16), $R < 1$ 和 $c^{\mathrm{T}} \bar{x} > 0$ 给出

$$c^{\mathrm{T}} \bar{X} \hat{x}' \leqslant \frac{c^{\mathrm{T}} \bar{X} e}{n} - \alpha\rho \frac{c^{\mathrm{T}} \bar{X} e}{nR} = (1 - \alpha\rho/R)\frac{c^{\mathrm{T}} \bar{X} e}{n} \leqslant (1 - \alpha\rho)\frac{c^{\mathrm{T}} \bar{X} e}{n}.$$

对上式两边取对数并注意到

$$\ln(1 - \alpha\rho) \leqslant -\alpha\rho$$

即得 (12.14). □

引理 12.1.2 若 $x' \in \Gamma$ 满足 $\|x' - e/n\| \leqslant \alpha\rho$, 则

$$-\sum_{j=1}^{n} \ln x'_j \leqslant -\sum_{j=1}^{n} \ln(1/n) + \frac{(n\alpha\rho)^2}{2(1-\alpha n\rho)^2}. \tag{12.18}$$

证明 由于 $\|x' - e/n\| \leqslant \alpha\rho$, 故对 $j = 1, \cdots, n$, 有

$$1/n - \alpha\rho \leqslant x'_j \leqslant 1/n + \alpha\rho,$$

或

$$1 - \alpha n\rho \leqslant n x'_j \leqslant 1 + \alpha n\rho. \tag{12.19}$$

将 $\ln(nx'_j)$ 按 Taylor 公式展开, 有

$$\ln(nx'_j) = \ln 1 + (nx'_j - 1) - \frac{1}{2\theta_j^2}(nx'_j - 1)^2,$$

其中 θ_j 介于 1 和 nx'_j 之间, 从而由 (12.19) 显见 $\theta_j \geqslant 1 - \alpha n\rho$, 故下列不等式成立:

$$\ln(nx'_j) \geqslant (nx'_j - 1) - \frac{1}{2(1 - \alpha n\rho)^2}(nx'_j - 1)^2. \tag{12.20}$$

而由假设还知

$$\sum_{j=1}^{n}(nx'_j - 1) = ne^{\mathrm{T}}x' - n = 0$$

及

$$\sum_{j=1}^{n}(nx'_j - 1)^2 = \|nx' - e\|^2 = n^2\|x' - e/n\|^2 \leqslant (\alpha n\rho)^2,$$

从而由 (12.20) 推出

$$\sum_{j=1}^{n}\ln(nx'_j) \geqslant \frac{-(\alpha n\rho)^2}{2(1 - \alpha n\rho)^2},$$

由此即得 (12.18).   □

定理 12.1.1   若 $\rho = 1/n < r$, $\alpha \in (0, 1/2)$, 则 Karmarkar 算法迭代次数的计算复杂性为 $O(nL)$, 其中 L 为全部输入数据的二进制总位数.

证明   结合 (12.13),(12.14) 和 (12.18) 可得

$$f'(\widehat{x}') \leqslant n\ln\frac{c^{\mathrm{T}}\bar{X}e}{n} - \alpha n\rho - \sum_{j=1}^{n}\ln(1/n) + \frac{(\alpha n\rho)^2}{2(1 - \alpha n\rho)^2} = f'(e/n) - \delta(n, \rho, \alpha), \tag{12.21}$$

其中势函数下降量的下界为

$$\delta(n, \rho, \alpha) = \alpha n\rho - \frac{(\alpha n\rho)^2}{2(1 - \alpha n\rho)^2}.$$

将 $\rho = 1/n$ 代入上式所得函数仅依赖于 α, 即

$$\delta(\alpha) = \alpha - \frac{\alpha^2}{2(1 - \alpha)^2} = \frac{\alpha(\alpha - 2)(\alpha - 1/2)}{(1 - \alpha)^2}. \tag{12.22}$$

对以上函数显然有

$$\delta(\alpha) \begin{cases} > 0, & 0 < \alpha < 1/2, \\ = 0, & \alpha = 1/2, \\ < 0, & 1/2 < \alpha < 1, \end{cases}$$

从而由该命题假设推出 $\delta(\alpha) > 0$.

设 $\widehat{x}$ 为 $\widehat{x}'$ 的原象, 由 (12.10) 确定. 由命题 12.1.3 知, 存在与 $\bar{x}$ 有关的常数 μ, 使得

$$f(\bar{x}) = f'(e/n) + \mu, \quad f(\widehat{x}) = f'(\widehat{x}') + \mu,$$

结合 (12.21) 得

$$f(\widehat{x}) - f(\bar{x}) = f'(\widehat{x}') - f'(e/n) \leqslant -\delta(\alpha),$$

从而有

$$f(\widehat{x}) \leqslant f(\bar{x}) - \delta(\alpha).$$

由于上式对每次迭代均成立而初始内点为 e/n, 故若记 $\widehat{x}$ 为第 $k = 1, 2, \cdots$ 次迭代所生成的内点 (步 3), 则

$$f(\widehat{x}) \leqslant f(e/n) - k\delta(\alpha).$$

于是按 (12.11) 有

$$n\ln(c^{\mathrm{T}}\widehat{x}) - \sum_{j=1}^{n} \ln \widehat{x}_j \leqslant n\ln(c^{\mathrm{T}}e/n) - \sum_{j=1}^{n} \ln(1/n) - k\delta(\alpha).$$

注意到, $\widehat{x} \in \Gamma$, 而 e/n 是函数 $\displaystyle\sum_{j=1}^{n} \ln x_j$ 在 Γ 上的最大点, 由上式得

$$n\ln(c^{\mathrm{T}}\widehat{x}) \leqslant n\ln(c^{\mathrm{T}}e/n) - k\delta(\alpha).$$

上式等价于

$$c^{\mathrm{T}}\widehat{x} \leqslant e^{-k\delta(\alpha)/n}(c^{\mathrm{T}}e/n). \tag{12.23}$$

假设 ϵ 为任意给定的最优值容限, 显然存在 $\tau > 0$ 使得

$$2^{-\tau L} < \frac{\epsilon}{c^{\mathrm{T}}e/n}. \tag{12.24}$$

当迭代次数 k 达到使下式成立的最小整数时:

$$k > (\tau/\delta(\alpha))nL,$$

结合 (12.24) 可得

$$e^{-k\delta(\alpha)/n} \leqslant e^{-\tau L} < 2^{-\tau L} < \frac{\epsilon}{c^{\mathrm{T}}e/n},$$

从而由上式和 (12.23) 推出

$$c^{\mathrm{T}}\widehat{x} < \epsilon.$$

故在定理假设下,Karmarkar 算法迭代次数具 $O(nL)$ 阶复杂性.   □

Karmarkar 算法每次迭代的计算复杂性为 $O(n^3)$，因而总的计算复杂性为 $O(n^4L)$. Karmarkar 设法改进了每次迭代的计算，将其降低为 $O(n^{2.5})$，从而使总的计算复杂性降低到 $O(n^{3.5}L)$.

势函数下降量的下界自然越大越好. 置 (12.22) 的导函数为 0 得其最大值点和最大值分别为 $\alpha^* \approx 0.3177$ 和 $\delta(\alpha)^* \approx 0.2093$. 因而，在 Karmarkar 算法中取 $\alpha = 0.3177$ 似乎是个好的选择. 然而实际上并非如此. 注意，$\delta(\alpha)$ 仅是势函数下降量的**下界**，与实际下降量可能相去甚远. 实践表明通常 α 接近 1 能加速收敛，尽管当 $\alpha \geqslant 1/2$ 时其多项式时间复杂性不能保证.

标准线性规划问题可化为 Karmarkar 标准型，但这里将不涉及. 感兴趣的读者可参阅相关文献，如 Tomlin(1987), Gay(1987) 及 de Ghellinck 和 Vial(1986).

Karmarkar 算法所提供的启示也许比其本身还有价值. 该算法的问世激发了内点法热，催生了一些更具实用价值的算法. 通过内点序列逼近最优解能摆脱退化的困扰，而把迭代点变换到单纯形中心，在像空间确定搜索方向和新迭代点再返回原空间的思想，对内点法的发展有深刻影响. 目前一般内点法的搜索方向都是负目标梯度产生的下降"推力"和变换 (或其他方法) 产生的向心"推力"共同作用的结果，这其实是此类算法获得成功的内在原因.

12.2   仿射尺度法

Karmarkar 算法仅适用于特殊形式的问题，不便于直接应用. 作为其变形，所谓"仿射尺度 (affine-scaling) 算法"随后相继提出 (Barnes,1986; Cavalier and Soyster, 1985; Karmarkar and Ramakrishnan, 1985; Vanderbei, Meketon and Freedman, 1986). 不过很快发现，Dikin(1967) 早已提出过该算法 (没有收敛性证明)，可惜当时没有引起学术界注意.

12.2.1   算法

考虑标准线性规划问题 (1.4). 设 $\bar{x}$ 为当前内点. 和 Karmarkar 算法一样，这里也用 $\bar{X}$ 表示以 $\bar{x}$ 的分量为对角元的对角阵. 显然，仿射变换 $x' = \bar{X}^{-1}x$ 把正卦限映射到自身，而把 $\bar{x}$ 映射到其"中心" e. 借助该变换，(1.4) 化为

$$\begin{aligned} \min \quad & c^{\mathrm{T}}\bar{X}x', \\ \text{s.t.} \quad & A\bar{X}x' = b, \quad x' \geqslant 0. \end{aligned} \tag{12.25}$$

x' 空间到 $A\bar{X}$ 的 0 空间的正交投影矩阵为

$$P = I - \bar{X}A^{\mathrm{T}}(A\bar{X}^2A^{\mathrm{T}})^{-1}A\bar{X}, \tag{12.26}$$

而目标梯度 $\bar{X}c$ 的正交投影为

$$\Delta x' = P\bar{X}c = (I - \bar{X}A^{\mathrm{T}}(A\bar{X}^2A^{\mathrm{T}})^{-1}A\bar{X})\bar{X}c. \tag{12.27}$$

引理 12.2.1 在基本假设 A4 下, $\Delta x' \neq 0$.

证明 (12.27) 可表为

$$\Delta x' == \bar{X}(c - A^{\mathrm{T}}\bar{y}),$$

其中

$$\bar{y} = (A\bar{X}^2A^{\mathrm{T}})^{-1}A\bar{X}^2c.$$

于是 $\Delta x' = 0$ 隐含 $c = A^{\mathrm{T}}\bar{y}$, 与假设 A4 矛盾. □

现以 $-\Delta x'$ 为搜索方向, 确定 x' 空间的新迭代点

$$\hat{x}' = e - \mu\Delta x'/\|\Delta x'\|.$$

如果取 $\mu \in (0,1)$, 则 $\hat{x}'$ 落在以 e 为中心, 以 1 为半径的球内部. 其在 x 空间的原象为

$$\hat{x} = \bar{x} - \mu\bar{X}\Delta x'/\|\Delta x'\|,$$

此即仿射尺度算法的所谓 "短步长" 迭代格式.

其实, 容易验证对任何 α, 相应的点

$$\hat{x} = \bar{x} - \alpha\bar{X}\Delta x' \tag{12.28}$$

均满足 (1.4) 的等式约束. 特别地, 对短步长 $\alpha = \mu/\|\Delta x'\| > 0$, 显然还满足 $\hat{x} > 0$, 故仍为内点. 而结合 $P = P^2$, $P^{\mathrm{T}} = P$ 和 (12.27) 又有

$$c^{\mathrm{T}}\hat{x} = c^{\mathrm{T}}\bar{x} - \alpha c^{\mathrm{T}}\bar{X}P\bar{X}c = c^{\mathrm{T}}\bar{x} - \alpha\|\Delta x'\|^2 < c^{\mathrm{T}}\bar{x}, \tag{12.29}$$

表明目标值严格减少.

然而可能比短步长走得更远而不致违反约束. 实践表明, 新迭代点更接近边界可获得更多目标值下降, 显著提高效率. 为此, 先考虑如下结果.

引理 12.2.2 若 $\Delta x' \leqslant 0$, 线性规划问题 (1.4) 无下界.

证明: 在假设条件下, 对任何 $\alpha > 0$, 由 (12.28) 所确定的 $\hat{x}$ 显然均为内点. 而由 (12.29) 显见

$$c^{\mathrm{T}}\hat{x} = c^{\mathrm{T}}\bar{x} - \alpha\|\Delta x'\|^2 \to -\infty \ (\ \alpha \to \infty).$$

故原问题无下界. □

现设 $\Delta x' \not\leqslant 0$. 此时抵达边界的最大步长为 $1/\max(\Delta x')$, 由此可得如下"长步长"迭代格式:

$$\hat{x} = \bar{x} - \lambda \bar{X} \Delta x'/\max(\Delta x'), \tag{12.30}$$

其中 $\lambda \in (0,1)$ 称为步长.

伴随原始迭代点 $\bar{x}$, 常常还希望掌握相应的对偶最优解估计 $(\bar{y}, \bar{z})$. 如果忽略对 $\bar{z}$ 的非负要求而尽量满足互补松弛条件, 则 $(\bar{y}, \bar{z})$ 应是如下最小二乘问题的解:

$$\begin{aligned} \min \quad & (1/2)\|\bar{X}z\|^2, \\ \text{s.t.} \quad & z = c - A^{\mathrm{T}}y. \end{aligned}$$

由此不难求得

$$\bar{y} = (A\bar{X}^2 A^{\mathrm{T}})^{-1} A\bar{X}^2 c, \qquad \bar{z} = \bar{X}^{-1} P\bar{X}c. \tag{12.31}$$

于是 (12.27) 还可表为

$$\Delta x' == \bar{X}(c - A^{\mathrm{T}}\bar{y}) = \bar{X}\bar{z}. \tag{12.32}$$

上式揭示了搜索方向与对偶估计的关系. 注意 $\bar{X}\bar{z}$ 不是别的, 正是相应的对偶间隙向量 (见 4.3 节).

下面给出长步长迭代格式的求解过程, 其中没有生成对偶估计序列. 由 (12.32) 知道, 算法收敛时对偶间隙趋于 0, 故当 $\|\Delta x'\|$ 足够小时, 可认为已达近似最优:

算法12.2.1 (仿射尺度算法)　给定 $\lambda \in (0,1)$, $\epsilon > 0$. 初始: 内点 $\bar{x} > 0$.
本算法求解标准线性规划问题 (1.4).
1. 计算 $\Delta x' = P\bar{X}c = (I - \bar{X}A^{\mathrm{T}}(A\bar{X}^2 A^{\mathrm{T}})^{-1} A\bar{X})\bar{X}c$.
2. 若 $\|\Delta x'\| < \epsilon$, 停止 (达成近似最优).
3. 若 $\Delta x' \leqslant 0$, 停止 (无下界).
4. 更新 $\bar{x} = \bar{x} - \lambda \bar{X}\Delta x'/\max(\Delta x')$.
5. 转步 1.

可以看出, 按 (12.27) 计算投影 $\Delta x'$ 是该算法每次迭代的主要工作, 涉及求解 $m \times m$ 线性系统

$$(A\bar{X}^2 A^{\mathrm{T}})y = A\bar{X}^2 c.$$

常规做法是计算其系数矩阵并进行 Cholesky 分解, 然后求解两个三角系统.

与 Karmarkar 算法相比, 仿射尺度算法较简单, 实际表现更好, 是最早发现有可能胜过单纯形法的内点算法.

上述算法基于投影矩阵 (12.26) 构造搜索方向. 下面转向另一选择, 借助正交变换实现同样的思想.

由于 A 行满秩, 从而 $\bar{X}A^{\mathrm{T}}$ 列满秩, 存在 QR 分解

$$\bar{X}A^{\mathrm{T}} = (Q_1, Q_3)\begin{pmatrix} R_1 \\ 0 \end{pmatrix} = Q_1 R_1, \tag{12.33}$$

其中 (Q_1, Q_3) 为正交阵, 剖分为 $Q_1 \in \mathcal{R}^{n \times m}$ 和 $Q_3 \in \mathcal{R}^{n \times (n-m)}$, 而 $R_1 \in \mathcal{R}^{m \times m}$ 为非奇异上三角阵.

使用以上符号, 则有如下命题.

命题 12.2.1 由 (12.27) 定义的 $\Delta x'$ 等于 $Q_3 Q_3^{\mathrm{T}} \bar{X}c$.

证明 将 (12.33) 代入 (12.27), 并注意到 $Q_1^{\mathrm{T}} Q_1 = I$ 和 $Q_1 Q_1^{\mathrm{T}} + Q_3 Q_3^{\mathrm{T}} = I$, 得

$$\Delta x' = (I - Q_1 R_1 (R_1^{\mathrm{T}} Q_1^{\mathrm{T}} Q_1 R_1)^{-1} R_1^{\mathrm{T}} Q_1^{\mathrm{T}}) \bar{X}c = (I - Q_1 Q_1^{\mathrm{T}}) \bar{X}c = Q_3 (Q_3^{\mathrm{T}} \bar{X}c). \tag{12.34}$$

$\square$

于是有如下变形.

算法 12.2.2 (修改仿射尺度算法) 与算法 12.2.1 相同, 除了步 1 用下列代替:

1. 按 (12.34) 计算 $\Delta x'$.

以上两个算法理论上是等价的, 仅仅计算 $\Delta x'$ 的方法不同. 至于计算量大小则依赖于具体实现所使用的工具、A 的稀疏性以及 $n - m$ 与 m 相比之大小等, 这里不深入讨论. 毕竟, 我们感兴趣的并非该变形本身, 而是其思路的延伸和导出新算法 (见 12.3 节).

12.2.2 收敛性、复杂性和初始内点

下面叙述 Dikin(1974) 的结果而略去证明 (见 Gonzaga,90;Vanderbei and Lagarias,1990):

定理 12.2.1 设标准问题 (1.4) 所有可行点非退化且存在最优解. 则迭代按 (12.30)($\lambda \in (0, 1)$), 而对偶估计按 (12.31) 产生的序列分别收敛于原始最优界面和对偶最优界面的相对内点.

非退化假设下的收敛性并不具实际意义. 不过如果适当限制 λ 的取值范围, 无退化假设长步长仿射尺度法也收敛 (Tsuchiya and Muramatsu, 1995).

定理 12.2.2 设标准问题 (1.4) 存在最优解. 则按 (11.30)($\lambda \in (0, 2/3]$) 产生的序列收敛于原始最优界面的相对内点, 而按 (12.31) 产生的对偶估计序列收敛于对偶最优界面的相对解析中心, 且目标值的渐近下降速率等于 $1 - \lambda$.

当 $\lambda > 2/3$ 时, 仿射尺度法的收敛性是没有保证的. 实际上, 已找到反例表明 $2/3$ 是保证收敛的最大 λ 值 (Hall and Vanderbei, 1993). 然而就实践而言却正好相反, 取接近 1 的 λ 值更可靠快速 (例如取 $\lambda \in [0.9, 0.99]$). 另一方面, 即使 $\lambda \leqslant 2/3$, 也已证明当初始点过于接近可行域顶点时, 该算法求解 Klee-Minty 问题将遍历全部 2^n 个顶点邻近, 故不是多项式时间算法 (Megiddo and Shub, 1989).

可通过处理一个辅助问题为仿射尺度算法提供初始内点.

任给 n 维向量 $h > 0$ 使得 $b - Ah \neq 0$ ($h = e$ 是较好的选择). 引入人工变量 x_{n+1} 和规范化向量

$$a_{n+1} = (b - Ah)/\|b - Ah\|, \tag{12.35}$$

并构造辅助问题如下:

$$\begin{aligned} \min \quad & x_{n+1}, \\ \text{s.t.} \quad & Ax + a_{n+1}x_{n+1} = b, \quad x, x_{n+1} \geqslant 0. \end{aligned}$$

显然该问题有内点解 $\bar{x} = h$, $\bar{x}_{n+1} = \|b - Ah\|$, 且存在最优解. 若最优值严格大于 0, 则原问题无可行解.

用取 $\lambda \in (0, 2/3]$ 的仿射尺度算法求解该辅助问题. 假设迭代序列的极限为 x^∞ 而最优值为 0, 则 x^∞ 为原问题的可行域的相对内点. 定义

$$B = \{j \mid x_j^\infty > 0,\ j = 1, \cdots, n\}, \quad N = \{j \mid x_j^\infty = 0,\ j = 1, \cdots, n\}.$$

于是原问题就简化为如下问题

$$\begin{aligned} \min \quad & c_B^\mathrm{T} x_B, \\ \text{s.t.} \quad & Bx_B = b, \quad x \geqslant 0. \end{aligned}$$

而该问题有内点解 $x_B^\infty > 0$, 从而可启动仿射尺度算法求解.

12.3   仿射尺度主元内点法

正如已经提及, 长步长仿射尺度算法的实际表现比短步长好. 这启示我们设法每次迭代使目标值获得更大下降. Pan (1999, 2011) 基于对偶问题计算原始目标梯度的投影, 并借此引入仿射变换空间的内层迭代, 以期用较小的代价"走得更远".

设当前内点为 $\bar{x}$. 考虑等价的对偶问题

$$\begin{aligned} \max \quad & g = b^\mathrm{T} y, \\ \text{s.t.} \quad & (\bar{X}A^\mathrm{T} \vdots I)\begin{pmatrix} y \\ z \end{pmatrix} = \bar{X}c, \quad z \geqslant 0. \end{aligned} \tag{12.36}$$

注意, 单位阵 I 的各列对应 z 的下标. 设已知 $\bar{X}A^\mathrm{T}$ 的 QR 分解 (12.33). 用 $Q^\mathrm{T} = [Q_1, Q_3]^\mathrm{T}$ 左乘该等式约束的增广矩阵得

$$Q^\mathrm{T}(\bar{X}A^\mathrm{T} \vdots I \mid \bar{X}c) = \begin{pmatrix} R_1 & Q_1^\mathrm{T} & | & Q_1^\mathrm{T}\bar{X}c \\ 0 & Q_3^\mathrm{T} & | & Q_3^\mathrm{T}\bar{X}c \end{pmatrix}. \tag{12.37}$$

称为三角形式, 其代表的线性系统等价于对偶等式约束. 易见右下角子矩阵 $(Q_3^T \mid Q_3^T \bar{X} c)$ 给出投影 $\Delta x'$ (见 (12.34)). 于是按 (12.30) 更新 $\bar{x}$, 就完成算法 12.2.2 的一次迭代.

为进一步取得进展, 算法在 x' 空间进行内层迭代. 从

$$N = \varnothing, \quad B = A$$

开始, 若 $\Delta x'_B = \Delta x' \nleqslant 0$, 按下式更新 $\bar{x}'_B$:

$$\widehat{x}'_B := e - \lambda \Delta x'_B / \max(\Delta x'_B),$$

同时确定下标

$$q = \arg\max\{\Delta x'_j \mid j = 1, \cdots, n\}.$$

不难证明 $(\bar{X} A^T \vdots e_q)$ 列满秩. 若现在知道它的 QR 分解, 则类似地可求得目标梯度 $\bar{X} c$ 到

$$\begin{pmatrix} A\bar{X} \\ e_q^T \end{pmatrix}$$

的 0 空间的正交投影, 从而能在 x' 空间再次更新迭代点. 注意, 以 q 为下标的投影分量必等于 0, 因而新点以 q 为下标的分量与旧点的相应分量相同.

假设已迭代了 $k < n - m$ 次, 不妨设对应下标集

$$N = \{1, \cdots, k\}, \quad B = \{k+1, \cdots, n\}.$$

设已知 QR 分解 $(\bar{X} A^T \vdots I_N) = QR$. 用 Q^T 左乘 (12.36) 等式约束的增广矩阵得

$$
Q^T(\bar{X} A^T \vdots I_N \vdots I_B | \bar{X} c)
$$
$$
= \begin{pmatrix}
Q_1^T \bar{X} A^T & Q_1^T I_N & Q_1^T I_B & | Q_1^T \bar{X} c \\
Q_2^T \bar{X} A^T & Q_2^T I_N & Q_2^T I_B & | Q_2^T \bar{X} c \\
Q_3^T \bar{X} A^T & Q_3^T I_N & Q_3^T I_B & | Q_3^T \bar{X} c
\end{pmatrix}
= \begin{pmatrix}
R_{11} & R_{12} & Q_1^T I_B & | Q_1^T \bar{X} c \\
0 & R_{22} & Q_2^T I_B & | Q_2^T \bar{X} c \\
0 & 0 & Q_3^T I_B & | Q_3^T \bar{X} c
\end{pmatrix}.
$$
$$(12.38)$$

其中正交阵 $Q = (Q_1, Q_2, Q_3)$ 剖分为 $Q_1 \in \mathcal{R}^{n \times m}$, $Q_2 \in \mathcal{R}^{n \times k}$ 和 $Q_3 \in \mathcal{R}^{n \times (n-m-k)}$, 而 $R_{11} \in \mathcal{R}^{(m+k) \times (m+k)}$ 为非异上三角阵. (12.38) 为第 k 个三角形式. 其右下角子阵给出投影

$$\Delta x'_B = (Q_3^T I_B)^T (Q_3^T \bar{X} c). \tag{12.39}$$

设 $\Delta x'_B \nleqslant 0$. 由于 $\Delta x'_N = (Q_3^T I_N)^T (Q_3^T \bar{X} c) = 0$ 而 $\bar{x}'_N$ 保持不变, 故只需更新

$$\widehat{x}'_B = \bar{x}'_B - \lambda \alpha \Delta x'_B. \tag{12.40}$$

其中 α 为当前点到最近边界的步长, 由下式确定:

$$\alpha = \bar{x}'_q / \Delta x'_q = \min\{\bar{x}'_j / \Delta x'_j \mid \Delta x'_j > 0, j \in B\}. \tag{12.41}$$

显然新点仍为内点. 然后把 q 从 B 移到到 N, 转入第 $k+1$ 次内层迭代.

当 $k = n - m$ 或 $Q_3^{\mathrm{T}} \bar{X} c = 0$ 时, 由 (12.39) 定义的 $\Delta x'_B$ 变为 0 向量, 上述过程终止. 此时将 $\bar{z}_B = 0$ 代入 (12.38) 所代表的对偶等式约束得上三角系统

$$\begin{pmatrix} R_{11} & R_{12} \\ 0 & R_{22} \end{pmatrix} \begin{pmatrix} y \\ z_N \end{pmatrix} = \begin{pmatrix} Q_1^{\mathrm{T}} \bar{X} c \\ Q_2^{\mathrm{T}} \bar{X} c \end{pmatrix}. \tag{12.42}$$

设 $\bar{y}, \bar{z}_N$ 为该系统的解.

若 $\bar{z}_N \geqslant 0$, 不难证明 $\bar{x}$ 为如下问题的最优解:

$$\begin{aligned} \min \quad & c^{\mathrm{T}} x, \\ \text{s.t.} \quad & Ax = b, \\ & x_B \geqslant 0, \quad x_N \geqslant \bar{x}_N. \end{aligned}$$

理论上, 若 $\lambda \in (0,1)$ 足够接近 1, 则 $\bar{x}_N$ 可任意接近 0. 如果 λ 预先取值很接近 1, 则 $\bar{x}_N$ 接近 0, 可将 $\bar{x}$ 看做原问题的近似最优解而终止算法.

在另外情形, 如果 $\bar{z}_N \not\geqslant 0$, 内层迭代结束, 计算原空间的迭代点

$$\bar{x} = \bar{X} \bar{x}',$$

并形成新的 $\bar{X}$ 转入下次外层迭代.

方法的诀窍在于, 每次内层迭代的 QR 因子可由递推得到而无需从头计算. 实际上, 可用 Givens 旋转变换将 (12.38) 下标为 q 的列最后 $n - m - k - 1$ 个分量消去: 假设 $\tilde{Q} \in \mathcal{R}^{(n-m-k) \times (n-m-k)}$ 为 Givens 旋转阵的积, 使得

$$\tilde{Q} Q_3^{\mathrm{T}} e_q = \eta e_1,$$

则 $\widehat{Q}^{\mathrm{T}} = [I \,\vdots\, \tilde{Q}^{\mathrm{T}}]^{\mathrm{T}} Q^{\mathrm{T}}$ 即为 $k+1$ 内层迭代所需因子. 可见第 $k+1$ 个三角形式与第 k 个除了 Q_3 对应的子阵外, 其他部分相同. 然而, 每次外层迭代开始时须更新 $\bar{X}$, 因而要从头计算 QR 因子.

整个过程可归纳如下.

算法12.3.1 (仿射尺度主元内点算法)   给定 $\lambda \in (0,1)$. 初始: 内点 $\bar{x} > 0$.
本算法求解标准线性规划问题 (1.4).

1. 置 $k = 0$, 并计算三角形式 (12.37).

2. 计算 $\Delta x' = Q_3 (Q_3^{\mathrm{T}} \bar{X} c)$.

3. 若 $\Delta x' \leqslant 0$, 停止 (无下界).

4. 确定 α 和 q 使得 $\alpha = \bar{x}'_q/\Delta x'_q = \min\{\bar{x}'_j/\Delta x'_j \mid \Delta x'_j > 0, j \in B\}$.

5. 更新 $\bar{x}'_B = \bar{x}'_B - \lambda\alpha\Delta x'_B$.

6. 更新: $N = N \cup \{q\}$, $B = B\backslash\{q\}$, $k = k + 1$.

7. 若 $k = n - m$ 或 $Q_3^{\mathrm{T}}\bar{X}c = 0$, 转步 9.

8. 用 Givens 旋转变换消去三角形式 q 列第 $m + k + 1$ 至第 n 个分量, 并转步 2.

9. 求解上三角系统 (12.42).

10. 若 $\bar{z}_N \geqslant 0$, 停止 (达成近似最优).

11. 置 $\bar{x} = \bar{X}\bar{x}'$

12. 转步 1.

与上述算法基于 (12.40) 进行内层迭代不同, Pan (2010) 描述的算法使用如下更新公式:

$$\widehat{x}'_B = \bar{x}'_B - \alpha\Delta x'_B,$$

因而迭代点不是内点而是边界点. 但若内层迭代结束后不满足最优性条件, 则退回到一个临近内点开始下次外层迭代. 具体作法如下: 设 $\bar{x}$ 为外层迭代开始时的内点, $\widehat{x}$ 为内层迭代得到的边界点. 按下式确定下次外层迭代的内点:

$$\bar{x} := \bar{x} + \mu(\widehat{x} - \bar{x}),$$

其中 $\mu \in (0, 1)$, Pan 取 $\mu = 0.95$. 该算法被称做 "仿射尺度主元算法".

关于算法 12.3.1 尚无数值结果可以报告. 鉴于该算法和仿射尺度主元算法接近, 这里引用后者的数值结果以给读者关于其实际表现的大概印象.

相关试验用一台 PENTIUN III 550E 微机, Windows 98 操作系统, 处理器 128M 内存, 约 16 位十进制精度, 使用 Visual Fortran 5.0 编译. 涉及如下 3 个稠密软件, 未利用稀疏结构:

1) AS: 仿射尺度算法 12.2.1.

2) RAS: 修改仿射尺度算法 12.2.2 .

3) ASP: 仿射尺度主元算法.

共对 26 个 (按 $m + n$) 最小的 Netlib 试验问题进行了测试. 第 1 组包含前 16 个较小问题, 第 2 组由其余 10 个问题组成 (见附录 B: 表 12.4, 问题 AFIRO-DEGEN2).

表 12.3.1 给出这 3 个软件所需总的迭代次数比和 CPU 时间比.

从表 12.3.1 最后一行看出, AS 对 RAS 的总迭代次数比和 CPU 时间比分别为 0.95 和 0.26, 显然 RAS 表现比 AS 差. 不过 ASP 的表现明显比 AS 好, 相应的总迭代次数比和 CPU 时间比分别达 4.56 和 1.52. 就稠密计算而言, 看来新算法比仿射尺度算法快.

表 12.3.1

问 题	AS/RAS		AS/ASP	
	迭次	时间	迭次	时间
第 1 组 (16)	0.98	0.32	6.32	1.47
第 2 组 (10)	0.92	0.25	3.55	1.52
平均 (26)	0.95	0.26	4.56	1.52

12.4   对偶仿射尺度法

把仿射尺度法的基本思想应用于对偶问题, 可以导出对偶仿射尺度法 (Adler, Karmarkar, Resende and Veige, 1986,1989).

考虑对偶问题 (4.2). 设 $(\bar{y}, \bar{z})$ 为当前内点, 满足对偶约束且 $\bar{z} > 0$. 用 $\bar{Z}$ 表示以 $\bar{z}$ 的分量为对角元的对角阵. 借助仿射变换 $z = \bar{Z}z'$, 对偶问题化为

$$\max \quad b^{\mathrm{T}}y,$$
$$\text{s.t.} \quad A^{\mathrm{T}}y + \bar{Z}z' = c, \quad z' \geqslant 0.$$

或等价地

$$\max \quad b^{\mathrm{T}}y,$$
$$\text{s.t.} \quad \bar{Z}^{-1}A^{\mathrm{T}}y + z' = \bar{Z}^{-1}c, \quad z' \geqslant 0. \tag{12.43}$$

注意, 仿射变换 $z = \bar{Z}z'$ 把 z 空间的正卦限映射到自身, 而把 $\bar{z}$ 映射到其"中心" e; 由于 A 行满秩, $\bar{Z}^{-1}A^{\mathrm{T}}$ 列满秩.

现推导搜索方向 $(-\Delta y, -\Delta z')$. 为使新迭代点满足该问题的等式约束, 需满足

$$\bar{Z}^{-1}A^{\mathrm{T}}\Delta y + \Delta z' = 0. \tag{12.44}$$

用 $A\bar{Z}^{-1}$ 左乘上式解得

$$\Delta y = -(A\bar{Z}^{-2}A^{\mathrm{T}})^{-1}A\bar{Z}^{-1}\Delta z'. \tag{12.45}$$

设 $\bar{Z}^{-1}A^{\mathrm{T}}$ 的 QR 分解为

$$\bar{Z}^{-1}A^{\mathrm{T}} = [Q_1, Q_2]\begin{pmatrix} R \\ 0 \end{pmatrix} = Q_1 R. \tag{12.46}$$

其中 $[Q_1, Q_2]$ 为正交阵, $Q_1 \in \mathcal{R}^{n \times m}$ 和 $Q_2 \in \mathcal{R}^{n \times (n-m)}$, 而 $R \in \mathcal{R}^{m \times m}$ 为非异上三角阵. 将 (12.46) 代入 (12.43) 的等式约束, 用 Q_1^{T} 左乘并注意到 $Q_1^{\mathrm{T}}Q_1 = I$ 推出

$$Ry + Q_1^{\mathrm{T}}z' = Q_1^{\mathrm{T}}\bar{Z}^{-1}c.$$

由此解得

$$y = R^{-1}Q_1^T \bar{Z}^{-1}c - R^{-1}Q_1^T z'.$$

利用上式并注意到

$$Q_1 Q_1^T + Q_2 Q_2^T = I, \quad Q_2^T Q_2 = I,$$

将 (12.43) 化为

$$\min \quad b^T R^{-1} Q_1^T z',$$
$$\text{s.t.} \quad Q_2^T z' = Q_2^T \bar{Z}^{-1}c, \quad z' \geqslant 0.$$

其中目标函数略去了常数项 $-b^T R^{-1} Q_1^T \bar{Z}^{-1}c$. 注意到 $Q_2^T Q_1 = 0$, 该目标梯度到 Q_2^T 的 0 空间的正交投影为

$$\Delta z' = (I - Q_2(Q_2^T Q_2)^{-1}Q_2^T)Q_1 R^{-T}b = Q_1 R^{-T}b.$$

而由 (12.46) 得

$$A\bar{Z}^{-1} = R^T Q_1^T.$$

从而由 (12.45) 结合上两式和 $Q_1^T Q_1 = I$ 推出

$$\Delta y = -(A\bar{Z}^{-2}A^T)^{-1}R^T Q_1^T Q_1 R^{-T}b = -(A\bar{Z}^{-2}A^T)^{-1}b. \tag{12.47}$$

另一方面, 按 (12.44) 有 $\Delta z' = -\bar{Z}^{-1}A^T \Delta y$, 而借助 $z = \bar{Z}z'$ 将其返回到 z 空间得

$$\Delta z = -A^T \Delta y. \tag{12.48}$$

注意, 用 (12.47) 和 (12.48) 确定搜索方向并不涉及 QR 分解.

若 $\Delta z \leqslant 0$, 则对偶问题无界. 否则, 按如下长步长格式更新迭代点:

$$\hat{y} = \bar{y} - \lambda\beta\Delta y, \quad \hat{z} = \bar{z} - \lambda\beta\Delta z, \tag{12.49}$$

其中 $\lambda \in (0,1)$, 而

$$\beta = \min\{\bar{z}_j/\Delta z_j \mid \Delta z_j > 0, j = 1, \cdots, n\}. \tag{12.50}$$

上面的讨论仅涉及对偶内点迭代, 而常常还希望知道相应的原始解估计 $\bar{x}$. 如果忽略非负性要求而力求满足互补松弛条件, 则 $\bar{x}$ 应为如下最小二乘问题的解:

$$\min \quad \|\bar{Z}x\|,$$
$$\text{s.t.} \quad A\bar{Z}^{-1}(\bar{Z}x) = b.$$

考虑 $A\bar{Z}^{-1}w = b$ 的极小 2 范数解并注意到 (12.47), 得

$$\bar{x} = \bar{Z}^{-2}A^T(A\bar{Z}^{-2}A^T)^{-1}b = \bar{Z}^{-2}\Delta z.$$

由迭代产生对偶内点序列, 当 $\bar{x} \geqslant 0$ 而对偶间隙 $c^T\bar{x} - b^T\bar{y}$ 足够小即可终止迭代.

求解过程归纳如下.

算法12.4.1 (对偶仿射尺度算法)   给定 $\lambda \in (0,1)$, $\epsilon > 0$. *初始*: 内点 $(\bar{y}, \bar{z})$.
本算法求解标准线性规划问题 (1.4).

1. 按 (12.47) 和 (12.48) 计算 $(\Delta y, \Delta z)$.

2. 若 $\Delta z \leqslant 0$, 停止 (对偶无下界或原问题无可行解).

3. 计算 $\bar{x} = \bar{Z}^{-2} \Delta z$.

4. $\bar{x} \geqslant 0$ 且 $c^{\mathrm{T}} \bar{x} - b^{\mathrm{T}} \bar{y} < \epsilon$, 停止 (达成近似最优).

5. 按 (12.49) 和 (12.50) 更新 $(\bar{y}, \bar{z})$.

6. 转步 1.

上述算法需要一个初始对偶内点. 如果 $c > 0$, 算法即可从内点解 $\bar{y} = 0, \bar{z} = c$
启动. 若情况并非如此, 可用类似 12.2.2 小节描述的方法获得初始内点, 只不过这
里用如下辅助问题:

$$\max \quad -y_{m+1},$$
$$\text{s.t.} \quad [A^{\mathrm{T}} \vdots c - e] \begin{pmatrix} y \\ y_{m+1} \end{pmatrix} + z = c, \quad z, y_{m+1} \geqslant 0.$$

显然该问题有上界且有内点解

$$\bar{y} = 0, \quad \bar{y}_{m+1} = 1; \quad \bar{z} = e,$$

可用对偶仿射尺度算法求解.

应该指出, 原始和对偶仿射尺度法可相互导出, 具有类似的收敛性等理论性质
(Tsuchiya, 1992). 然而它们的迭代格式不同, 在数值计算上并不等价. 经验表明后
者比前者的实际表现更好.

应该指出, 如果转而求解关于 z 的标准问题 (9.35), 那么用仿射尺度法或仿射
尺度主元内点法也可实现对偶内点迭代. 但尚不知其实际性能如何.

12.5   路径跟踪法

作为第一卦限的边界, 坐标面 $x_j = 0$, $j = 1, \cdots, n$ 界定可行域范围, 不妨视
其为"围墙". 我们已经看到, Karmarkar 算法或仿射尺度算法利用变换获得离开
"围墙" 的 "向心力", 与使目标值下降的 "推力" 结合, 成功地生成一个逼近最优
解的点列. 对数障碍函数也能产生 "向心力", Frisch(1955) 最初用于求解非线性规
划问题. Karmarkar 算法问世后, 对数障碍函数在线性规划领域迅速获得关注和应
用, 导出了许多内点算法, 而路径跟踪法最具代表性.

考虑标准线性规划问题 (1.4), 即

$$(\mathrm{P}) \qquad \min \quad c^{\mathrm{T}}x,$$
$$\mathrm{s.t.} \quad Ax = b, \quad x \geqslant 0. \tag{12.51}$$

鉴于非负性约束 $x \geqslant 0$ 为迭代内点的非积极约束，可去掉这些约束而在目标函数中增加对数函数障碍项，构造如下非线性规划问题：

$$(\mathrm{P}_\mu) \qquad \min \quad f(x) = c^{\mathrm{T}}x - \mu \sum_{j=1}^{n} \ln x_j,$$
$$\mathrm{s.t.} \quad Ax = b, \tag{12.52}$$

其中 $\mu > 0$ 称为障碍参数. 实际上，(12.52) 表征以 $\mu > 0$ 为参数的一族问题. 注意，该问题隐含条件 $x > 0$. 由于障碍项的存在，当 $x_j \to 0^+$ 时 $f \to +\infty$，故极小化 f 使"围墙"对迭代点的靠近加以"反弹"，阻止其离开可行域. 目标函数 f 的梯度和 Hessian 矩阵 (二阶偏导数矩阵) 分别为

$$\nabla f(x) = c - \mu X^{-1}e, \quad \nabla^2 f(x) = \mu X^{-2},$$

其中 $X = \mathrm{diag}(x_1, \cdots, x_n)$. 显然 f 是区域 $x > 0$ 上的严格凸函数. 问题 (P_μ) 的 Largrange 函数为

$$L(x, y) = c^{\mathrm{T}}x - \mu \sum_{j=1}^{n} \ln x_j - y^{\mathrm{T}}(Ax - b).$$

由此推出 $x > 0$ 为 (P_μ) 的最优解当且仅当存在 $y \in \mathcal{R}^m$ 使得

$$Ax - b = 0, \tag{12.53}$$
$$c - \mu X^{-1}e - A^{\mathrm{T}}y = 0. \tag{12.54}$$

引入记号

$$z = c - A^{\mathrm{T}}y, \quad Z = \mathrm{diag}(z_1, \cdots, z_n).$$

上述条件化为如下关于 x, y, z 的系统

$$Ax = b, \tag{12.55}$$
$$A^{\mathrm{T}}y + z = c, \tag{12.56}$$
$$Xz = \mu e. \tag{12.57}$$

Megiddo(1989) 证明: (i) 对每个 $\mu > 0$, 问题 (P_μ) 或者有唯一最优解或者无 (下) 界. (ii) 若该系统对某个 $\mu > 0$ 有解 $x > 0$, 则对每个 $\mu > 0$ 都有解 $x(\mu)$,

而 $x(\mu)$ 为连续曲线, 当 $\mu \to 0^+$ 时极限 $\lim x(\mu)$ 存在且为线性规划问题 (P) 的最优解.

实际上, 若 (P) 的可行域有界且内部非空, (12.55)~(12.57) 就唯一地确定一条通向最优解的路径 $x(\mu)$. $x(\mu)$ 称为**中心路径** (central path) 或**轨道**(trajectory). 循该路径寻找最优解是形形色色路径跟踪算法的核心思想.

另一方面, 中心路径也可绕过对数障碍函数导出. 线性规划标准问题的最优性条件 (4.12) 给出一个非线性系统, 最直接的作法是求该系统满足 $x, z \geqslant 0$ 的解. 欲从可行域内部逼近位于边界的解, 显然只能近似满足互补松弛条件, 用 $Xz = v$ 代替 $Xz = 0$, 这里 $v > 0$ 为向量参数, 以期 v 趋于 0 时系统的相应解 $x(v)$ 趋于最优解. 而要使 $x_j z_j = v_j$ 对于所有 $j = 1, \cdots, n$ 处于同等地位, 则需让 v 的分量相等, 即取 $v = \mu e$, 从而导出 (12.55)~(12.57).

12.5.1   原始-对偶法

具体实现中心路径的跟踪需要一个以 0 为极限的单调下降序列 $\{\mu_k\}$; 对每个固定参数 $\mu = \mu_k$, $k = 1, \cdots$ 求系统 (12.55)~(12.57) 的解 $x(\mu_k)$. 由于 (12.57) 非线性, 无法直接求出该系统的精确解, 可用通常的 Newton 法求近似解. 但没有必要为精度付出很高代价, 因为我们感兴趣的并非是这些解本身, 而是其极限. 下面的策略是仅用一次 Newton 迭代求近似解, 而单调下降序列 $\{\mu_k\}$ 在求解过程中动态地生成.

设当前内点 $(\bar{x}, \bar{y}, \bar{z})$ 满足 (12.55) 和 (12.56) 而近似满足 (12.57). 下面将确定 $(-\Delta x, -\Delta y, -\Delta z)$, 使得 $(\bar{x} - \Delta x, \, \bar{y} - \Delta y, \, \bar{z} - \Delta z)$ 为其新近似解. 它们应满足 (12.55)~(12.57), 即

$$A(\bar{x} - \Delta x) \; = \; b,$$
$$A^{\mathrm{T}}(\bar{y} - \Delta y) + (\bar{z} \; - \; \Delta z) = c,$$
$$(\bar{X} - \Delta X)(\bar{z} - \Delta z) = \mu e.$$

或等价地

$$A\Delta x \; = \; A\bar{x} - b, \tag{12.58}$$
$$A^{\mathrm{T}}\Delta y + \Delta z = A^{\mathrm{T}}\bar{y} + \bar{z} - c, \tag{12.59}$$
$$\bar{Z}\Delta x + \bar{X}\Delta z \; = \; \bar{X}\bar{z} + \Delta X \Delta z - \mu e. \tag{12.60}$$

这里 ΔX 表示以 Δx 的分量为对角元的对角阵. 由假设知 (12.58), (12.59) 的右端为 0. 略去 (12.60) 右端的二次项 $\Delta X \Delta z$, 可将其化为所谓 Newton 方程

$$A\Delta x = 0, \tag{12.61}$$

$$A^{\mathrm{T}}\Delta y + \Delta z = 0, \tag{12.62}$$

$$\bar{Z}\Delta x + \bar{X}\Delta z = \bar{X}\bar{z} - \mu e. \tag{12.63}$$

引入记号

$$D = \bar{Z}^{-1}\bar{X}. \tag{12.64}$$

用 $A\bar{Z}^{-1}$ 左乘 (12.63) 并注意到 (12.61), 得

$$AD\Delta z = AD\bar{z} - \mu A\bar{Z}^{-1}e,$$

而用 $A\bar{Z}^{-1}\bar{X}$ 左乘 (12.62) 有

$$ADA^{\mathrm{T}}\Delta y + AD\Delta z = 0.$$

由上两式解出

$$\Delta y = -(ADA^{\mathrm{T}})^{-1}A(D\bar{z} - \mu\bar{Z}^{-1}e). \tag{12.65}$$

另一方面, 由 (12.62) 和 (12.63) 推出

$$\Delta z = -A^{\mathrm{T}}\Delta y,$$

$$\Delta x = D(\bar{z} - \Delta z) - \mu\bar{Z}^{-1}e.$$

以上三式即确定 Newton 方向. 考虑到沿该方向取步长 1(Newton 步) 得到的点 (Newton 点) 可能违反非负性条件, 确定新迭代点如下:

$$\hat{x} = \bar{x} - \alpha\Delta x, \quad \hat{y} = \bar{y} - \alpha\Delta y, \quad \hat{z} = \bar{z} - \alpha\Delta z, \tag{12.66}$$

其中步长 α 由下式确定

$$\alpha = \lambda\min\{\alpha_p, \alpha_d\}, \tag{12.67}$$

这里 $\lambda \in (0,1)$(长步长实际表现优于短步长; 例如可取 $\lambda = 0.99995$). 而

$$\alpha_p = \min\{\bar{x}_j/\Delta x_j \mid \Delta x_j > 0, \ j=1,\cdots,n\}, \quad \alpha_d = \min\{\bar{z}_j/\Delta z_j \mid \Delta z_j > 0, \ j=1,\cdots,n\}. \tag{12.68}$$

注意, 新内点满足条件 (12.55) 和 (12.56), 只近似满足 (12.57).

由于迭代点原始和对偶可行, 故只要对偶间隙足够小即可终止迭代过程, 将最后的迭代点看做近似最优解. 例如用如下终止准则:

$$\bar{x}^{\mathrm{T}}\bar{z}/(1 + |b^{\mathrm{T}}\bar{y}|) < \epsilon,$$

其中 $0 < \epsilon \ll 1$ 为预先给定的精度容限.

障碍参数 μ 是影响算法性能的关键因素. 这不难理解, 因为它决定相对于 "下降推力" 而言 "向心推力" 的大小. 实践表明, 迭代点列过于接近中心轨线会降低求解效率. 对于每个给定的 μ, 只需沿 Newton 方向前进一步. 由于 μ 越大, 边界对迭代点的 "反弹" 越大, 需随接近最优点减小 μ 值, 使其在迭代中单调下降. 但很难找到一个 "理想" 的变化策略. 学者们进行了细致的理论分析, 提出许多方案, 有的算法具多项式时间复杂性 (如 Kojima, Mizuno, Yoshise, 1989; Roos , Hertog, 1989; Jansen，Roos,Terlaky, 1996 给出了统一处理).

具实用价值的方案首见于 McShane, Monma 和 Shanno (1989), 从考察每次迭代对偶间隙的变化入手. 由 (12.66) 可推出

$$c^{\mathrm{T}}\widehat{x} - b^{\mathrm{T}}\widehat{y} = c^{\mathrm{T}}\bar{x} - b^{\mathrm{T}}\bar{y} - \delta,$$

其中对偶间隙的减少量为

$$\delta = \alpha(c^{\mathrm{T}}\Delta x - b^{\mathrm{T}}\Delta y). \tag{12.69}$$

由 $A(\bar{x} - \Delta x) = b$ 知

$$b^{\mathrm{T}}(\bar{y} - \Delta y) = (\bar{x} - \Delta x)^{\mathrm{T}}A^{\mathrm{T}}(\bar{y} - \Delta y),$$

而由 $A^{\mathrm{T}}(\bar{y} - \Delta y) + (\bar{z} - \Delta z) = c$ 知

$$c^{\mathrm{T}}(\bar{x} - \Delta x) = (\bar{y} - \Delta y)^{\mathrm{T}}A(\bar{x} - \Delta x) + (\bar{z} - \Delta z)^{\mathrm{T}}(\bar{x} - \Delta x).$$

由上两式推出

$$c^{\mathrm{T}}(\bar{x} - \Delta x) - b^{\mathrm{T}}(\bar{y} - \Delta y) = (\bar{z} - \Delta z)^{\mathrm{T}}(\bar{x} - \Delta x) = \bar{z}^{\mathrm{T}}\bar{x} - \Delta z^{\mathrm{T}}\bar{x} - \bar{z}^{\mathrm{T}}\Delta x + \Delta z^{\mathrm{T}}\Delta x.$$

另一方面，从 (12.63) 推出

$$\bar{z}^{\mathrm{T}}\Delta x + \bar{x}^{\mathrm{T}}\Delta z = \bar{x}^{\mathrm{T}}\bar{z} - n\mu.$$

结合上两式得

$$c^{\mathrm{T}}(\bar{x} - \Delta x) - b^{\mathrm{T}}(\bar{y} - \Delta y) = n\mu + \Delta z^{\mathrm{T}}\Delta x.$$

该式略去二次项可写为

$$-(c^{\mathrm{T}}\Delta x - b^{\mathrm{T}}\Delta y) \approx -c^{\mathrm{T}}\bar{x} + b^{\mathrm{T}}\bar{y} + n\mu,$$

将其代入 (12.69) 得

$$\delta \approx \alpha(c^{\mathrm{T}}\bar{x} - b^{\mathrm{T}}\bar{y} - n\mu).$$

显见, 为使该减少量为正, μ 取值需至少满足

$$\mu < (c^{\mathrm{T}}\bar{x} - b^{\mathrm{T}}\bar{y})/n,$$

但也不宜过大, 以免导致数值不稳定. 例如可取

$$\mu = (c^{\mathrm{T}}\bar{x} - b^{\mathrm{T}}\bar{y})/n^2.$$

整个过程归纳如下.

算法12.5.1 (原始–对偶算法) 给定 $0 < \epsilon \ll 1$, $\lambda \in (0,1)$. 初始: 内点 $(\bar{x}, \bar{y}, \bar{z})$. 本算法求解标准线性规划问题 (1.4).

1. 若 $\bar{x}^{\mathrm{T}}\bar{z}/(1 + |b^{\mathrm{T}}\bar{y}|) < \epsilon$, 停止 (达成近似最优).
2. 计算 $\mu = (c^{\mathrm{T}}\bar{x} - b^{\mathrm{T}}\bar{y})/n^2$.
3. 求解系统 $(ADA^{\mathrm{T}})\Delta y = -A(D\bar{z} - \mu\bar{Z}^{-1}e)$.
4. 计算 $\Delta z = -A^{\mathrm{T}}\Delta y$, $\Delta x = D(\bar{z} - \Delta z) - \mu\bar{Z}^{-1}e$.
5. 按 (12.66) 更新 $\bar{y}$, $\bar{z}$, $\bar{x}$, 其中 α 按 (12.67) 及 (12.68) 确定.
6. 转步 1.

不言而喻, 迄今称之为 "内点" 的均为可行点. 由于获得这样的初始点并非轻而易举, 制约了原始–对偶内点法的实际应用, 并很快被如下简单变形所代替.

12.5.2 不可行原始–对偶法

所谓 "不可行" 内点与可行内点的区别仅在于前者不必满足原始和对偶等式约束. 不可行原始–对偶法由 Lustig(1990) 和 Tanabe(1990) 引入, 他们将原始–对偶法略作改动, 使之可从 "不可行内点" 启动.

假设迭代点 $(\bar{x}, \bar{y}, \bar{z})$ 为不可行内点, $\bar{x}, \bar{z} > 0$ 而残差

$$r_p = A\bar{x} - b, \quad r_d = A^{\mathrm{T}}\bar{y} + \bar{z} - c$$

并不一定等于 0.

从 (12.58)~(12.60) 略去二次项 $\Delta X \Delta z$, 可得所谓 Newton 方程:

$$A\Delta x = r_p, \tag{12.70}$$

$$A^{\mathrm{T}}\Delta y + \Delta z = r_d, \tag{12.71}$$

$$\bar{Z}\Delta x + \bar{X}\Delta z = \bar{X}\bar{z} - \mu e. \tag{12.72}$$

使用按 (12.64) 定义的记号 D, 则 Newton 方程的解为

$$\Delta y = (ADA^{\mathrm{T}})^{-1}(r_p - AD(\bar{z} - r_d) + \mu A\bar{Z}^{-1}e), \tag{12.73}$$

$$\Delta z = r_d - A^{\mathrm{T}}\Delta y, \tag{12.74}$$

$$\Delta x = D(\bar{z} - \Delta z) - \mu\bar{Z}^{-1}e. \tag{12.75}$$

实际上, 这里后两式可由 (12.71) 和 (12.72) 推出. 另外, 用 $A\bar{Z}^{-1}$ 左乘 (12.72) 并注意到 (12.70) 得

$$A\bar{Z}^{-1}\bar{X}\Delta z = -r_p + A\bar{Z}^{-1}(\bar{X}\bar{z} - \mu e),$$

而用 $A\bar{Z}^{-1}\bar{X}$ 左乘 (12.71) 有

$$A\bar{Z}^{-1}\bar{X}A^{\mathrm{T}}\Delta y + A\bar{Z}^{-1}\bar{X}\Delta z = A\bar{Z}^{-1}\bar{X}r_d.$$

从上两式即解得 (12.73).

除了搜索方向不同, 新迭代点的确定与原始–对偶法没有区别, 也用更新公式 (12.66), 其中步长 α 由 (12.67)~(12.68) 确定, 而 $\lambda \in (0,1)$, 通常取 $\lambda = 0.99995$.

障碍参数则按下式确定 (Lustig, Marsten, and Shanno, 1991):

$$\mu = (c^{\mathrm{T}}\bar{x} - b^{\mathrm{T}}\bar{y} + M\gamma)/\phi(n). \tag{12.76}$$

其中

$$\gamma = \|A\bar{x} - b\|/\|Ax^0 - b\| + \|A^{\mathrm{T}}\bar{y} + \bar{z} - c\|/\|A^{\mathrm{T}}y^0 + z^0 - c\|, \tag{12.77}$$

$$M = \xi\phi(n)\max\{\max_{j=1}^{n}|c_j|, \max_{i=1}^{m}|b_i|\}, \tag{12.78}$$

$$\phi(n) = \begin{cases} n^2, & \text{若 } n \leqslant 5000, \\ n^{3/2}, & \text{若 } n > 5000. \end{cases} \tag{12.79}$$

这里初始点 (x^0, y^0, z^0) 及 ξ 由某个算法确定 (见算法 11.5.3 后的讨论).

整个过程归纳如下.

算法12.5.2 (不可行原始–对偶算法)   给定 $0 < \epsilon, \epsilon_p, \epsilon_d \ll 1$, $\lambda \in (0,1)$. 初始: $(\bar{x}, \bar{y}, \bar{z})$ 满足 $\bar{x}, \bar{z} > 0$. 本算法求解标准线性规划问题 (1.4).

1. 计算 $r_p = A\bar{x} - b$, $r_d = A^{\mathrm{T}}\bar{y} + \bar{z} - c$.

2. 若 $\bar{x}^{\mathrm{T}}\bar{z}/(1 + |b^{\mathrm{T}}\bar{y}|) < \epsilon$, $r_p < \epsilon_p$, $r_d < \epsilon_d$, 停止 (达成近似最优).

3. 求解系统 $(AD A^{\mathrm{T}})\Delta y = r_p - AD(\bar{z} - r_d) + \mu A\bar{Z}^{-1}e$, 其中 μ 按 (12.76) 确定.

4. 计算 $\Delta z = r_d - A^{\mathrm{T}}\Delta y$, $\Delta x = D(\bar{z} - \Delta z) - \mu\bar{Z}^{-1}e$.

5. 按 (12.66) 更新 $\bar{y}$, $\bar{z}$, $\bar{x}$, 其中 α 由 (12.67) 及 (12.68) 确定.

6. 转步 1.

理论上, 上述算法既不能保证收敛性, 也不能察觉所解问题不可行或无界. 然而该算法实际表现相当出色, 并很快衍生出更好的变形.

12.5.3   预测–校正原始–对偶法

不可行原始–对偶法所使用的 Newton 方程由 (12.58)~(12.60) 略去二次项 $\Delta X\Delta z$ 而来. Mehrotra (1990, 92) 则不忽略二次项而运用预测校正技术, 称之

为预测-校正原始-对偶法 (为表述简单计, 今后将不再冠以"不可行"一词). 其具体作法如下.

由于 (12.58)~(12.60) 左端关于 $\Delta x, \Delta y, \Delta z$ 线性, 仅右端含非线性项 $\Delta X \Delta z$. 因而可将其看做隐式线性系统. 按一般作法, 先确定一个预测解 $(\Delta x', \Delta y', \Delta z')$ 近似地满足它, 再将其代入右端求出所需要的校正解.

尽管预测解的明显选择是 Newton 方向 (12.73)~(12.75), Mehrotra 则通过求解线性系统

$$A \Delta x' = r_p,$$
$$A^{\mathrm{T}} \Delta y' + \Delta z' = r_d,$$
$$\bar{Z} \Delta x' + \bar{X} \Delta z' = \bar{X} \bar{z}$$

获得. 该系统与 Newton 方程 (12.70)~(12.72) 的不同仅在于右端不含 $-\mu e$, 可看做从互补条件 $Xz = 0$ 而非 $Xs = \mu e$ 导出. 于是它的解可由 (12.73)~(12.75) 令 $\mu = 0$ 得到, 即

$$\Delta y' = (ADA^{\mathrm{T}})^{-1}(r_p - AD(\bar{z} - r_d)), \tag{12.80}$$

$$\Delta z' = r_d - A^{\mathrm{T}} \Delta y', \tag{12.81}$$

$$\Delta x' = D(\bar{z} - \Delta z'). \tag{12.82}$$

将 $\Delta z'$ 和 $\Delta x'$ 代入 (12.60) 右端, 求解

$$A \Delta x = r_p,$$
$$A^{\mathrm{T}} \Delta y + \Delta z = r_d,$$
$$\bar{Z} \Delta x + \bar{X} \Delta z = \bar{X} \bar{z} + \Delta X' \Delta z' - \mu e,$$

得到校正解. 注意, 上述系统与 (12.70)~(12.72) 仅右端不同, 因而其解的推导类似于 (12.73)~(12.75), 即

$$\Delta y = \Delta y' - (ADA^{\mathrm{T}})^{-1}(A\bar{Z}^{-1}\Delta X' \Delta z' - \mu A\bar{Z}^{-1}e), \tag{12.83}$$

$$\Delta z = r_d - A^{\mathrm{T}} \Delta y, \tag{12.84}$$

$$\Delta x = D(\bar{z} - \Delta z) + \bar{Z}^{-1}\Delta X' \Delta z' - \mu \bar{Z}^{-1}e. \tag{12.85}$$

另一方面, 预测解同时还用于确定障碍参数 μ. Mehrotra(1991) 使用下式:

$$\mu = (g'/\bar{x}^{\mathrm{T}}\bar{z})^2(g'/n), \tag{12.86}$$

其中

$$g' = (\bar{x} - \alpha_p' \Delta x')^{\mathrm{T}} (\bar{z} - \alpha_d' \Delta z'),$$

$$\alpha_p' = 0.99995 \min\{\bar{x}_j / \Delta x_j' \mid \Delta x_j' > 0, j = 1, \cdots, n\},$$

$$\alpha_d' = 0.99995 \min\{\bar{z}_j / \Delta z_j' \mid \Delta z_j' > 0, j = 1, \cdots, n\}.$$

注意, g' 为预期达到的对偶间隙. 而 $\bar{x}^{\mathrm{T}} \bar{z}$ 为当前对偶间隙, 它们的比 (小于 1) 可看做预期迭代改进. 按该式, 当预期改进显著时 μ 取较小值, 而当改进微小时取较大值. 这显然符合所需, 因为改进微小意味着应加强推向可行域 "中心" 的力度.

Mehrotra 的工作发表后立即引起学术界的关注. 为了确定预测校正算法和纯粹的不可行原始–对偶算法之优劣, Lustig, Marsten 和 Shanno (1992) 作了近一步的数值试验, 涉及 86 个 Netlib 试验问题. 数值结果表明, 就迭代次数而言, 前者在 86 个问题中有 85 个优于后者; 而更关键的是, 就 CPU 时间而言, 前者在 86 个问题中有 71 个优于后者, 超过了 82%. 总体来说, 预测校正算法优于原始–对偶算法, 从而确立了其在内点法中的优势地位. 为避免求解坏条件问题及迭代接近最优解时数值不稳定, 其中对障碍参数的选择作了修改: 仅当对偶间隙 $\bar{x}^{\mathrm{T}} \bar{z} \geqslant 1$ 时才使用 (12.86), 而当 $\bar{x}^{\mathrm{T}} \bar{z} < 1$ 时则用下式代替:

$$\mu = \bar{x}^{\mathrm{T}} \bar{z} / \phi(n), \tag{12.87}$$

这里 $\phi(n)$ 仍按 (12.79) 定义.

整个过程归纳如下.

算法12.5.3 (预测校正原始–对偶算法)   给定 $0 < \epsilon, \epsilon_p, \epsilon_d \ll 1$, $\lambda \in (0,1)$. 初始: $(\bar{x}, \bar{y}, \bar{z})$ 满足 $\bar{x}, \bar{z} > 0$. 本算法求解标准线性规划问题 (1.4).

1. 计算 $r_p = A\bar{x} - b$, $r_d = A^{\mathrm{T}}\bar{y} + \bar{z} - c$.

2. 若 $\bar{x}^{\mathrm{T}}\bar{z}/(1 + |b^{\mathrm{T}}\bar{y}|) < \epsilon$, $r_p < \epsilon_p$, $r_d < \epsilon_d$, 停止 (达成近似最优).

3. 计算 μ: 若 $\bar{x}^{\mathrm{T}}\bar{z} \geqslant 1$ 按 (12.86), 否则按 (12.87).

4. 按 (12.80)~(12.82) 计算 $\Delta z'$, $\Delta x'$.

5. 按 (12.83)~(12.85) 计算 Δy, Δz, Δx.

6. 按 (12.66) 更新 $\bar{y}$, $\bar{z}$, $\bar{x}$, 其中 α 由 (12.67) 及 (12.68) 确定.

7. 转步 1.

本节最后简略讨论不可行内点法 (包括预测校正变形) 初始点确定等的问题.

尽管初始点的选择相当自由, 无需满足约束等式, 但其质量好坏对求解效能却影响很大. 一般认为初始点应尽可能位于 "中心" (centered) 并接近原始和对偶可行. 实践表明, 即使相对接近最优解但若离 "中心" 过远, 也常常导致数值困难表现不佳. 有鉴于此, Mehrotra(1992) 通过求解二次规划问题获得初始解. Andersen，Gondzio，Meszaros 和 Xu 给出的一个变形，处理如下凸二次规划问题：

$$\min \quad c^{\mathrm{T}}x + (\eta/2)x^{\mathrm{T}}x,$$
$$\text{s.t.} \quad Ax = b,$$

其中 $\eta > 0$ 为权因子. 该问题的 Lagrange 函数为

$$L(x,w) = c^{\mathrm{T}}x + (\eta/2)x^{\mathrm{T}}x - w^{\mathrm{T}}(Ax - b).$$

由求解 $\nabla L(x,w) = 0$ 可得其最优解的显式表示

$$\bar{x} = (1/\eta)(A^{\mathrm{T}}(AA^{\mathrm{T}})^{-1}Ac - c).$$

并将 $\bar{x}$ 小于某正数 δ 的分量均修改为 δ 作为原始初始解 (为取 $\delta = 1$). 对偶初始解 $(\bar{y}, \bar{z})$ 用类似方法确定.

上述启发式方法尽管已在实际中使用，但它依赖于问题的尺度 (scaling)，也不一定能提供比较接近中心的初始点；换言之，初始点的质量仍无保证. 此外，不可行内点法还无法判定问题不可行或无界. "齐次和自对偶模型"(homogeneous and self-dual model) 较好地解决了这两个问题. 它基于 Ye, Todd 和 Misuno (1994) 引入的所谓反对称自对偶人工模型；后来发现，Goldman 和 Tucker(1956) 及 Tucker(1956) 早已研究过此类模型. 这里将不具体涉及，感兴趣的读者可参阅相关文献 (Jansen, Terlakey and Roos, 1994; Xu, Hung and Ye, 1994; Xu and Ye, 1995).

12.6 注 记

与只涉及线性工具的单纯形法不同，内点法成功地运用了两个非线性工具，对数障碍函数和常微分方程.

对数障碍函数产生的"向心力"与通常的"下降力"结合，可实现内点迭代. 实际上，不仅路径跟踪法，本章介绍的其他方法也都能借助对数障碍函数导出 (Gill，Murray，Saunders, Tomlin and Wright, 1985-1986; Shanno and Bagchi, 1990).

现回到非线性规划问题 (12.52). 其目标函数在当前可行内点 $\bar{x}$ 的梯度和 Hessian 阵分别为

$$\nabla f(\bar{x}) = c - \mu\bar{X}^{-1}e, \quad \nabla^2 f(\bar{x}) = \mu\bar{X}^{-2}.$$

注意，这里 $\nabla^2 f(\bar{x})$ 为正定阵. 令 $x = \bar{x} - \Delta x$, 该问题化为关于 Δx 的问题，而后者可用如下严格凸二次规划近似：

$$\min \quad f(\bar{x}) - \nabla f(\bar{x})^{\mathrm{T}}\Delta x + (1/2)\Delta x^{\mathrm{T}}\nabla^2 f(\bar{x})\Delta x$$
$$\text{s.t.} \quad A\Delta x = 0.$$

于是问题归结为求如下 Lagrange 函数的稳定点:

$$L(\Delta x, y) = -\nabla f(\bar{x})^{\mathrm{T}} \Delta x + (1/2) \Delta x^{\mathrm{T}} \nabla^2 f(\bar{x}) \Delta x - y^{\mathrm{T}} A \Delta x,$$

其中 y 为 Lagrange 乘子向量, 即求解线性系统

$$\mu \bar{X}^{-2} \Delta x - A^{\mathrm{T}} y = c - \mu \bar{X}^{-1} e, \tag{12.88}$$

$$A \Delta x = 0. \tag{12.89}$$

由 (12.88) 得

$$\Delta x = (1/\mu)(\bar{X}^2 A^{\mathrm{T}} y + \bar{X}^2 c - \mu \bar{X} e). \tag{12.90}$$

将其代入 (12.89) 解出

$$y = -(A \bar{X}^2 A^{\mathrm{T}})^{-1} A \bar{X} (\bar{X} c - \mu e).$$

最后将上式代入 (12.90) 得到

$$\Delta x = (1/\mu) \bar{X} P (\bar{X} c - \mu e). \tag{12.91}$$

其中投影矩阵 P 按 (12.26) 定义. $-\Delta x$ 即问题 (12.52) 在点 $\bar{x}$ 处的所谓 Newton 方向. 与 (12.27) 加以对比看出, 该向量是原始仿射尺度法的搜索方向 $-\bar{X} \Delta x' = -\bar{X} P \bar{X} c$ 与 $\bar{X} P e$ 的正线性组合. 考虑若原问题的可行域有界且内部非空, 问题

$$\min \sum_{j=1}^{n} \ln x_j,$$
$$\text{s.t.} \quad Ax = b.$$

存在唯一最优解, 可视为可行域中心. 不难证明 $\bar{X} P e$ 是该问题在点 $\bar{x}$ 处的 Newton 方向. 因而 (12.91) 定义的搜索方向反映 "下降力" 和 "向心力" 的共同效应, 而障碍参数大小决定二者在其中所占比重. 取适当的障碍参数步长可使相应算法具多项式时间复杂性 (Gonzaga, 1987). 另一方面, 当 μ 趋于 0 时, 它趋于原始仿射尺度法的搜索方向. 前面已提到后者不是多项式时间算法.

用同样的障碍函数, 还可导出 Karmarkar 标准型的搜索方向. 而如果选取适当的障碍参数和步长, 相应的算法就与 Karmarkar 算法等价.

至于对偶问题, 则构造如下非线性规划问题

$$\max \ g(y) = b^{\mathrm{T}} y + \mu \sum_{j=1}^{n} \ln(c_j - a_j^{\mathrm{T}} y),$$

其中 a_j 为 A 的第 j 列. 记 $\bar{z} = c - A^{\mathrm{T}}\bar{y}$. 目标函数在当前点 $\bar{y}$ 的梯度和 Hessian 阵分别为

$$\nabla g(\bar{y}) = b - \mu A\bar{Z}^{-1}e, \quad \nabla^2 g(\bar{y}) = -\mu A\bar{Z}^{-2}A^{\mathrm{T}}.$$

从而 Newton 方向为

$$\Delta y = -(A\bar{Z}^{-2}A^{\mathrm{T}})^{-1}(b/\mu + A\bar{Z}^{-1}e),$$

等于对偶仿射尺度法的搜索方向与 $-A\bar{Z}^{-1}e$ 的正线性组合, 而后者为

$$\max \sum_{j=1}^{n} \ln(c_j - a_j^{\mathrm{T}}y)$$

的 Newton 方向, 指向对偶可行域中心邻近.

至于常微分方程 (ODE) 的应用, 以原始仿射尺度算法为例, 搜索方向

$$-X(I - XA^{\mathrm{T}}(AX^2A^{\mathrm{T}})^{-1}AX)Xc$$

确定了可行域的一个向量场; 以其为右端可构造如下 ODE 自治系统:

$$\frac{\mathrm{d}x(t)}{\mathrm{d}t} = -X(I - XA^{\mathrm{T}}(AX^2A^{\mathrm{T}})^{-1}AX)Xc, \quad x(0) = \bar{x}, \tag{12.92}$$

其中, $\bar{x}$ 为任一初始内点. 为实现对偶仿射尺度算法, Adler, Karmarkar, Resende 和 Veige (1986,89) 借助 ODE 定义了一条轨线, 用一阶及二阶幂级数数值积分法求最优解, 得出了很好的数值结果.

ODE 方法有普遍意义. 对任何线性或光滑非线性规划方法都可类似地引入 ODE 系统. 这些系统在相当温和的条件下存在轨线, 而其极限点为最优解 (Pan, 1992). 设 $x(t), 0 \leqslant t < \gamma$ 为 (12.92) 由 $\bar{x}$ 出发的右半轨线. 当 $t \to \gamma$ 时, 有 $x(t) \to x^*$, 其中 x^* 为最优解, 从而可通过数值积分法求其近似.

ODE 方法最早见于 Arrow and Hurwicz (1956) 用于求解等式约束问题. 之后有一些相关成果发表 (Fiaco and Mccormick, 1968; Abadie and Corpentier, 1969; Evtushenko, 1974; Botsaris, 1974; Tanabe, 1977), 但一般认为其计算代价高于常规方法如 SQP, 尽管 Brown 和 Bartholome-Biggs (1987) 报告了对前者非常有利的数值试验结果. 基于作者本人的正面经验 (潘平奇, 1982; Pan, 1992b), 也难以理解 ODE 方法何以一直遭遇忽视. 毕竟, 常规直线搜索仅为一阶方法. 倘若算法 12.2.1 采用很小的步长 λ, 就相当于用一阶幂级数法或 Euler 法进行数值积分. 而实现二次曲线搜索的二阶幂级数法, 应更适合非线性问题求解.

最后, 内点法的成功让许多人曾认为它求解大规模稀疏线性规划问题比单纯形法优越. 原始–对偶法已在一些商业软件中实现 (如 CPLEX), 被视为最强有力的方

法. 这些方法还能很好地并行化, 相较于并行化不很成功的单纯形法, 更凸显其优势. 尽管如此, 内点法固有的弱点严重制约了其应用. 其弱点之一是仅提供近似最优解. 对于要求顶点最优解的实际应用, 需另外增加一个所谓 "纯化" (purification) 过程. 更重要的是, 单纯形法有 "热启动" 特性, 从最后求得的基再开始能大大缩短求解时间, 而内点法则不具这种能力, 难以处理整数规划产生的大量相互关联的线性规划问题, 只能将它们留给单纯形法. 而由于线性规划主要应用于整数规划求解, 也就难以撼动单纯形法在实际中的统治地位.

目前, 单纯形法和内点法的竞争似乎并未停止. 没有对所有线性规划问题都适用的单个方法, 商业软件通常提供多个方法备选. 有些学者建议将内点法和单纯形法结合, 先用内点迭代后用单纯形迭代求解问题 (Bixby et al., 1992). 这种结合试图发挥两类方法各自的优势实现互补, 不过也许过于刻板. 仿射尺度主元内点算法 12.3.1 体现的结合似乎较为自然. 与传统内点法相比, 主元内点法的突出优点是可以 "热启动". 此类方法将在本书下卷进一步讨论.

附录A　MPS 文件

MPS(mathematical programming system) 文件是一种数据文件格式, 用于表达和求解线性规划和混合整数线性规划问题. 目前这种格式已被世界上几乎所有商业优化软件采用. MPS 格式有若干扩展. 本附录介绍 MINOS(Murtagh and Saunders, 1998) 所用 MPS 格式. 不过 MINOS 也用于处理非线性规划问题, 而这里的介绍仅涉及线性规划的内容.

所求解问题的各种数据必须出现在指定的列. 各种名目把 MPS 文件分成如下几段:

NAME
ROWS
　.
COLUMNS
　.
RHS
　.
RANGES (optional)
　.
BOUNDS (optional)
　.
ENDDATA

每一名目必须从第 1 列开始. 名目之后的符号 "." 均具有如下格式:

列	2-3	5-12	15-22	25-36	40-47	50-61
内容	Key	Name0	Name1	Value1	Name2	Value2

其中可插入注释行, 在第 1 列以符号 "*" 开头, 第 2~22 列容许任何字符.
现说明如下:

1. 名称行 (NAME Card)

例 A.1　名称行

　1···4　　　　15···22

　　NAME　　AFIRO

名称行通常为 MPS 文件的第一行.

该行在第 1~4 列是字符 **NAME**, 在第 15~22 列填入问题的名称, 可以是 1~8 个任意字符或空白. 名称也用于标明输出结果, 是每个输出基的首行.

名称行通常为 MPS 文件的第一行.

2. 行段 (ROWS Section)

例 A.2 行段

```
2        5···12
ROWS
  E      ROW4
  G      ROW1
  L      ROW7
  N      COST
```

该段列出赋予各 (线性) 约束条件的名称 (如 ROW4,ROW1,ROW7 等), 每个约束条件占一行. 其中单位字符 **Key** 列给出约束条件的类型, 可位于第 2~3 列. **Namet 0** 给出一个 8 字符的名称, 位于第 5~12 行. 而类型则为

```
Key        Row-type
  E          =
  G          ⩾
  L          ⩽
  N        Objective
  N        Free
```

行类型 E, G 和 L 分别标明相应约束条件为 "等于", "大于或等于" 和 "小于或等于", 而 N 标明 "自由" 或没有限制.

3. 列段 (COLUMNS section)

例 A.3 列段

```
1  5···12   15···22   25···36    40···47   50···61
COLUMNS
   X1       ROW2      2.3        ROW3      −2.4
   X1       ROW1      −6.7       ROW6      5.22222
   X1       ROW7      15.88888
   X2       ROW2      1.0        ROW4      −4.1
   X2       ROW5      2.6666666
```

对每个变量 x_j, 列段赋予其名称并列出约束矩阵对应列的非 0 分量 a_{ij}. 第 1 列非 0 分量需集中排在第 2 列的前面, 依此类推. 在一列有多个非 0 分量的情形, 容许以任意顺序出现.

一般 **Key** 为空白 (除了注释行), **Name0** 为列名, 而 **Name1**, **Value1** 给出一个行名及该列某分量的非 0 值. 同一列的另一行名及值可在同一行 **Name2**, **Value2** 给出, 或进入下一行. 若 **Name1** 或 **Name2** 空白, 则相应的值将被忽略.

在上面的例子中, 名为 **X1** 的变量有 5 个非 0 分量位于
ROW2, **ROW3**, **ROW1**, **ROW6**, **ROW7** 行.

4. 右端段 (RHS Section)

例 A.4 右端段

1	5···12	15···22	25···36	40···47	50···61
RHS					
	RHS1	ROW1	−3.5	ROW3	1.1111
	RHS1	ROW4	11.33333	ROW7	−2.4
	RHS1	ROW2	2.6		
	RHS2	ROW4	17.3	ROW2	−5.6
	RHS2	ROW1	1.9		

该段给出约束系统右端列的非 0 分量, 格式与列段完全相同. 若右端列全为 0, 则该段只出现 **RHS** 行. 该段包含的右端列可多于 1 个. 但仅用第 1 个, 除非在 SPECS 文件中另外指明.

5. 变程段 (RANGES Section) (选项)

例 A.5 变程段

1	5···12	15···22	25···36	40···47	50···61
ROWS					
E	ROW2				
G	ROW4				
L	ROW5				
E	ROW1				
.					
COLUMNS					
.					
RHS					
	RHS1	ROW5	2.0	ROW3	2.0
.					
RANGES					
	RANGE1	ROW1	3.0	ROW3	4.5
	RANGE2	ROW2	1.4	ROW5	6.7

变程表达的约束条件形如

$$l \leqslant a^{\mathrm{T}} x \leqslant u,$$

其中 l 和 u 均为有限值. 该约束条件的变程为 $r = u - l$. 变程段仅给出 r, 不再给出 l 或 u. 相应的 l 或 u 按该约束条件的行类型和 r 的符号确定:

格式与列段相同, 其中 **Name0** 给出变程名称.

行类型	r 的符号	下界 l	上界 u
E	+	b	$b + \lvert r \rvert$
E	−	$b - \lvert r \rvert$	b
G	+ 或 −	b	$b + \lvert r \rvert$
L	+ 或 −	$b - \lvert r \rvert$	b

6. 界段 (BOUNDS Section)(选项)

例 A.6   界段

1	5⋯12	15⋯22	25⋯36
BOUNDS			
UP	BOUND1	X1	10.5
UP	BOUND1	X2	6.0
.			
LO	BOUND1	X3	−5.0
UP	BOUND1	X3	4.5
COLUMNS			
.			
FR	BOUND1	X4	
UP	BOUND1	X6	8.0

所有变量 x_j 的默认界 (除松弛变量外) 为 $0 \leqslant x_j \leqslant \infty$. 如果必要, 在 SPECS 文件中可通过 **LOWER** 和 **UPPER** 修改默认值 0 和 ∞ 到 $l \leqslant x_j \leqslant u$.

在该段, **Key** 给出界的类型, **Name0** 为界集的名称, 而 **Name1** 和 **Value1** 分别为列的名称和界值.

例 A.7   例 1.3.3 人力安排问题的数学模型为

$$\begin{aligned}
\min \quad & f = 0.1x_2 + 0.2x_3 + 0.3x_4 + 0.8x_5 + 0.9x_6, \\
\text{s.t.} \quad & x_1 + x_6 \geqslant 7, \\
& x_1 + x_2 \geqslant 15, \\
& x_2 + x_3 \geqslant 25, \\
& x_3 + x_4 \geqslant 20, \\
& x_4 + x_5 \geqslant 30, \\
& x_5 + x_6 \geqslant 7, \\
& x_j \geqslant 0, \quad j = 1, \cdots, 6.
\end{aligned}$$

其 MPS 文件如下:

```
1   5···12   15···22    25···36   40···47   50···61
NAME        ASSIGN.
ROWS
G TEAM1
G TEAM2
G TEAM3
G TEAM4
G TEAM5
G TEAM6
N HANDS
COLUMNS
    X1        TEAM1    1.0    TEAM2    1.0
    X2        TEAM2    1.0    TEAM3    1.0
    X2        HANDS    0.1
    X3        TEAM3    1.0    TEAM4    1.0
    X3        HANDS    0.2
    X4        TEAM4    1.0    TEAM5    1.0
    X4        HANDS    0.3
    X5        TEAM5    1.0    TEAM6    1.0
    X5        HANDS    0.8
    X6        TEAM1    1.0    TEAM6    1.0
    X6        HANDS    0.9
RHS
    RHS1      TEAM1    7.0    TEAM2    15.0
    RHS1      TEAM3    25.0   TEAM4    20.0
    RHS1      TEAM5    30.0   TEAM6    7.0
ENDDATA
```

附录B 线性规划试验问题

本附录试验问题 (参见 Gay, 1985) 按 $m+n$ 升序列出.

来源:

NETLIB (http://www.netlib.org/lp/data)

Kennington (http://www-fp.mcs.anl.gov/otc/Guide/TestProblems/LPtest/)

BPMPD (http://www.sztaki.hu/meszaros/bpmpd/).

表中符号:

m: 约束矩阵行数.

n: 约束矩阵列数.

Nonzeros: 约束矩阵非 0 元素个数.

BR: 是否有界 (BOUNDS) 和变程 (RANGES).

表 B.1 96 Netlib 问题

序号	名称	$m+n$	m	n	Nonzeros	BR	最优目标值
1	AFIRO	60	28	32	88		$-4.6475314286E+02$
2	KB2	85	44	41	291	B	$-1.7499001299E+03$
3	SC50B	99	51	48	119		$-7.0000000000E+01$
4	SC50A	99	51	48	131		$-6.4575077059E+01$
5	ADLITTLE	154	57	97	465		$2.2549496316E+05$
6	BLEND	158	75	83	521		$-3.0812149846E+01$
7	SHARE2B	176	97	79	730		$-4.1573224074E+02$
8	SC105	209	106	103	281		$-5.2202061212E+01$
9	STOCFOR1	229	118	111	474		$-4.1131976219E+04$
10	SCAGR7	270	130	140	553		$-2.3313897524E+06$
11	RECIPE	272	92	180	752	B	$-2.6661600000E+02$
12	BOEING2	310	167	143	1339	BR	$-3.1501872802E+02$
13	ISRAEL	317	175	142	2358		$-8.9664482186E+05$
14	SHARE1B	343	118	225	1182		$-7.6589318579E+04$
15	VTP.BASE	402	199	203	914	B	$1.2983146246E+05$
16	SC205	409	206	203	552		$-5.2202061212E+01$
17	BEACONFD	436	174	262	3476		$3.3592485807E+04$
18	GROW7	442	141	301	2633	B	$-4.7787811815E+07$
19	LOTFI	462	154	308	1086		$-2.5264706062E+01$

续表

序号	名称	$m+n$	m	n	Nonzeros	BR	最优目标值
20	BRANDY	470	221	249	2150		1.5185098965E+03
21	E226	506	224	282	2767		−1.1638929066E+01
22	BORE3D	549	234	315	1525	B	1.3730803942E+03
23	FORPLAN	583	162	421	4916	BR	−6.6421896127E+02
24	CAPRI	625	272	353	1786	B	2.6900129138E+03
25	AGG	652	489	163	2541		−3.5991767287E+07
26	BOEING1	736	352	384	3865	BR	−3.3521356751E+02
27	SCORPION	747	389	358	1708		1.8781248227E+03
28	BANDM	778	306	472	2659		−1.5862801845E+02
29	SCTAP1	781	301	480	2052		1.4122500000E+03
30	SCFXM1	788	331	457	2612		1.8416759028E+04
31	AGG3	819	517	302	4531		1.0312115935E+07
32	AGG2	819	517	302	4515		−2.0239252356E+07
33	STAIR	824	357	467	3857	B	−2.5126695119E+02
34	SCSD1	838	78	760	3148		8.6666666743E+00
35	TUFF	921	334	587	4523	B	2.9214775747E-01
36	GROW15	946	301	645	5665	B	−1.0687094129E+08
37	SCAGR25	972	472	500	2029		−1.4753433061E+07
38	DEGEN2	979	445	534	4449		−1.4351780000E+03
39	FIT1D	1051	25	1026	14430	B	−9.1463780924E+03
40	ETAMACRO	1089	401	688	2489	B	−7.5571521687E+02
41	FINNIS	1112	498	614	2714	B	1.7279096547E+05
42	FFFFF800	1379	525	854	6235		5.5567967533E+05
43	GROW22	1387	441	946	8318	B	−1.6083433648E+08
44	PILOT4	1411	411	1000	5145	B	−2.5809984373E+03
45	STANDATA	1435	360	1075	3038	B	1.2576995000E+03
46	SCSD6	1498	148	1350	5666		5.0500000078E+01
47	STANDMPS	1543	468	1075	3686	B	1.4060175000E+03
48	SEBA	1544	516	1028	4874	BR	1.5711600000E+04
49	STANDGUB	1546	362	1184	3147	B	1.2576995000E+03
50	SCFXM2	1575	661	914	5229		3.6660261565E+04
51	SCRS8	1660	491	1169	4029		9.0430601463E+02
52	GFRD-PNC	1709	617	1092	3467	B	6.9022359995E+06
53	BNL1	1819	644	1175	6129		1.9776292440E+03
54	SHIP04S	1861	403	1458	5810		1.7987147004E+06
55	PEROLD	2002	626	1376	6026	B	−9.3807477973E+03
56	MAROS	2290	847	1443	10006	B	−5.8063743701E+04
57	FIT1P	2305	628	1677	10894	B	9.1463780924E+03
58	MODSZK1	2308	688	1620	4158	B	3.2061972906E+02
59	SHELL	2312	537	1775	4900	B	1.2088253460E+09
60	SCFXM3	2362	991	1371	7846		5.4901254550E+04

序号	名称	$m+n$	m	n	Nonzeros	BR	最优目标值
61	25FV47	2393	822	1571	11127		5.5018458883E+03
62	SHIP04L	2521	403	2118	8450		1.7933245380E+06
63	QAP8	2545	913	1632	8304		2.0350000002E+02
64	WOOD1P	2839	245	2594	70216		1.4429024116E+00
65	PILOT.JA	2929	941	1988	43220	B	−6.1130535369E+03
66	SCTAP2	2971	1091	1880	8124		1.7248071429E+03
67	GANGES	2991	1310	1681	7021	B	−1.0958577038E+05
68	SCSD8	3148	398	2750	11334		9.0499999993E+02
69	PILOTNOV	3148	976	2172	13129	B	−4.4972761882E+03
70	SHIP08S	3166	779	2387	9501		1.9200982105E+06
71	SIERRA	3264	1228	2036	9252	B	1.5394392927E+07
72	DEGEN3	3322	1504	1818	26230		−9.8729400000E+02
73	PILOT.WE	3512	723	2789	9218	B	−2.7201037711E+06
74	NESM	3586	663	2923	13988	BR	1.4076065462E+07
75	SHIP12S	3915	1152	2763	10941		1.4892361344E+06
76	SCTAP3	3961	1481	2480	10734		1.4240000000E+03
77	STOCFOR2	4189	2158	2031	9492		−3.9024408538E+04
78	CZPROB	4453	930	3523	14173	B	2.1851966989E+06
79	CYCLE	4761	1904	2857	21322	B	−5.2263930249E+00
80	SHIP08L	5062	779	4283	17085		1.9090552114E+06
81	PILOT	5094	1442	3652	14706	B	−5.5728790853E+02
82	BNL2	5814	2325	3489	16124		1.8112404450E+03
83	SHIP12L	6579	1152	5427	21597		1.4701879193E+06
84	D6CUBE2	6600	416	6184	43888		3.1473177974E+02
85	D6CUBE	6600	416	6184	43888	B	3.1549166667E+02
86	PILOT87	6914	2031	4883	73804	B	3.0171261980E+02
87	D2Q06C	7339	2172	5167	35674		1.2278421653E+05
88	GREENBEA	7798	2393	5405	31499	B	−7.2461393630E+07
89	WOODW	9504	1099	8405	37478		1.3044763331E+00
90	FIT2D	10526	26	10500	138018	B	−6.8464293007E+04
91	QAP12	12049	3193	8856	44244		5.2289435056E+02
92	80BAU3B	12062	2263	9799	29063	B	9.8724313086E+05
93	MAROS-R7	12545	3137	9408	151120		1.4971851665E+06
94	FIT2P	16526	3001	13525	60784	B	6.8464293232E+04
95	DFL001	18302	6072	12230	41873	BR	1.1266503030E+07
96	STOCFOR3	32371	16676	15695	74004		−3.9976256537E+04

表 B.2   16 Kennington 问题

序号	名称	$m+n$	m	n	Nonzeros	BR	最优目标值
1	KEN-07	6029	2427	3602	11981	B	−6.7952044338E+08
2	CRE-C	6747	3069	3678	16922		2.5275116141E+07
3	CRE-A	7584	3517	4067	19054		2.3595410589E+07

续表

序号	名称	$m+n$	m	n	Nonzeros	BR	最优目标值
4	PDS-02	10489	2954	7535	21252	B	2.8857862010E+10
5	OSA-07	25068	1119	23949	167643		5.3572251730E+05
6	KEN-11	36044	14695	21349	70354	B	−6.9723822625E+09
7	PDS-06	38537	9882	28655	82269	B	2.7761037600E+10
8	OSA-14	54798	2338	52460	367220		1.1064628448E+06
9	PDS-10	65322	16559	48763	140063	B	2.6727094976E+10
10	KEN-13	71292	28633	42659	139834	B	−1.0257394789E+10
11	CRE-D	78907	8927	69980	312626		2.4454969898E+07
12	CRE-B	82096	9649	72447	328542		2.3129640065E+07
13	OSA-30	104375	4351	100024	700160		2.1421398737E+06
14	PDS-20	139603	33875	105728	304153	B	2.3821658640E+10
15	OSA-60	243247	10281	232966	1630758		4.0440725060E+06
16	KEN-18	259827	105128	154699	512719	B	−5.2217025287E+10

表 B.3 17 BPMPD 问题

序号	名称	$m+n$	m	n	Nonzeros	BR	最优目标值
1	RAT7A	12545	3137	9408	275180		2.0743714157E+06
2	NSCT1	37883	22902	14981	667499		−3.8922436000E+07
3	NSCT2	37985	23004	14981	686396		−3.7175082000E+07
4	ROUTING	44818	20895	23923	210025	B	5.9416502767E+03
5	DBIR1	46160	18805	27355	1067815		−8.1067070000E+06
6	DBIR2	46262	18907	27355	1148847		−6.1169165000E+06
7	T0331-4L	47580	665	46915	477897	B	2.9730033352E+04
8	NEMSEMM2	49077	6944	42133	212793	B	6.2161463095E+05
9	SOUTHERN	54160	18739	35421	148318	B	1.8189401971E+09
10	RADIO.PRIM	66919	58867	8052	265975	B	1.0000000000E+00
11	WORLD.MOD2	67393	35665	31728	220116	B	4.3648258595E+07
12	WORLD	68245	35511	32734	220748	B	6.9133457165E+07
13	RADIO.DUAL	74971	8053	66918	328891	B	−1.0000000000E+00
14	NEMSEMM1	75359	3946	71413	1120871	B	5.1442135978E+05
15	NW14	123483	74	123409	1028319	B	6.1844000000E+04
16	LPL1	164952	39952	125000	462127	B	6.7197548415E+10
17	DBIC1	226436	43201	183235	1217046	B	−9.7689730000E+06

表 B.4 无界段和变程段的 53 个 Netlib 问题

序号	名称	$m+n$	m	n	Nonzeros	最优目标值
1	AFIRO	60	28	32	88	−4.6475314286E+02
2	SC50B	99	51	48	119	−7.0000000000E+01
3	SC50A	99	51	48	131	−6.4575077059E+01
4	ADLITTLE	154	57	97	465	2.2549496316E+05
5	BLEND	158	75	83	521	−3.0812149846E+01

续表

序号	名称	$m+n$	m	n	Nonzeros	最优目标值
6	SHARE2B	176	97	79	730	$-4.1573224074E+02$
7	SC105	209	106	103	281	$-5.2202061212E+01$
8	STOCFOR1	229	118	111	474	$-4.1131976219E+04$
9	SCAGR7	270	130	140	553	$-2.3313897524E+06$
10	ISRAEL	317	175	142	2358	$-8.9664482186E+05$
11	SHARE1B	343	118	225	1182	$-7.6589318579E+04$
12	SC205	409	206	203	552	$-5.2202061212E+01$
13	BEACONFD	436	174	262	3476	$3.3592485807E+04$
14	LOTFI	462	154	308	1086	$-2.5264706062E+01$
15	BRANDY	470	221	249	2150	$1.5185098965E+03$
16	E226	506	224	282	2767	$-1.1638929066E+01$
17	AGG	652	489	163	2541	$-3.5991767287E+07$
18	SCORPION	747	389	358	1708	$1.8781248227E+03$
19	BANDM	778	306	472	2659	$-1.5862801845E+02$
20	SCTAP1	781	301	480	2052	$1.4122500000E+03$
21	SCFXM1	788	331	457	2612	$1.8416759028E+04$
22	AGG3	819	517	302	4531	$1.0312115935E+07$
23	AGG2	819	517	302	4515	$-2.0239252356E+07$
24	SCSD1	838	78	760	3148	$8.6666666743E+00$
25	SCAGR25	972	472	500	2029	$-1.4753433061E+07$
26	DEGEN2	979	445	534	4449	$-1.4351780000E+03$
27	FFFFF800	1379	525	854	6235	$5.5567967533E+05$
28	SCSD6	1498	148	1350	5666	$5.0500000078E+01$
29	SCFXM2	1575	661	914	5229	$3.6660261565E+04$
30	SCRS8	1660	491	1169	4029	$9.0430601463E+02$
31	BNL1	1819	644	1175	6129	$1.9776292440E+03$
32	SHIP04S	1861	403	1458	5810	$1.7987147004E+06$
33	SCFXM3	2362	991	1371	7846	$5.4901254550E+04$
34	25FV47	2393	822	1571	11127	$5.5018458883E+03$
35	SHIP04L	2521	403	2118	8450	$1.7933245380E+06$
36	QAP8	2545	913	1632	8304	$2.0350000002E+02$
37	WOOD1P	2839	245	2594	70216	$1.4429024116E+00$
38	SCTAP2	2971	1091	1880	8124	$1.7248071429E+03$
39	SCSD8	3148	398	2750	11334	$9.0499999993E+02$
40	SHIP08S	3166	779	2387	9501	$1.9200982105E+06$
41	DEGEN3	3322	1504	1818	26230	$-9.8729400000E+02$
42	SHIP12S	3915	1152	2763	10941	$1.4892361344E+06$
43	SCTAP3	3961	1481	2480	10734	$1.4240000000E+03$
44	STOCFOR2	4189	2158	2031	9492	$-3.9024408538E+04$
45	SHIP08L	5062	779	4283	17085	$1.9090552114E+06$
46	BNL2	5814	2325	3489	16124	$1.8112404450E+03$

续表

序号	名称	$m+n$	m	n	Nonzeros	最优目标值
47	SHIP12L	6579	1152	5427	21597	1.4701879193E+06
48	D6CUBE2	6600	416	6184	43888	3.1473177974E+02
49	D2Q06C	7339	2172	5167	35674	1.2278421653E+05
50	WOODW	9504	1099	8405	37478	1.3044763331E+00
51	QAP12	12049	3193	8856	44244	5.2289435056E+02
52	MAROS-R7	12545	3137	9408	151120	1.4971851665E+06
53	STOCFOR3	32371	16676	15695	74004	−3.9976256537E+04

参 考 文 献

何旭初, 孙文瑜. 1991. 广义逆矩阵引论. 南京: 江苏科学技术出版社.

潘平奇. 1982. 无约束最优化的微分方程方法. 高等学校计算数学学报, 4: 338–349.

申远, 潘平奇. 2006. 对偶二分单纯形算法. 中国运筹学会第 8 届学术交流会论文集 (广东深圳), Globa-Link Informatics Limited, Hong Kong: 168–174.

严文利, 潘平奇. 2001. 二分单纯形算法中子规划的改进. 东南大学学报 (自然科学版), 31: 324–241.

颜红彦, 潘平奇. 2009. 线性规划的最钝角 CRISS-CROSS 算法. 高等学校计算数学学报, 31: 209–215.

袁亚湘. 2008. 非线性优化计算方法. 北京: 科学出版社.

张建中, 许绍吉. 1990. 线性规划. 北京: 科学出版社.

周志娟, 潘平奇, 陈森发. 2009. 线性规划的最钝角松弛算法. 运筹与管理, 18: 7–10.

Abadie J, Corpentier J. 1969. Generalization of the Wolfe reduced gradient method to the case of mon-linear constrained optimization// Optimization, R.Fletcher ed.. London: Academic Press: 37–48.

Abel P. 1987. On the choice of the pivot columns of the simplex method:gradient criteria. Computing, 38: 13–21.

Adler I, Megiddo N. 1985. A simplex algorithm whose average number of steps is bounded between two quadratic functions of the smaller dimension. Journal of the ACM, 32: 871–895.

Adler I, Resende M G C, Veige G, Karmarkar N. 1989. An implementation of Karmarkar's algorithm for linear programming. Mathematical Programming, 44: 297–335.

Andersen E D, Gondzio J, Mészáros C, Xu Xiaojie. 1996. Implementation of interior-point methods for large scale linear programming, // Interior Point Methods of Mathematical Programming, T.Terlaky ed.. Dordrecht: Kluwer Academic Publishers.

Andersen E, Andersen K. 1995. Presolving in linear programming. Mathematical Programming, 71: 221–245.

Andrel N, Barbulescu M. 1993. Balance constraints reduction of large-scale linear programming problems. Annals of Operations Research, 43: 149–170.

Anstreicher K M, Watteyne P. 1993. A family of search directions for Karmarkar's algorithm. Operations Research, 41: 759–767.

Anstreicher K M. 1996. Potential reduction algorithms. Technical Report, Department of Management Sciences, University of Iowa.

Avriel M. 1976. Nonlinear programming: analysis and methods. Prentice-Hall, Inc., Englewood Cliffs, New Jersey.

Avis D, Chvatal V. 1978. Notes on Bland's pivoting rule. Mathematical Programming, 8: 24–34.

Balinsky M L, Tucker A W. 1969. Duality theory of linear programs: a constructive approach with applications. SIAM Review, 11: 347–377.

Balinsky M L, Gomory R E. 1963. A mutual primal-dual simplex method// Recent Advances in Mathematical Programming, R.L.Graves and P.Wolfeed. New York: McGraw-Hill Book Company.

Barnes E R. 1986. A variation on Karmarkars algorithm for solving linear programming problems. Mathematical Programming, 36: 174–182.

Bartels R H, Golub G H. 1969. The simplex method of linear programming using LU decomposition. Communication ACM, 12: 266–268.

Bartels R H, Stoer J, Zenger Ch. 1971. A realization of the simplex method based on triangular decompositions // Contributions I/II in Handbook for Automatic Computation, Volum II: Linear Algebra, J.H. Wilkinson and C. Reinsch eds.. Berlin and London: Springer-Verlag.

Bartels R H. 1971. A stabilization of the simplex method. Numerische Mathematik, 16: 414–434.

Bayer D A, Lagarias J C. 1989a. The nonlinear geometry of linear programming.I.Affine and projective scaling trajectories. Transactions of the AMS, 314: 499–525.

Bayer D A, Lagarias J C. 1989b. The nonlinear geometry of linear programmingII.Legendre transform coordinates and central trajectories. Transactions of the AMS, 314: 527–581.

Bazaraa M S, Jarvis J J, Sherali H D. 1977. Linear programming and network flows, 2 nd. New York: Wiley.

Beale E M L. 1954. An alternative method for linear programming. Proceedings of the Cambridge Philosophical Society, 50: 513–523.

Beale E M L. 1954. Linear programming by the method of leading variables. Report of the Conference on Linear Programming, Arranged by Ferranti Ltd., London.

Beale E M L. 1955. Cycling in the dual simplex algorithm. Naval Research Logistics Quarterly, 2: 269–275.

Beale E. 1968. Mathematical programming in practice. Topics in Operations Research, Pitman & Sons Ltd, London.

Benders J F. Partitioning procedures for solving mixed-variables programming problems. Numerische Mathematik, 1962: 4, 238–252

Bendse M P, Ben-Tal A, Zowe J. 1994. Optimization methods for truss geometry and topology design. Structural Optimization, 7: 141–159.

Benichou M J, Cautier J, Hentges G, Ribiere G. 1977. The efficient solution of large scale linear programming problems. Mathematical Programming, 13: 280–322.

Ben-Israel A, Greville T N E. 1974. Generalized inverse: theory and applications. New York: Wiley.

Bixby R E, Gregory J W, Lustig I J, Marsten R E, Shanno D F. 1992. Very large-scale linear programming: a case study in combining interior point and simplex methods. Operations Research, 40: 885–897.

Bixby R E, Saltzman M J. 1992. Recovering an optimal LP basis from the interior point solution. Technical Report 607, Dapartment of Mathematical Sciences, Clemson University, Clemson, SC.

Bixby R E, Wagner D K. 1987. A note on detecting simple redundancies in linear systems. Operations Research Letters, 6: 15–17.

Bixby R E. 1992. Implementing the simplex method: the initial basis. ORSA Journal on Computing , 4: 287–294.

Bixby R E. 1994. Progress in linear programming. ORSA J.Comput., 6: 15–22.

Bixby R E. 2002. Solving real-world linear programs: a decade and more of progress. Operations Research, 150: 3–15.

Björck A, Plemmons R J, Schneider H. 1981. Large-scale matrix problems. North-Holland, Amsterdanm, the Netherlands.

Bland R G. 1977. New finite pivoting rules for the simplex method. Mathematics of Operations Research, 2: 103–107.

Borgwardt K H. 1882a. Some distribution-dependent results about the asymptotic order of the arerage number of pivot steps of the simplex method. Mathematics of Operations Research, 7: 441–462.

Borgwardt K H. 1982b. The average number of pivot steps required by the simplex method is polynomial. Zeitschrift für Operations Research, 26: 157–177.

Borgwardt K H. 1987a. Probabilistic analysis of the simplex method //Operations Research Proceedings. 16th DGOR Meeting: 564–576.

Borgwardt K H. 1987b. The simplex method–A probabilistic approach. Berlin-Heidelberg-New York: Springer-Verlag.

Botsaris C A. 1974. Differential gradient methods. J.Math.Anal.Appl., 63: 177–198.

Boyd S, Vandenberghe L. 2004. Convex optimization. Cambridge: Cambridge University Press.

Bradley A L, Mitra G, Williams H B. 1975. Analysis of mathematica programs prior to applying the simplex algorithm. Mathematical Programming, 8: 54–83.

Bradley G H, Hax A C, Magnanti T L. 1977. Applied mathematical programming. Addison-Wesley Publishing Company, Reading, Massachusetts.

Bradley S, Hax A, Magnanti T. 1977. Applied mathematical programming. Addison Wesley, Reading, MA.

Brown A A, Bartholomew-Biggs M C. 1987. ODE vs SQP methods for constrained optimization. Technical Report, The Numerical Center, Hatfield Polytechnic, 179.

Brown G, Olson M. 1993. Dynamic factorization in large scale optimization. Technical Report NPSOR-93-008, Naval Postgraduate School, Monterey, California.

Carolan M J, Hill J E, Kennington J L, Niemi S, Wichmann S J. 1990. An empirical evaluation of the KORBX algorithms for military airlift applications. Operations Research, 38: 240–248.

Cavalier T M, Soyster A L. 1985. Some computational experience and a modification of the Karmarkar algorithm. The Pennsylvania State University. ISME Working paper, 85–105.

Chvátal V. 1983. Linear programming. New York: Freeman and Company.

Chan T F. 1985. On the existence and computation of LU factorizations with small pivots. Mathematics of Computation, 42: 535–548.

Charnes A. 1952. Optimality and degeneracy in linear programming. Econometrica, 20: 160–170.

Cheng M C. 1985. Generalized theorems for permanent basic and nonbasic variables. Mathematical Programming, 31: 229–234.

Cheng M C. 1987. General criteria for redundant and nonredundant linear inequalities. Journal of Optimization Theory and Applications, 53: 37–42.

Chinneck J. 1997. Computer codes for the analysis of infeasible linear programs. Journal of Operations Research Society, 47: 61–72.

Cipra B A. 2000. The best of the 20th century: editors name top 10 algorithms. SIAM News, 33: 1–2.

Coleman T F, Pothen A. 1987. The null space problem II. Algorithms, SIAM J. Alg. Disc. Meth., 8: 544–562.

Coleman T F. 1984. Large sparse numerical optimization. Berlin: Springer-Verlag.

Dantzig G B, Orchard-Hayes W. 1954. The product form for the inverse in the simplex method. Mathematical Tables and Other Aids to Computation, 8: 64–67.

Dantzig G B, Orchard-Hays W. 1953. Alternate algorithm for the revised simplex method using product form for the inverse. Notes on Linear Programming: Part V, RM-1268, The RAND Corporation.

Dantzig G B, Orden A, Wolfe P. 1955. The generalized simplex method for minimizing a linear form under linear inequality constraints. Pacific Journal of Mathematics, 5: 183–195.

Dantzig G B, Thapa M N. 1997. Linear programming I: introduction. New York: Springer-Verlag.

Dantzig G B, Thapa M N. 2003. Linear programming II: theory and extensions. New York: Springer-Verlag.

Dantzig G B, Wolfe P. 1960. Decomposition principle for linear programs. Operations Research 8: 101–111.

Dantzig G B, Wolfe P. 1961. The decomposition algorithm for linear programming. Econometrica, 29: 767–778.

Dantzig G B. 1949. Programming of interdependent activities, mathematical model// Activity Analysis of Production and Allocation, T.C.Koopmased, 19–32, New York: John Wiley and Sons, 1951; Econometrica,17,3/4: 200–211.

Dantzig G B. 1951. Maximization of a linear function of variables subject to linear inequalities// Activity Analysis of Production and Allocation, T.C.Koopmans,ed.. New York: Wiley, 339–347.

Dantzig G B. 1951a. Application of the simplex method to a transportation problem// Activity Analysis of Production and Allocation, Koopmans T ed.. New York: John Wiley and Sons, 359–373.

Dantzig G B. 1951b. A proof of the equivalence of the programming problem and the game problem, // Activity Analysis of Production and Allocation, Koopmans T ed.. New York: John Wiley and Sons, 330–335.

Dantzig G B. 1955. Upper bounds, secondary constraints, and block triangularity in linear programming. Econometrica, 23: 174–183.

Dantzig G B. 1963. Linear programming and extensions. Princeton, New Jersey: Princeton University Press.

Dantzig G B. 1991. Linear programming// History of Mathematical Programming, Lenstra J K, Rinnooy Kan A H Gand Schrijver A eds.. CWI, Amsterdam, 19–31.

Dantzig G B. 1948. Programming in a linear structure. Comptroller, USAF,Washington, D.C.

de Ghellinck G, Vial J -Ph. 1986. Polynomial Newton method for linear programming. Issue Special of Algorithnica, 1: 425–453.

Dikin I. 1967. Iterative solution of problems of linear and quadratic programming. Soviet Mathematics Doklady, 8: 674–675.

Dikin I. 1974. On the speed of an iterative process. Upravlyaemye Sistemi, 12: 54–60.

Dorfman R, Samuelson P A, Solow R M. 1958. Linear programming and economic analysis. New York: McGraw–Hill.

Duff I S, Erisman A M, Reid J K. 1986. Direct methods for sparse matrices. Oxford: Oxford University Press.

Eisemann E. 1955. Linear programming. Quarterly of Applied Mathematics, 13: 209–232.

Evtushenko Y G. 1974. Two numerical methods for solving non-linear programming problems. Soviet Math.Dokl., 15: 420–423.

Fang S C. 1993. Linear optimization and extensions: theory and algorithms. New Jersey: AT & T, Prentice-Hall, Inc.

Farkas J. 1902. Uber die theorie der einfachen ungleichungen. Journal für die Reine und Angewandte Mathematik, 124: 1–27.

Fletcher R. 1970. The calculation of feasible points for linearly constrained optimization problems. AERE Harwell Report AERE-R 6354.

Fletcher R. 1981. Practical methods of optimization: II constrained optimization. John Wiley & Sons.

Forrest J J H, Goldfarb D. 1992. steepest edge simplex algorithm for linear programming. Mathematical Programming, 57: 341–374.

Forrest J, Tomlin J. 1972. Updating triangular factors of the basis to maintain sparsity in the product form simplex method. Mathematical Programming, 2: 263–278.

Forsythe G E, Malcom M A, Moler C B. 1977. Computer methods for mathematical Computations. Pretice-Hall, EnglewoodCliffs, N.J.

Fourer R, Gay D, Kernighan B W. 1993. AMPL: A Modeling language for mathematical programming. Scientific Press.Xiv.

Fourer R, Mehrotra S. 1991. Solving symmetric indefinite systems in an interior point method for linear programming. Mathematical Programming , 62: 15–40.

Fourer R. 1979. Sparse Gaussian elimination of staircase linear systems. Thch.Report ADA081856, Calif Systems Optimization LAB, Stanford Univ.

Fourer R. 1994. Notes on the dual simplex method. Draft Report.

Frisch K R. 1955. The logarithmic potentical method of convex programming. Memorandum, University Institute of Economics, Oslo.

Fulkerson D, Wolfe P. 1962. An algorithm for scaling matrices. SIAM Review, 4: 142–146.

Gale D H. 1949. Polyhedral convex cones and linear inequalities// Activity Analysis of Production and Allocation, Cowles Commission Monograph 13, Proceedings of Linear Programming Conference, June. Koopmans T C ed.. New York: John Wiley and Sons, 20–24.

Gale D, Kuhn H W, Tucker A W. 1951. Linear programming and the theory of games Activity Analysis of Production and Allocation, Koopmans T ed.. New York: John Wiley and Sons, 317–329.

Gass S I, Saaty T. 1955. The computational algorithm for the parametric objective function. Naval Research Logistics Quarterly, 2: 39–45.

Gass S I. 1985. Linear programming: methods and applications. New York: McGraw-Hill.

Gay D M. 1978. On combining the schemes of Reid and Saunders for sparse LP bases //Sparse Matrix Proceedings, Duff I S and Stewart G W eds.. SIAM, Philadelphia, 313–334.

Gay D M. 1985. Electronic mail distribution of linear programming test problems. Mathematical Programming Society COAL Newslettter , 13: 10–12.

Gay D M. 1987. A variant of Karmarkar's linear programming algorithm for problems in standard form. Mathematical Programming, 37: 81–90.

Gay D. 1985. Electronic mail distribution of linear programming test problems. COAL Newsletter, 13: 10–12.

Geoffrion A M. Elements of large-scale mathematical programming. Management Science, 1970: 16 625–691

Geoffrion A M. Generalized benders decomposition. Journal of Optimization Theory and Applications 1972: 10 237–260

George A, Liu W H. 1981. Computing solution of large sparse positive definite systems. Prenitce-Hall, Engleewood Cliffs, N J.

Gill P E, Murray W, Saunders M A, Tomlin J A, Wright M H. 1985. On projected Newton barrier methods for linear programming and an equivalence to Karmarkar's projected method. Thch.Report SOL 85–11, Dept.of Oper.Res., Stanford Univ.

Gill P E, Murray W, Saunders M A, Tomlin J A, Wright M H. 1986. On projected Newton methods for linear programming and an equivalence to Karmarkar's projected method. Mathematical Programming, 36: 183–209.

Gill P E, Murray W, Saunders M A, Wright M H. 1987. Maintaining LU factors of a general sparse matrix. Linear Algebra and Its Applications , 88/89: 239–270.

Gill P E, Murray W, Saunders M A, Wright M H. 1989. A practical anti-cycling procedure for linearly constrainted optimization. Mathematical Programming, 45: 437–474.

Gill P E, Murray W, Wright M H. 1991. Numerical linear algebra and optimization. Addison-Wesley, Redwood City, CA.

Goldfarb D, Reid J K. 1977. A practicable steepest-edge simplex algorithm. Mathematical Programming, 12: 361–371.

Goldfarb D. 1977. On the Bartels-Golub decomposition for linear programming bases. Mathematical Programming, 13: 272–279.

Goldman A J, Tucker A W. 1956a. Polyhedral convex cones//Linear Inequalities and Related Systems, Kuhn H W and Tucker A W eds.. Princeton: Princeton University Press, 19–39.

Goldman A J, Tucker A W. 1965b. Theory of linear programming //Linear Inequalities and Related Systems, Kuhn H W and Tucker A W ed.. Princeton, New Jersey: Princeton University Press, 53–97.

Golub G H, Van Loan C F. 1989. Matrix computations, 2nd. The Johns Hopkins University Press, Baltimore, MD.

Golub G H. 1965. Numerical methods for solving linear least squares problems. Numer.Math., 7: 206–216.

Gomory R E. 1960. An algorithm for the mixed integer problem. The Rand Corporation, 23: 1985.

Gonzaga C C. 1990. Convergence of the large step primal affine-scaling algorithm for primal non-degenerate linear programs. Technical Report, Department of Systems Engineering and Computer Sciences. COPPE-Federal University of Riode Janeiro, Brazil.

Gould N, Reid J. 1989. New crash procedure for large systems of linear constraints. Mathematical Programming, 45: 475–501.

Greenberg H J, Kalan J. 1975. An exact update for Harris' tread. Mathematical Programming Study, 4: 26–29.

Greenberg H J. 1978. Pivot selection tactics //Design and Implementation of Optimization Software Greenberg H J ed.. Sijthoff and Noordhoff, 109–143.

Gritzmann P, Klee V. 1993. Mathematical programming and convex geometry// Hand Book of Convex Geometry Gruber P and Wills J ed., North-Holland. Amsterdanm, 627–674.

Guerrero G P, Santos P A. 2005. Phase I cycling under the most-obtuse-angle pivot rule. European Journal of Operational Research, 167: 20–27.

Guerrero Garcia P, Santos P A. 2007. On Hoffman's celebrated cycling LP example. Computers and Operations Research, 34: 2709–2727.

Guerrero Garcia P, Santos P A. 2009. A deficient-basis dual counterpart of pararrizos. Samaras ans Stephanides' primal-dual simplex-type algorithm. Optim Methods and Softw., 24: 187–204.

Hadley G. 1972. Linear programming. Addison-Wesley, Reading, Massachusetts.

Hager W W. 2002. The dual active set algorithm and its application to linear programming. Computational Optimization and Applications, 21: 263–275.

Hall L A, Vanderbei R J. 1993. Two-third is sharp for affine scaling. Operations Research Letters, 13: 197–201.

Hamming R W. 1971. Introduction to applied numerical analysis. New York: McGraw-Hill.

Harris P M J. 1973. Pivot selection methods of the devex LP code. Mathematical Programming, 5: 1–28.

Hattersley B, Wilson J. 1988. A dual approach to primal degeneracy. Mathematical Programming, 42: 135–145.

Heesterman A R G. 1983. Matrices and simplex algorithms. D. Reidel Publishing Company, Dordrecht, Holland.

Hellerman E, Rarick D C. 1971. Reinversion with the preassigned pivot procedure. Mathematical Programming, 1: 195–216.

Hellerman E, Rarick D C. 1972. The partitioned preassigned pivot procedure//Sparse Matrices and Their Applications, Rose D J and Willouhby R A ed.. New York: Plenum Press, 68–76.

Hertog D D, Roos C. 1991. A survey of search directions in interior point methods for linear programming. Mathematical Programming, 52:481–509.

Hertog D D. 1994. Interior point approach to linear. Quadratic, and Convex Programming, Kluwer Academic Publishers, Dordrecht.

Hillier F, Lieberman G L. 2000. Introduction to operations research, 7th ed. New York: McGraw-Hill.

Hiriar-Urruty I B, Lemarechal C. 2001. Fundamentals of convex analysis. Berlin Heidelberg: Springer-Berlag.

Hoffman A J. 1953. Cycling in the simplex algorithm. Technical Report 2974, National Bureau of Standards.

Householder A S. 1974. The theory of matrices in numerical analysis. New York: Dover Publications.

Hu J F, Pan P Q. 2006. A second note on 'a method to solve the feasible basis of LP' (in Chinese). Operations Research and Management Science, 15: 13–15.

Hu J F, Pan P Q. 2008. An efficient approach to updating simplex multipliers in the simplex algorithm. Mathematical Programming Ser. A, 114: 235–248.

Hu J F, Pan P Q. 2008. Fresh views on some recent developments in the simplex algorithm. Journal of Southeast University, 24: 124–126.

Hu J F. 2007. A note on 'an improved initial basis for the simplex algorithm'. Computers and Operations Research, 34: 3397–3401.

ILOG CPLEX: High Performance Software of Mathematical Programming. http://www. ilog.com /products/cplex.

Intriligator M D. 1971. Mathematical optimization and economic theory. Prentice-Hall, Englewood Cliffs.

Jansen B, Roos C, Terlaky T, Vial J Ph. 1993. Primal-dual target-following algorithms for linear programming. Technical Report 93–107, Faculty of Technical Mathematics and Informatics, Delft University of Technology, Delft, The Nethelands.

Jansen B, Terlakey T, Roos C. 1994. The theory of linear programming: skew symmetric self-dual problems and the central path. Optimization, 29: 225–233.

Jensen P A, Barnes W J. 1980. Network flow programming. New York: John Wiley and Sons.

Jeroslow R. 1973. The simplex algorithm with the pivot rule of maximizing criterion improvement. Discrete Applied Mathematics, 4: 367–377.

John F. 1948. Extremum problems with inequalities as subsidiary conditions//K.Fredrichs, Studies and Essays: Courant Anniversary Volume, Neugebauer O and Stoker J ed.. New York: Wiley Interscience, 187–204.

Kalantari B. 1990. Karmarkar's algorithm with improved steps. Mathematical Programming, 46: 73–78.

Kallio M, Porteus E L. 1978. A class of methods for linear programming. Mathematical Programming, 14: 161–169.

Kantorovich L V. 1960. Mathematical methods in the organization and planning of production. Management Science, 6: 550–559. Original Russian version appeared in 1939.

Karlin S. 1959. Mathematical methods and theory //Games,Programming, and Economics, 1 -2, Addison-Wesley, Reading, MA.

Karmarkar N, Ramakrishnan K. 1985. Further developments in the new polynomial-time algorithm for linear progrmming, Talk given at ORSA/TIMES National Meeting, Boston, April.

Karmarkar N. 1984. A new polynomial time algorithm for linear programming. Combinatorica, 4: 373–395.

Karush W. 1939. Minima of functions of several variables with inequalities as side conditions. Technical report, M.S.Thesis, Department of Mathematics, University of Chicago.

Kennington J L, Helgason R V. 1980. Algorithms for network programming. New York: John Wiley and Sons.

Khachiyan L. 1979. A polynomial algorithm in linear programming. Doklady Academiia Nauk SSSR, 244: 1093–1096.

Kirillova F M, Gabasov R, Kostyukova O I. 1979. A method of solving general linear programming problems. Doklady AN BSSR (in Russian), 23: 197–200.

Klee V, Minty G J. 1972. How good is the simplex algorithm// Inequalities-III O Shisha ed.. New York: Academic Press, 159–175.

Klee V. 1965. A class of linear programminng problems requiring a larger number of iterations. Numerische Mathematik, 7: 313–321.

Koberstein A, Suhl U H. 2007. Progress in the dual simplex method for large scale LP problems: practical dual phase 1 algorithms. Computational Optimization and Applications, 37: 49–65.

Koberstein A. 2008. Progress in the dual simplex algorithm for solving large scale LP problems: techniques for a fast and stable implementation. Computational Optimization and Applications, 41: 185–204.

Kojima M, Megiddo N, Mizuno S. 1993. A primal-dual infeasible-interior-point algorithm for linear programming. Mathematical Programming, 61: 263–280.

Kojima M, Mizuno S, Yoshise A. 1989. A primal-dual interior point algorithm for linear programming //Progress in Mathematical Programming, Megiddo N ed.. New York: Springer-Verlag, 29–47.

Koopmans T C. 1952. Activity analysis of production and allocation. New York: Willey & Sons.

Kortanek K O, Shi M. 1987. Convergence results and numerical experiments on a linear programming hybrid algorithm. European Journal of Operational Research, 32: 47–61.

Kostina E. 2002. The long step rule in the bounded-variable dual simplex method: numerical experiments. Math. Methods Oper.Res., 55: 413–429.

Kotiah T C T, Steinberg D I. 1978. On the possibility of cycling with the simplex method. Operations Research, 26: 374–376.

Kuhn H W, Quandt R E. 1953. An experimental study of the simplex method //Eperimental Arithmetic, High-Speed Computing and Mathematics (Proceedings of Symposia in Applied Mathematics XV), Metropolis N C et al. ed.. American Mathematical Society, Providence, R.I: 107–124.

Lawler E L. 1976. Combinatorial optimization: networks and matroids. New York: Holt, Rinehart and Winston.

Leichner S A, Dantzig G B, Davis J W. 1993. A strictly improving linear programming Phase I algorithm. Annals of Operations Research, 47: 409–430.

Lemke C E. 1954. The dual method of solving the linear programming problem. Naval Research Logistics Quarterly, 1: 36–47.

Li C, Pan P Q, Li W. 2002. A revised simplex algorithm based on partial pricing pivotrule (in Chinese). Journal of Wenzhou University, 15: 53–55.

Li W, Guerrero G P, Santos P A. 2006. A basis-deficiency-allowing primal phase-1 algorithm using the most-obtuse-angle column rule. Computers and Mathematics with Applications, 51: 903–914.

Li W, Pan P Q, Chen G. 2006. A combined projected gradient algorithm for linear programming. Optimization Methods and Software, 21: 541–550.

Li W. 2004. A Note on two direct methods in linear programming. European Journal of Operational Research, 158: 262–265.

Llatev Z. 1980. On some pivotal strategies in Gaussian elimination by sparse technique. SIAM Journal on Numetical Analysis, 17: 12–30.

Llewellyn R W. 1964. Linear programming. New York: Holt, Rinehart and Winston.

Luenberger D G. 1984. Introduction to linear and nonlinear programming. Addison-Wesley, Reading MA.

Luo S Q, Wu S. 1994. A modified predictor-corrector method for linear programming. Computational Optimization and Applications, 3: 83–91.

Luo Z Q, Wu S. 1994. A modified predictor-corrector method for linear programming. Computational Optimization and Applications, 3: 83–91.

Lustig I J, Marsten R E, Shanno D F. 1992. On implementing Mehrotras's predictor-corrector interior-point for linear programming. SIAM Journal of Optimization, 2: 435–449.

Lustig I J, Marsten R E, Shanno D F. 1991. Computational exeperience with a primal-dual interior point method for linear programming. Linear Algebra Appl., 152: 191–222.

Lustig I J, Marsten R, Shanno D. 1994. Interior point methods for linear programming: computational state of the art. ORSA J.on Computing, 6: 1–14.

Lustig I J. 1990. Feasibility issues in a prinal-dual interior-point method for linear programming. Mathematical Programming, 49: 145–162.

Malakooti B, Al-Najjar C. 2010. The complex interior-boundary method for linear programming and nonlinear programming with linear constraints. Applied Mathematics and Computation, 216: 1903-1917 item Markowitz H M. 1957. The elimination form of the inverse and its application to linear programming. Management Science, 3: 255–269.

Maros I, Khaliq M. 2002. Advances in design and implementation of optimization software. European Journal of Operations Research, 140: 322–337.

Maros I. 1986. A general Phase-1 method in linear programming. European Journal of Operations Research, 23: 64–77.

Maros I. 2003. Computational techniques of the simplex method. International Series in Operations Research and Management, 61, Boston: Kluwer Academic Publishers.

Maros I. 2003. A generalied dual phase-2 simplex algorithm. European Journal of Operations Research, 149: 1–16.

Marshall K T, Suurballe J W. 1969. A note on cycling in the simplex method. Naval Research Logistics Quarterly , 16: 121–137.

Martin R K. 1999. Large scale linear and integer optimization: a unified approach. Massachusetts: Kluwer Academic Publishers.

Mascarenhas W F. 1997. The affine scaling algorithm fails for $\lambda= 0.999$. SIAM J.Optimization, 7: 34–46.

McShane K A, Monma C L, Shanno D F. 1989. An implementation of a primal-dual method for linear programming. ORSA J.on Comput., 1: 70–83.

Megiddo N, Shub M. 1989. Boundary behavior of interior point algorithm in linear programming. Mathematics of Operations Research, 14: 97–146.

Megiddo N. 1986. A note on degeneracy in linear programming. Mathematical Programming, 35: 365–367.

Megiddo N. 1986. Introduction: new approaches to linear programming. Special issue of Algorithmca, 1: 387–394.

Megiddo N. 1989. Pathways to the optimal set in linear programming // Progress in Mathematical Programming N.Megiddo, ed.. New York: Springer-Verlag: 131–158.

Mehrotra S. 1991. Higher order methods and their performance. Technical Report TR 90-16R1, Department of Ind.Eng.and Mgmt.Sci., Northwestern University, Evanston, IL.Revised July.

Mehrotra S. 1991. On finding a vertex solution using interior point methods. Linear Algebra Appl., 152: 233–253.

Mehrotra S. 1992. On the implementation of a primal-dual interior point method. SIAM Journal on Optimization, 2: 575–601.

Mizuno S, Todd M J, Ye Y. 1993. On adaptive-step primal-dual interior-point algorithms for linear programming. Mathematics of Operations Research, 18: 964–981.

Monteiro R D C, Adler I. 1989. Interior path following primal-dual algorithms: Part I. Linear programming. Mathematical Programming, 44: 27–41.

Murtagh B A, Saunders M A. 1998. MINOS 5.5 User's Guid,Technical Report SOL 83-20R. Department of Engineering Economics Systems & Operations Research, Stanford University,Stanford, CA.

Murtagh B A, Saunders M A. 1978. Large-scale linearly constrained optimization. Mathematical Programming, 14: 41–72.

Murtagh B A. 1981. Advances in linear programming: computation and practice. McGraw-Hill.

Murty K G. 1983. Linear programming. New York: John Wiley and Sons.

Nash S G, Sofer A. 1996. Linear and nonlinear programming. New York: McGraw-Hill.

Nazareth J L. 1987. Computer solutions of linear programs. Oxford: Oxford University Press.

Nazareth J L. 1996. The implementation of linear programming algorithms based on homotopies.Algorithmica, 15: 332–350.

Nemhauser G I. 1994. The age of optimizaiton: solving large-scale real-world problems. Operations Research, 42: 5–13.

Nesterov Y, Nemirovsky A. 1993. Interior point polynomial methods in convex programming: theory and algorithms. SIAM Publications, Philadelphia.

Nocedal J, Wright S J. 1999. Numerical optimization. Springer Science+Business Media, Inc., Berlin.

Orchard H W. 1954. Background development and extensions of the revised simplex method. Report RM 1433, The Rand Corporation, Santa Monica, California.

Orchard H W. 1968. Advanced linear-programming computing techniques. New York: McGraw-Hill.

Orchard H W. 1971. Advanced Linear programming computing techniques. New York: McGraw-Hill.

Padberg M W. 1995. Linear optimization and extensions. Berlin: Springer.

Pan P Q, Hu J F, Li C. 2006. Feasible region contraction interior point algorithm. Applied Mathematics and Computation, 182: 1361–1368.

Pan P Q, Li W, Jun C. 2006. Partial pricing rule simplex method with deficient basis. Numerical Mathematics. A Jounal of Chinese Universities (English Series), 15: 23–30.

Pan P Q, Ouiang Z X. 1993. Two variants of the simplex algorithm (in Chinese). Journal of Mathematical Research and Exposition, 13, 2. 274–275.

Pan P Q, Ouyang Z X. 1994. Moore-Penrose inverse simplex algorithms based on successive linear subprogramming approach. Numerical Mathematics, 3: 180–190.

Pan P Q, Pan Y P. 2001. A phase-1 approach to the generalized simplex algorithm. Computers and Mathematics with Applications, 42: 1455–1464.

Pan P Q. 1990. Practical finite pivoting rules for the simplex method. OR Spektrum , 12: 219–225.

Pan P Q. 1991. On safeguarding for global convergence of descent methods with inxact line searches // Proceedings of the Second Conference of the Association of Asian-Pacific Operational Research Societies (APORS) within IFORS, Wu C ed.. Beijing, 521–529.

Pan P Q. 1991. Simplex-like method with bisection for linear programming. Optimization, 22: 717–743.

Pan P Q. 1992. Modification of Bland's pivoting rule (in Chinese). Numerical Mathemetics, 14: 379–381.

Pan P Q. 1992. New ODE methods for equality constrained optimization (I) –equations. Journal of Computational Mathematics, 10: 77–92.

Pan P Q. 1992. New ODE methods for equality constrained optimization (II) –algorithms. Journal of Computational Mathematics, 10: 129–146.

Pan P Q. 1994a. A variant of the dual pivot rule in linear programming. Journal of Information & Optimization Sciences, 15: 405–413.

Pan P Q. 1994b. Composite phase-1 methods without measuring infeasibility //Theory of Optimization and its Applications, Yue M Y ed.. Xian: Xidian University Press, 359–364.

Pan P Q. 1994c. Ratio-test-free pivoting rules for a dual Phase-1 method //Proceeding of the Third Conference of Chinese SIAM, Xiao S T and Wu F ed.. Beijing: Tsinghua University Press, 245–249.

Pan P Q. 1994c. Ratio-test-free pivoting rules for the bisection simplex method //Proceedings of National Conference on Decision Making Science. Shangrao, China, 24–29.

Pan P Q. 1995. New non-monotone procedures for achieving dual feasibility. Journal of Nanjing University, Mathematics Biquarterly, 12: 155–162.

Pan P Q. 1996a. A modified bisection simplex method for linear programming. Journal of Computational Mathematics, 14: 249–255.

Pan P Q. 1996b. New pivot rules for achieving dual feasibility //Theory and Applications of OR(Preceedings of The Fifth Conference of Chinese OR Society, Xian, October ,1996, 10-14, Zhao Wei eds.). Xian: Xidian University Press: 109–113.

Pan P Q. 1996c. Solving linear programming problems via appending an elastic constraint. Journal of Southeast University (English ed.), 12: 253–265.

Pan P Q. 1997. The most-obtuse-angle row pivot rule for achieving dual feasibility in linear programming: a computational study. European Journal of Operations Research, 101: 164–176.

Pan P Q. 1998. A basis-deficiency-allowing variation of the simplex method. Computers and Mathematics with Applications , 36: 33–53.

Pan P Q. 1998a. A dual projective simplex method for linear programming. Computers and Mathematics with Applications, 35: 119–135.

Pan P Q. 1999a. A new perturbation simplex algorithm for linear programming. Journal of Computational Mathematics, 17: 233–242.

Pan P Q. 1999b. A projective simplex method for linear programming. Linear Algebra and Its Applications, 292: 99–125.

Pan P Q. 2000. A projective simplex algorithm using LU decomposition. Computers and Mathematics with Applications, 39: 187–208.

Pan P Q. 2000. On developments of pivot algorithms for linear programming. Proceedings of the Sixth National Conference of Operations Research Society of China (Changsha,China, October 10-15, 2000), Hong Kong: Global-Link Publishing Company: 120–129.

Pan P Q. 2000. Primal perturbation simplex algorithms for linear programming. Journal of Computational Mathematics, 18: 587–596.

Pan P Q. 2004. A dual projective pivot algorithm for linear programming. Computational Optimization and Applications, 29: 333–344.

Pan P Q. 2004. Li W, Wang Y. A phase-1 algorithm using the most-obtuse-angle rule for the basis-deficiency-allowing dual simplex method. OR Transactions, 8: 88–96.

Pan P Q. 2005. A revised dual projective pivot algorithm for linear programming. SIAM Journal on Optimization, 16: 49–68.

Pan P Q. 2008a. A largest-distance pivot rule for the simplex algorithm. European Journal of Operational Research, 187: 393–402.

Pan P Q. 2008b. A primal deficient-Basis simplex algorithm for linear programming. Applied Mathematics and Computation, 198: 898–912.

Pan P Q. 2008c. Efficient nested pricing in the simplex algorithm. Operations Research Letters, 38: 309–313.

Pan P Q. 2010. A fast simplex algorithm for linear programming. Journal of Computational Mathematics, 28, 6: 837–847.

Pan P Q. An affine-scaling pivot algorithm for linear programming. Optimization, to appear.

Pan P Q. Nested pricing in the simplex algorithm: an empirical evaluation. http://www. optimization-online.org/DB$_H$TML/2007/03/1602.html.

PanP Q, Li W. 2003. A non-monotone phase-1 method in linear programming. Journal of Southeast University(English ed.), 19: 293–296.

Perold A F. 1980. A degeneracy exploiting LU factorization for the simplex method. Mathematical Programming, 19: 239–254.

Powell M J D. 1989. A tolerant algorithm for linearly constrained optimization calculations. Mathematical Programming, 45: 547–566.

Reid J K. 1971. A note on the stability of Gaussian elimination. Journal of Institute of Mathematics and Applications, 8: 374–375.

Reid J K. 1982. A sparsity-exploiting variant of the Bartels-Golub decomposition for linear programming bases. Mathematical Programming, 24: 55–69.

Rockafellar R T. 1984. Network flows and monotropic optimization. New York: Wiley.

Rockafellar R T. 1997. Convext analysis, Princeton. New Jersey: Princeton University Press.

Roos C, Jansen B. 1989. A polynomial method of weighted centers for linear programming. Technical Report 89-13, Faculty of Technical Mathematics and Computer Science, Delft University of Technology, Delft, The Nethelands.

Roos C, Terlaky T, Vial J P. 1997. Theory and algorithms for linear programming. John Wiley & Sons, Chichester.

Roos C, Vial J Ph. 1992. A polynomial method of approximate centers for linear programming. Mathematical Programming, 54: 295–305.

Roos C. 1990. An exponential example for Terlaky's pivoting rule for the criss-cross simplex method. Mathematical Programming, 46: 79–84.

Rothenberg R I. 1979. Linear programming. New York: North-Holland.

Rozvany G. 1989. Structural design via optimality criteria. Kluwer, Dordrecht.

Ryan D, Osborne M. 1988. On the solution of highly degenerate linear programs. Mathematical Programming, 41: 385–392.

Saigal R. 1995. Linear programming. Boston: Kluwer Academic Publishers.

Santo-Palomo A. 2004. The sagitta method for solving linear programs. European Journal of Operations Research, 157: 527–539.

Saunders M A. 1972. Large scale linear programming using the Cholesky factorization. Technical Report STAN-CS-72-152, Stanford University.

Saunders M A. 1973. The complexity of LU updating in the simplex method// The Complexity of Computational Problem Solving, Andersen R and Brent R ed.. Queensland: University Press. 214–230.

Schrijver A. 1986. Theory of linear and integer programming. Chichester: John Wiley and Sons.

Shanno D F, Bagchi A. 1990. A unified view of interior point methods for linear programming. Annals of Operations Research, 22: 55–70.

Smale S. 1983a. On the average number of steps of the simplex method of linear programming. Mathematical Programming, 27: 241–262.

Smale S. 1983b. The problem of the average speed of the simplex method//Mathematical Programming, The State of the Art (A.Bachem, M.Grotschel and B.Korte, eds.). Berlin: Springer-Verlag, 530–539.

Srinath L S. 1982. Linear programming: principles and applications. Affiliated East-West Press Private Limited, India.

Stewart G W. 1973. Introduction to matrix computations. London and New York: Academic Press.

Suhl L M, Suhl U H. 1990. Computing sparse LU factorization for large-scale linear programming bases. ORSA Journal on Computing, 2: 325–335.

Suhl L M, Suhl U H. 1993. A fast LU-update for linear programming. Annals of Operations Research, 43: 33–47.

Suhl U H. 1994. Mathematical optimization system. European Journal of Operational Research, 72: 312–322.

Suhl U H. 1999. MOPS home page, World Wide Web. http.//www.mops-optimization,com/.

Swietanowaki A. 1998. A new steepest edge approximation for the simplex method for linear programming. Computational Optimization and Applications, 10: 271–281.

Taha H A. 2007. Operations research: an introduction. Pearson Education Inc., Prentice Hall.

Tanabe K. 1990. Centered Newton method for linear prgramming: interior and 'exterior' point method (in Japannese) //New Methods for Linear Programming 3, Tone K ed.. The Institute of Statistical Mathematics, Tokeo, Japan, 98–100.

Tapia R A, Zhang Y. 1991. An optimal-basis identification technique for interior-point linear programming algorithms. Linear Algebra and Its Applications, 152: 343–363.

Terlaky T. 1985. A covergent criss-cross method. Math. Oper. und Stat. Ser. Optimization, 16: 683–690.

Terlaky T. 1993. Pivot rules for linear programming: a survey on recent theoretical developments, Annals of Operations Research, 46: 203–233.

Terlaky T. 1996. Interior point methods of mathematical programming. Dordrecht: Kluwer Academic Publishers.

Todd M J. 1982. An implementation of the simplex method for linear programming problems with variable upper bounds. Mathematical Programming, 23: 23–49.

Todd M J. 1983. Large scale linear programming: geometry, working bases and factorizations. Mathematical Programming, 26: 1–23.

Todd M J. 1986. Polynomial expected behavior of a pivoting algorithm for linear complementarity and linear programming. Mathematical Programming , 35: 173–192.

Todd M J. 1995. Potential-reduction methods in mathematical programming. Technical Report 1112, SORIE, Cornell University, Ithaca, NY.

Tomlin J A, Welch J. 1983. Formal optimization of some reduced linear programming problems. Mathematical Programming, 27: 232–240.

Tomlin J A. 1972. Modifying trangular factors of the basis in the simplex method //Sparse Matrices and Applications,Rose D J and Willoughby R A ed.. New York: Plenum Press.

Tomlin J A. 1974. On pricing and backward transformation in linear programming. Mathematical Programming, 6: 42–47.

Tomlin J A. 1975. On scaling linear programming problems. Mathematical Programming Study, 4: 146–166.

Tomlin J A. 1987. An experimental approach to Karmarkar's projective method, for linear programming. Mathematical Programming, 31: 175–191.

Tsuchiya T, Muramatsu M. 1983. Global convergence of a long-step affine-scaling algorithm for degenrate linear programming problems. SIAM Journal on Optimization, 5: 525–551.

Tucker A W. 1956. Dual systems of homegeneous linear relations// Linear Inequalities and Related Systems, 3-18. Princeton, New Jersey: Princeton University Press.

Turner K. 1991. Computing projections for the Karmarkar algorithtm. Linear Algebra and Its Applications, 152: 141–154.

Vajda S. 1961. Mathematical programming. Massachusetts: Addison-Wesley Publish Company.

Vanderbei R J, Lagarias J C, Dikin's I I. 1990. Convergence result for the affine-scaling algorithm. Contemporary Methematics, 114: 109–119.

Vanderbei R J, Meketon M, Freedman B. 1986. A modification of Karmarkars linear programming algorithm. Algorithmica, 1: 395–407.

Vanderbei R J. 1989. Affine scaling and linear programs with free variables. Mathematical Programming, 39: 31–44.

Vanderbei R J. 2001. Linear programming:foundations and extensions. Boston: Kluwer Academic Publishers.

Vemuganti R R. 2004. On Gradient simplex methods for linear programs. Journal of Applied Mathematics and Decision Sciences, 8: 107–129.

Von Neumann J, Morgenstern O. 1947. Theory of games and economic behavior, 2nd. New Jersey Princeton: Princeton University Press.

Von Neumann J. 1928. Zur Theorie der Gesselschaftschpiele. Mathematische Annalen, 100: 295–320.

Walker C. 1999. Introduction to mathematical programming. New Jersey: Prentice-Hall.

Wang Z. 1987. A conformal elimination-free algorithm for oriented matroid programming. Chinese Annals of Mathematics, 8: B1.

Wilkinson J H. 1971. Moden error analysis. SIAM Review, 13: 548–568.

Wolfe P. 1963. A technique for resolving degeneracy in linear programming. The Journal of the Operational Research Society , 11: 205–211.

Wolfe P. 1965. The composite simplex algorithm. SIAM Review, 7: 42–54.

Wright S J. 1992. An interior-point algorithm for linearly contrained optimization. SIAM Journal on Optimization , 2: 450–473.

Wright S J. 1997. Primal-Dual Interior-Point Methods. SIAM, Philadelphia.

Xu X, Ye Y. 1995. A generalized homogeneous and self-dual algorithm for linear prgramming. Operations Research Letters, 17: 181–190.

Xu X, Hung P F, Ye Y. 1996. A simplified homogeneous and self-dual linear programming algorithm and its implementation. Annals of Operations Research, 62: 151–171.

Ye Y. 1987. Eliminating columns in the simplex method for linear programming. Technical Report SOL 87-14, Department of Operations Research. Stanford: Stanford Univesity.

Yan A, Pan P Q, 2005. Variation of the conventional pivot rule and the application in the deficient basis algorithm (in Chinese). Operations Research and Management Science, 14: 28–33.

Yan W, Pan P Q. 2001. An improvement on the subprogram of the simplex-like method with bisection (in Chinese). Journal of Southeast University (Natural Sicience Edition), 31: 128–134.

Ye Y, Todd M J, Mizuno S. 1994. An $o(\sqrt{n}l)$ iteration homogeneous and selfdual linear programming algorithm. Mathematics of Operations Research, 19: 53–67.

Ye Y. 1990. A 'build-down' scheme for linear programing. Mathematical Programming, 46: 61–72.

Ye Y. 1997. Interior point algorithms: theory an analysis. New York: John Wiley and Sons, Inc.,

Zörnig P. 2006. Systematic construction of examples for cycling in the simplex method. Computers and Operations Research, 33: 2247–2262.

Zionts S. 1969. The criss-cross method for solving linear programming problems. Management Science, 15: 420–445.

Zoutendijk G. 1960. Methods of feasible directions. Amsterdam: Elsevier.

《运筹与管理科学丛书》已出版书目